Leitfäden der angewandten Informatik

Helmut Eirund
Objektorientierte Programmierung

Leitfäden der angewandten Informatik

Herausgegeben von

Prof. Dr. Hans-Jürgen Appelrath, Oldenburg
Prof. Dr. Lutz Richter, Zürich
Prof. Dr. Wolffried Stucky, Karlsruhe

Die Bände dieser Reihe sind allen Methoden und Ergebnissen der Informatik gewidmet, die für die praktische Anwendung von Bedeutung sind. Besonderer Wert wird dabei auf die Darstellung dieser Methoden und Ergebnisse in einer allgemein verständlichen, dennoch exakten und präzisen Form gelegt. Die Reihe soll einerseits dem Fachmann eines anderen Gebietes, der sich mit Problemen der Datenverarbeitung beschäftigen muß, selbst aber keine Fachinformatik-Ausbildung besitzt, das für seine Praxis relevante Informatikwissen vermitteln; andererseits soll dem Informatiker, der auf einem dieser Anwendungsgebiete tätig werden will, ein Überblick über die Anwendungen der Informatikmethoden in diesem Gebiet gegeben werden. Für Praktiker, wie Programmierer, Systemanalytiker, Organisatoren und andere, stellen die Bände Hilfsmittel zur Lösung von Problemen der täglichen Praxis bereit; darüber hinaus sind die Veröffentlichungen zur Weiterbildung gedacht.

Objektorientierte Programmierung

Von Dr. rer. nat. Helmut Eirund
Universität Oldenburg

B. G. Teubner Stuttgart 1993

Dr. rer. nat. Helmut Eirund

Geboren 1959 in Gelsenkirchen-Buer. Von 1978 bis 1985 Studium der Informatik an der Universität Kiel. Von 1985 bis 1988 Mitarbeiter und später Projektleiter im Forschungsbereich der TA Triumph-Adler AG, Nürnberg. Von 1988 bis 1992 Mitarbeiter im wissenschaftlichen Dienst des Fachbereichs Informatik der Universität Oldenburg. 1991 Promotion in Informatik. Seit 1992 Mitarbeiter bei OFFIS e. V. (Oldenburger Forschungs- und Entwicklungsinstitut für Informatik-Systeme und Werkzeuge).

Die Deutsche Bibliothek – CIP-Einheitsaufnahme

Eirund, Helmut:
Objektorientierte Programmierung / von Helmut Eirund. –
Stuttgart : Teubner, 1993
(Leitfäden der angewandten Informatik)

Gesamtherstellung: Zechnersche Buchdruckerei GmbH, Speyer
Umschlaggestaltung: Tabea und Martin Koch, Ostfildern/Stuttgart

ISBN-13: 978-3-519-02938-0 e-ISBN-13: 978-3-322-89217-1
DOI: 10.1007/ 978-3-322-89217-1

Vorwort

Die objektorientierte Programmierung fand nach ihrer Einführung durch SIMULA und vor allem SMALLTALK zwar auf wissenschaftlichem Gebiet Beachtung als neues Programmierparadigma, sie konnte sich aber als Implementierungskonzept im industriellen Umfeld zunächst nicht durchsetzen. Der Durchbruch gelingt nun erst, seitdem erkannt wurde, daß Objektorientiertheit nicht nur als ein alternatives Programmierparadigma, sondern auch als eine Menge von Konzepten zur Reduzierung der Komplexität von Systemen (Datenbank-, Benutzungsschnittstellen-, Programmier- und Simulationssysteme, um die Wichtigsten zu nennen) verstanden wird. Die Handhabbarkeit der Komplexität von Systemen ist eines der zentralen Anliegen der Informatik und damit ursächlich für die Popularität neuer objektorientierter Sprachentwicklungen wie EIFFEL oder der auf C basierenden Sprachen OBJECTIVE-C und vor allem C++ verantwortlich.

Dieses Buch will die Konzepte der objektorientierten Programmierung darstellen und ihre Auswirkungen auf das Ziel der Konstruktion *besserer* Software veranschaulichen. Es ist also kein "Programmieren in ..."-Buch, das eine Sprache ausschließlich über ihre syntaktischen Elemente einführt. Allerdings wird die Möglichkeit gegeben, jeweils in deutlich abgesetzten Abschnitten die Umsetzung dieser Konzepte in C++ zu erlernen und in 30 Übungsaufgaben zu vertiefen. C++ wird also erst mit dem Verständnis der objektorientierten Konzepte schrittweise erlernt und nicht als syntaktische Erweiterung der Sprache C präsentiert.

Die wesentlichen Inhalte dieses Buches entstanden bei und nach der Durchführung von Lehrveranstaltungen im Studiengang Informatik an der Carl-von-Ossietzky Universität Oldenburg. Insbesondere flossen Unterlagen zu Vorlesungen und Übungen der objektorientierten Programmierung und Systementwicklung sowie Praktikums- und Seminarunterlagen des Autors ein. Die Anregungen und Korrekturen von Studierenden und Kollegen haben mit dazu beigetragen, die Darstellung der Inhalte dieses Buches abzurunden. Wichtige Erfahrungen und Anmerkungen haben Bernd Müller, Rainer Götze und Martin Kindler beigesteuert. Helmut Lorek und Dietrich Boles haben die sorgfältige Endrevision vorgenommen. Ihnen allen gilt mein Dank. Nicht zuletzt die Mitherausgeber der Informatik-Reihen beim Teubner Verlag, die Professoren Hans-Jürgen Appelrath und Volker Claus, haben mich bei der Fertigstellung des Buches mit Rat und Ermunterung begleitet. Insbesondere Herr Appelrath unterstützte mich auch organisatorisch und hielt mir in der heißen Phase des Buchprojektes "den Rücken frei".

Oldenburg, im August 1993

Helmut Eirund

Zur Buchstruktur

Das erste Kapitel zeigt die wesentlichen Vorzüge der objektorientierten Programmierung an einem Beispiel. Die Kapitel 2 und 3 beinhalten den "technischen Teil", in dem die objektorientierten Konzepte schrittweise eingeführt und an durchgehenden Beispielen sprachunabhängig veranschaulicht werden. Deutlich abgesetzt davon wird ihre Realisierung in der Programmiersprache C++ gezeigt, soweit dies möglich ist (die entsprechenden Abschnittsnummern sind mit einem "C" markiert). Kleine, durchgehend entwickelte Beispiele ermöglichen hier das direkte "Mitprogrammieren". Im Aufgabenteil des Anhangs werden zu jedem C++-Abschnitt anspruchsvollere Übungsmöglichkeiten angeboten.

Kapitel 4 folgt mit Übersichten über weitverbreitete Vertreter verschiedener Klassen von objektorientierten Programmiersprachen. Hier kann die Umsetzung der Konzepte in anderen Sprachansätzen und deren "Mächtigkeit" verglichen werden.

Unentbehrlich für den effektiven Einsatz der objektorientierten Programmierung ist die Beherrschung entsprechender Systemanalyse- und Entwurfstechniken. Dazu stellt Kapitel 5 drei typische Ansätze vor und gibt viele Hinweise zum Entwurf *guter* Software. Die Projektierung von objektorientierten Systemen wird durch Dokumentationshinweise unterstützt. Auch der Inhalt von Kapitel 5 baut nicht auf der Kenntnis der markierten C++-Abschnitte auf.

Das Glossar faßt die wichtigsten Begriffe der objektorientierten Programmierung zusammen, die sich auch zusätzlich im Index wiederfinden.

Viele C++-spezifische Anteile, die zwar für das Programmieren wichtig, aber nicht unmittelbar in Zusammenhang mit den beschriebenen objektorientierten Konzepten stehen, sind in den Anhang verbannt worden. Auf seine fünf Abschitte (C++-Beispiele, C-Grundlagen, Ein-Ausgabe, Syntax und Aufgaben mit Lösungen) kann je nach Vorkenntnissen und Interesse zugegriffen werden. Im Anschluß daran finden sich Hinweise auf Bücher, Zeitschriften, wichtige Aufsätze und Tagungen zu verschiedenen, im Buch angesprochenen Gebieten der objektorientierten Thematik.

Erst durch die Anwendung des Gelernten vertiefen sich Erfahrungen. Dazu wird den Leserinnen und Lesern im Übungsteil die Möglichkeit gegeben, schrittweise ein objektorientiertes System (Simulation eines Biotops) in C++ zu entwickeln und dabei alle in den Kapiteln 2 und 3 kennengelernten Konzepte anzuwenden. Die Übungen entwickeln sich parallel zu den genannten Kapiteln. Die Musterlösungen ermöglichen auch einen späteren (Wieder-) Einstieg in die Aufgabe oder aber Abkürzungen.

Abschnitte sind grundsätzlich durch Ziffernfolgen (z.B. "1.2.4") in Fettdruck markiert. Die C++-Anteile in Kapitel 2 und 3 werden mit einem vorangestellten "C" fortlaufend numeriert (z.B. "C21"). Die Markierung von Beispielen oder Schreibweisen setzen sich aus der Abschnittsnummer und einer durch "-" getrennten Zahl zusammen (z.B. "1.2.4-2"), Abbildungen erhalten einen Buchstaben (z.B. "1.2.4-a"). Fußnoten sind kapitelweise numeriert und werden am Ende des jeweiligen Kapitels aufgeführt.

Zielpublikum

Durch Inhalt und Struktur des Buches werden Personen angesprochen, die an den objektorientierten Konzepten oder auch nur an der Programmierung in C++ interessiert sind. Diejenigen, die (zunächst) nicht die programmiertechnische Realisierung in C++ erlernen wollen, können die mit "C" markierten Teile in Kapitel 2 und 3 getrost übergehen.

Das Buch erwartet Grundkenntnisse in der Programmierung. Auch werden nicht alle nicht-objektorientierten Elemente der Programmiersprache C++ behandelt; die Kenntnis einer imperativen Programmiersprache wird vorausgesetzt (z.B. PASCAL, MODULA-2; im Anhang werden Umstiegshilfen nach C gegeben).

Inhaltsverzeichnis

1. Motivation und Einführung **11**

1.1 Vorzüge der objektorientierten Programmierung - ein Beispiel 11

1.1.1 Von der Abstraktion des Problems zum freien Spiel der Objekte 12

1.1.2 Modularität 15

1.1.3 Wiederverwendbarkeit von Software 16

1.1.4 Erweiterbarkeit - Systeme wachsen mit 19

1.2 Einordnung objektorientierter Sprachen 23

1.2.1 Entwicklung von Programmierparadigmen 23

1.2.2 Objektbasierte und objektorientierte Software-Systeme 24

1.2.3 Evolution problemorientierter Sprachen 26

1.3 Zur Wahl von C++ 27

2. Objekte und Objekttypen **29**

2.1 Klassendefinitionen und Objekte - einige Grundbegriffe 30

C1 Klassendefinition 35

C2 Ablage der Klassendefinition 36

C3 Zugriff auf Merkmale 37

2.2 Erzeugung und Verwaltung von Objekten 39

2.2.1 Lebensdauer und Gültigkeitsbereiche 39

C4 Aufruf von Konstruktoren und Destruktoren 41

2.2.2 Initialisierung und Zuweisungssemantik 43

C5 Initialisierungs- und Zuweisungsmethoden 44

2.3 Von Klassenobjekten und Metaklassen 48

C6 Merkmale von Klassenobjekten 49

2.4 Typisierung und Polymorphie 51

2.4.1 Statische versus dynamische Typisierung 51

2.4.2 Polymorphie in statisch getypten objektorientierten Sprachen 53

C7 Überladen von Methoden und Standard-Operatoren 54

C8 Spezielle Operatoren für benutzerdefinierte Typen 56

C9 Polymorphie durch automatische Argumentkonvertierung 58

C10 Überladene Methoden mit optionalen Parametern 60

2.5 Zusammenfassung 62

3. Klassen und ihre Beziehungen **65**

3.1 Wiederverwendung von Klassendefinitionen 65

3.1.1 Unterklassen versus Untertypen 65

3.1.2 Konstruktion von Instanzen in Unterklassen 68

C11 Ableiten von Klassen 68

C12 Konstruktion von Objekten in abgeleiteten Klassen 69

3.2 Verwendung von Typhierarchie und Klassenableitung 71

3.2.1 Klassenerweiterung um "Mehr Merkmale" 71

3.2.2 Klassenspezialisierung durch "Speziellere Merkmale" 71

3.2.3 Polymorphie und dynamisches Binden in getypten Sprachen 73

C13 Redefinition von Methoden und dynamisches Binden 75

3.3 Zugriffsrechte und Sichtbarkeit 78

3.3.1 Sichtbarkeiten zwischen Klassen 78

3.3.2 Sichtbarkeiten auf Objekte 78

3.3.3 Nur-lesender Objektzugriff 79

C14 Mechanismen zur Definition von Sichtbarkeit 80

C15 Art der Ableitung 80

C16 Objektkapselung 81

C17 Konstante Attribute 84

C18 Sicherheitslücken in C++ 85

3.4 Abstrakte Klassen 86

3.4.1 Erweiterte Nutzung der Polymorphie in getypten Sprachen 86

3.4.2 Schnittstellenvereinbarung im Projektmanagement 87

3.4.3 Wiederverwendung von objektorientierter Software 88

C19 Definition Abstrakter Klassen 89

3.5 Mehrfaches Erben 91

3.5.1 Probleme beim mehrfachen Erben gleichbenannter Merkmale 94

C20 Mehrfaches Erben von Merkmalen 95

C21 Gleichbenannte Merkmale 95

C22 Wiederholtes Erben aus einer gemeinsamen Basisklasse 96

3.6 Generizität 100

3.6.1 Objektorientierte Simulation der Generizität 100

3.6.2 Vergleich von Vererbung, Generizität und Überladung 102

C23 Templates in C++ 103

C24 Simulation von Generizität durch Alternative Schnittstelle 104

3.7 Zusammenfassung 106

4. Objektorientierte Sprachen 109

4.1 Die Vergleichskriterien objektorientierter Sprachen 109

4.2 C++ 111

4.3 SIMULA-67 114

4.4 SMALLTALK-80 116

4.5 OBJECTIVE-C 118

4.6 EIFFEL 120

4.7 CLOS 123

4.8 PROLOG++ 125

4.9 Sonstige objektorientierte Sprachen 127

5. Entwicklung objektorientierter Software **129**

5.1 Objektorientierte Analyse und Design 129

5.1.1 Von funktionaler Dekomposition zum objektorientierten Design 131

5.1.2 Objektorientiertes Design im 5-Phasen-Modell 133

5.1.3 Entwurf mit CRC-Karten 134

5.1.4 Der Einsatz von objektorientierten Mechanismen im Entwurf 135

5.1.5 Weitere Verfahren in der Literatur 138

5.2 Dokumentation objektorientierter Software 140

5.2.1 Graphische Notationen 140

5.2.2 Hinweise zur Gestaltung des Programm-Codes 142

5.3 Qualitätssicherung und Tuning 145

5.3.1 Gütekriterien 145

5.3.2 Effizienzverbesserungen 148

5.4 Entwicklungsumgebung 150

5.4.1 Werkzeuge für die Analyse und das Design 150

5.4.2 Werkzeuge zur Code-Entwicklung und Überprüfung 152

5.4.3 Werkzeuge zur Dokumentation 152

Glossar Objektorientierte Programmierung **155**

Anhang **165**

A Die C++-Realisierung zu Kapitel 1 165

A.1 Das Fuhrpark-Problem in C++ 165

A.2 Das Verleihfirma-Problem in C++ 170

A.3 Erweiterung des Verleihfirma-Problems in C++ 175

B Grundlagen der Sprache C 176

B.1 Basistypen und Typkonstruktoren in C 176

B.2 Kontrollstrukturen und Operatoren 183

B.3 Sonstiges zu C 187

C Die Syntax von C++ 189

D Ein-/Ausgabe in C++ 198

D.1 Standard Ein-/Ausgabe 198

D.2 Datei-Ein-/Ausgabe 200

E Aufgaben und Lösungen 201

E.1 Aufgaben zu Kapitel 2 202

E.2 Aufgaben zu Kapitel 3 205

E.3 Aufgaben zu Kapitel 5 209

E.4 Lösungen 211

Literatur **227**

Index **233**

Schreibweisen in C++

C1-1 Klassendefinition ... 36
C4-2 Konstruktion von automatischen Subobjekten ... 42
C5-1 Kopierkonstruktor ... 44
C5-2 Zuweisungsoperator ... 45
C6-1 Klassenmerkmale in Klassenobjekten ... 50
C7-2 Überladen von Standard-Operatoren ... 55
C7-3 Überladen von Standard-Operatoren in Klassendefinitionen ... 55
C9-1 Automatische Argumentkonvertierung ... 58
C10-1 Funktionen und Methoden mit optionalen Parametern ... 61
C11-1 Klassenableitung mit Untertypbeziehung ... 69
C11-2 Klassenableitung ohne Untertypbeziehung ... 69
C13-1 `virtual`-Markierung von redefinierbaren Methoden ... 75
C15-1 Ableitungsmodus ... 80
C16-1 Sichtbarkeit ... 81
C16-3 `friend`-Deklaration innerhalb der Klassendefinition ... 83
C17-1 Nur-lesende Methode auf Objekten ... 85
C19-1 Abstrakte Klasse ... 89
C20-1 Mehrfaches Erben ... 95
C22-4 Duplizierte geerbte Merkmale und deren Unterdrückung ... 99
C23-1 Template ... 103

Beispiele in C++

C2-1 Eine vollständige Klassendefinition String ... 36
C3-1 Mehr String-Methoden ... 38
C4-1 Die verschiedenen Arten der Objektdefinition ... 41
C4-3 Klasse Person mit Subobjekt vom Objekttyp String ... 43
C5-3 Initialisierungskonstruktor und Zuweisungsmethode mit Referenzsemantik ... 45
C5-4 Wertsemantik als Zuweisungssemantik ... 47
C6-2 Verwendung von Klassenobjekten ... 50
C7-1 Überladene (Konstruktor-)Methoden aus Bsp.C5-3 ... 55
C7-3 Überladen von Standard-Operatoren durch Klassenmethoden ... 56
C8-1 Indizierungs-Operator ... 56
C8-2 Funktions-Operator "()" ... 57
C8-3 Benutzerdefinierte Speicherverwaltung mit new und delete ... 58
C9-2 Operatoren zur Typkonvertierung ... 60
C11-3 Klassenableitung ohne Untertypbeziehung ... 69
C12-1 Aufruf des Basisklassenkonstruktors ... 70
C13-2 Zuweisung an polymorphe und nicht-polymorphe Variablen ... 76
C13-3 Redefinition unter Verwendung der Basisklassenmethode ... 77
C13-4 Alternative Schnittstelle als Simulation der Attributspezialisierung ... 77
C15-2 Ableitungsmodi ... 81
C16-2 Sichtbarkeit von Merkmalen ... 82
C16-4 Effiziente Implementierung von Methoden durch friend-Markierung ... 83
C16-5 Typkonvertierung für erstes Operatorargument durch friend ... 84
C18-1 Zugriff auf ein klassengleiches Objekt (über Parameter) ... 85
C19-2 Polymorphie auf zwei "ähnlichen" Klassen ... 89
C21-1 Rename und Redefine zur Lösung von Mehrdeutigkeiten ... 96
C22-1 Duplizierung von ererbten Merkmalen ... 97
C22-2 Virtuelles Ableiten, virtuelle Klasse ... 98
C22-3 Gemischtes Ableiten (virtuell und nicht-virtuell) ... 98
C23-2 Vector-Template ... 104
C24-1 Generizität durch alternative Schnittstelle ... 105

1. Motivation und Einführung

Dieses Kapitel stellt die wesentliche Motivation für die Anwendung objektorientierter ("*oo*"-) Systeme vor. Unabhängig von einer konkreten objektorientierten Programmiersprache werden ihre vier wichtigstenVorzüge - *abstrakte Modellierung* des Problembereichs, *Modularität, Wiederverwendbarkeit* von Software und *Erweiterbarkeit* bestehender Systeme - vorgestellt. In einem durchgehenden Beispiel werden die grundlegenden Begriffe eingeführt und durch Code-Fragmente in einer Pseudo-Notation veranschaulicht. Eine Einordnung und Klassifikation objektorientierter Sprachen wird im Anschluß daran gegeben. Es ist sinnvoll, zu diesem Abschnitt nach der Lektüre von Kapitel 2 und 3 zurückzukehren. Für ein Verständnis dieser beiden Kapitel ist er nicht notwendig. Das Kapitel schließt mit einer Begründung zur - nicht unumstrittenen - Wahl der Programmiersprache C++, anhand derer die in den folgenden zwei Kapiteln beschriebenen Programmierkonzepte eingeübt werden können. Für ganz Eilige wird an geeigneten Stellen auf die komplette C++-Realisierung des in diesem Kapitel benutzten Beispiels im Anhang verwiesen.

Eine Programmieraufgabe wird durch ein in der realen Welt (oder in abstrakten Überlegungen) vorliegendes Problem beschrieben. Die Programmierung dieses Problems vereinfacht sich mit ihrer Nähe zur menschlichen Denkweise, die für dieses Problem adäquat ist. Eine Programmiersprache dient als Vehikel dieser Denkweise durch die Bereitstellung einer *Basissprache* - die im Wesentlichen aus elementaren Kontrollstrukturen sowie Basistypen und ggf. Typkonstruktoren besteht.

Objektorientierte Programmiersprachen bieten für viele Probleme eine leichte Umsetzung der menschlichen Problemlösungsweise in Software. Neben diesem Vorteil der leichten Modellierung werden mit objektorientierter Software drei weitere für die Software-Entwicklung wesentliche Vorzüge verbunden: Modularität, Wiederverwendbarkeit von Software und Erweiterbarkeit bestehender Systeme. Alle vier genannten Eigenschaften werden in dem folgenden Beispiel verdeutlicht.

1.1 Vorzüge der objektorientierten Programmierung - ein Beispiel

Es ist wichtig anzumerken, daß die Vorzüge einer objektorientierten Systementwicklung sich erst bei der Lösung größerer Aufgaben einstellen. Kleine Spielprobleme - und ein solches ist das in den drei folgenden Abschnitten benutzte - können nur bestimmte Begriffe veranschaulichen. Um die Möglichkeiten eines Sprachstils zu verinnerlichen, ist die Umsetzung von größeren Aufgaben notwendig. Im Aufgabenteil des Anhangs wird dazu Gelegenheit gegeben. Diese Übungen begleiten die in den folgenden beiden Kapiteln schrittweise eingeführten objektorientierten Mechanismen von C++. Für diejenigen, die schon hier in diesem Kapitel "mitprogrammieren" möchten, wird an den geeigneten Stellen der drei folgenden Abschnitte auf die C++ Realisierung im Anhang hingewiesen.

1.1.1 Von der Abstraktion des Problems zum freien Spiel der Objekte

Als erster Vorteil des objektorientierten Programmierstils gilt die Möglichkeit, das Problem in der Art und Weise zu *modellieren*, in der man es auch intellektuell wahrnimmt. In diesem Sinne nähert man sich dem Problem zunächst durch die Erkennung und Identifizierung von "Konzepten". Zu diesen Konzepten werden mit programmiersprachlichen Mitteln Objektklassen definiert, in denen genau die für das Problem relevanten Merkmale von Objekten spezifiziert werden. Diese Merkmale weisen dann alle Objekte einer Klasse auf. Kapitel 5 geht auf diesen zentralen Design-Schritt ausführlich ein.

Die *Merkmale* eines Objekts beziehen sich auf dessen Datenstruktur und Verhalten. Die Komponenten der Datenstruktur werden durch eine Menge von *Attributen* identifiziert. Der Objektwert bestimmt den jeweiligen Zustand des Objektes und wird gemäß der durch die Beschreibung der Attribute gegebenen Strukturbeschreibung konstruiert. Man spricht dann auch von *Instanzen* der Klasse. Objekte können sich aus anderen Objekten zusammensetzen (Teil- oder part-of-Beziehung zwischen Objekt und seinen *Subobjekten*). Objekte bieten eine Reihe von Diensten an, zu denen sie von anderen Objekten aufgefordert werden. Ihre Reaktion wird durch die auf dem Objekt ausführbaren *Methoden* bestimmt. In der Klassendefinition wird das von außerhalb des Objekts beobachtbare Verhalten festgelegt.

Durch die für ein gegebenes Problem neu definierten Objektklassen ist die Basissprache erweitert worden. Der eigentliche Programmablauf besteht jetzt nur noch aus der Erzeugung der benötigten Objekte, deren Zustandsänderungen und Kommunikation zur Ausführung von Diensten.

In diesem Sinne wird im folgenden die Aufgabe der Verwaltung eines Fuhrparks realisiert:

Aufgabe A: *Ein Fuhrpark stellt Kfz für Fahrten von Mitarbeitern zur Verfügung. Nach jeder Fahrt werden die genutzten Kfz gewartet und die Fahrt wird mit der Abteilung des Mitarbeiters abgerechnet.*

Die wesentlichen *Konzepte* des Problembereichs werden durch die auftretenden realen Gegenstände, Personen und Vorgänge bestimmt, z.B.:

```
Mitarbeiter, Fahrt, Kfz
```

Wir wollen nun untersuchen, welche Dienste die Objekte einfordern bzw. welche Methoden sie anbieten, um die beiden wesentlichen Funktionalitäten der Fuhrparkverwaltung zu realisieren: Antritt einer Fahrt durch einen Mitarbeiter mit einem Kfz und Abrechnung der Fahrt. Danach leiten wir die strukturellen Zusammenhänge zwischen den Objekten ab, zunächst aus der Sicht eines Mitarbeiters, dan aus der einer Fahrt und schließlich aus der eines Kfz.

- Ein *Mitarbeiter* kann mit einem Kfz
  - o eine Fahrt *antreten* ;
    dazu gibt ihm das Kfz Auskunft über seine Verfügbarkeit, und
    ein Fahrt-Vorgang (z.B. dargestellt durch ein Formular) wird erzeugt.
  - o eine Fahrt *abrechnen* ;
    dazu werden vom Fahrt-Vorgang die entstandenen Kosten (z.B. Anzahl der Tage) erfragt, die an die Dienststelle weitergeleitet werden, und dann wird der Fahrt-Vorgang beendet.

- Eine *Fahrt* kann mit einem bestimmten Kfz
  - o *erzeugt* werden,
    wodurch das Kfz als nicht mehr verfügbar vermerkt wird, und
  - o *beendet* werden,
    wodurch eine Wartung des Kfz veranlaßt wird.

- Ein *Kfz* legt
  - o die Informationen zur *Verfügbarkeit* und
  - o die Art der *Wartung* fest,
    wobei das Kfz nach der Wartung wieder verfügbar ist.

Die Abbildungen 1.1.1-a und 1.1.1-b zeigen die Kommunikationsstruktur der Objekte, die sich aus der obigen Beschreibung des Problems ergibt. Durch Kommunikation delegiert ein Objekt Teilaufgaben an andere Objekte, indem es dessen Dienste anfordert, und erhält darauf Rückmeldungen. Ihre Kommunikation führt zum Aufruf von Methoden.

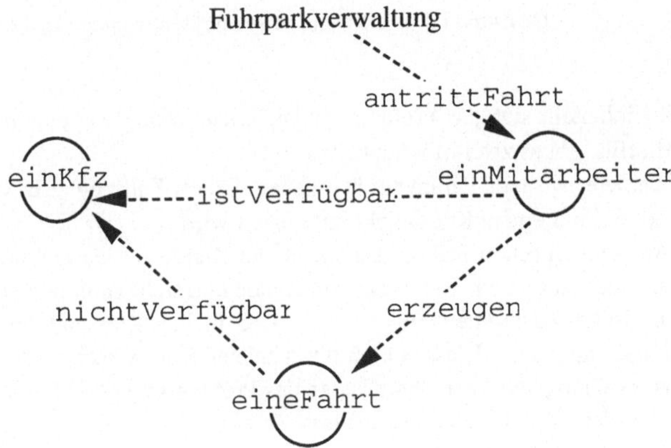

Abb. 1.1.1-a: Objekte des Fuhrparkproblems mit ihrem Kommunikationsverhalten bei Antritt der Fahrt (Delegation ist durch Pfeile gekennzeichnet). Das `Mitarbeiter`- und `Kfz`-Objekt existiert bereits. Ein `Fahrt`-Objekt wird erzeugt und repräsentiert den Vorgang der Dienstreise.

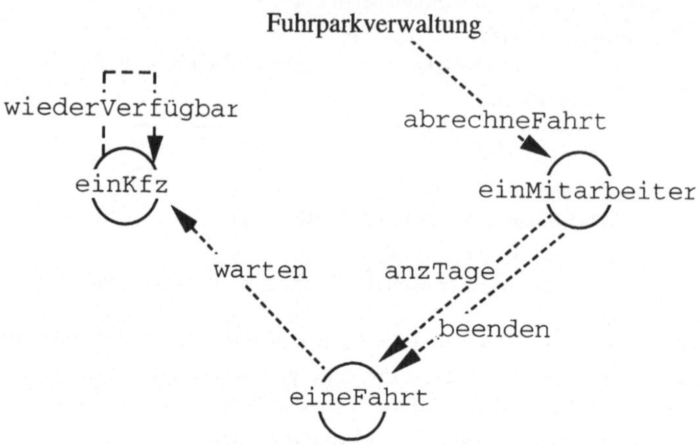

Abb. 1.1.1-b: Objekte des Fuhrparkproblems mit ihrem Kommunikationsverhalten am Ende der Dienstreise. Das die Dienstreise repräsentierende `Fahrt`-Objekt wird beendet.

Grundsätzlich stellt sich das Problem, einen "Dienst-*Anbieter*" einem "Dienst-*Kunden*" bekannt zu machen. Hierfür gibt es zwei Möglichkeiten:

(i) Der Anbieter wird als Parameter übergeben. Dieser Fall liegt z.B. vor, wenn ein Fahrt-Objekt erzeugt und mit einem Kfz-Objekt initialisiert wird.

(ii) Der Anbieter ist schon Teil der Daten, die der Kunde zur Durchführung seiner Dienste verwaltet. Der Anbieter ist ein Subobjekt von Kunde und steht zu ihm in einer "part-of"-Beziehung.

Der strukturelle Zusammenhang aus (ii) wird in der Klassendefinition verwaltet. Man sagt deshalb auch, daß die Kunde-Klasse durch die Anbieter-Klasse komponiert wird. Die sich ergebende Kompositionsbeziehung zwischen den Klassen des Problems zeigt Abbildung 1.1.1-c: Ein Mitarbeiter auf einer Dienstreise "kennt" seine Dienstfahrt. Zu einer Fahrt "gehört" ein Kfz. Außerdem sind dort noch einige weitere, für die Durchführung der Dienste wichtige Attribute angegeben.

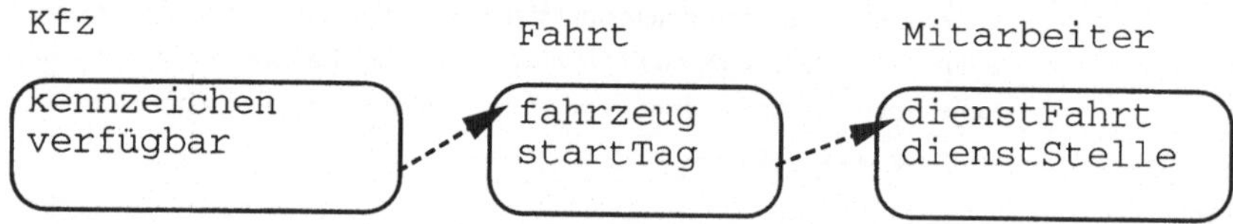

Abb. 1.1.1-c: Klassen des Fuhrparkproblems aus Aufgabe A mit ihren strukturellen Zusammenhängen: Der "fahrzeug"-Teil einer Fahrt ist ein Kfz-Objekt, die aktuelle "dienstfahrt" eines Mitarbeiters wird durch ein Fahrt-Objekt repräsentiert.

In den oben gezeigten drei Abbildungen haben wir damit die wesentlichen Teile des Problems durch Klassen mit den Merkmalen ihrer Instanzen (d.h. ihre strukturellen Zusammenhängen sowie ihrem Verhalten) dargestellt. Dieses kann nun ohne weiteres in einer objektorientierten Programmiersprache realisiert werden, wie der nächste Abschnitt zeigt.

1.1.2 Modularität in objektorientierten Systemen

Ein (das ?!) zentrales Prinzip des Entwurfs von Software-Systemen ist die Definition und Realisierung abstrakt beschriebener benutzerdefinierter Typen. Dabei werden die Datenstrukturen der Werte des Typs vor der Anwendung "versteckt" - Werte sind ausschließlich über eine Menge von Funktionen manipulierbar. Diese Möglichkeit der Implementierung benutzerdefinierter Typen durch Klassen bieten objektorientierte Sprachen.

Eine Klassendefinition nimmt die Beschreibung der in allen Objekten dieser Klasse gleichen Struktur und der auf ihnen ausführbaren Methoden auf. Für eine Anwendung sichtbar und damit benutzbar ist ein exakt festgelegter Teil dieser Merkmale - das *Protokoll* der Klasse. Damit zerfällt ein objektorientiertes System in eine Vielzahl kleiner Module mit kleinen Protokollen, eine Notwendigkeit für inkrementellen Software-Entwurf und Testen. Die Implementierungen der Methoden und des Hauptprogramms bestehen aus der Konstruktion von Objekten und deren Kommunikation untereinander. Durch eine *Nachricht* fordert ein *Sender*-Objekt ein anderes auf, eine Methode auszuführen. Als Antwort kann durchaus wieder ein Wert - auch ein Objekt - vom *Empfänger* zurückgeliefert werden. Diese Sprechweise rückt das Objekt und nicht die Funktion (bzw. Methode) in den Mittelpunkt, was sich auch in entsprechenden Notationen ausdrückt (z.B. der Ausdruck `obj->tuwas(x)` bedeutet: "Nachricht `'tuwas'` mit Parameter `x` an Objekt `obj`").

Im folgenden wird ein Ausschnitt aus der Beschreibung der Klassen `Fahrt` und `Mitarbeiter` gegeben. Die für unser Beispiel relevanten Merkmale wurden in Abb. 1.1.1-c (dort: Attribute) und in Abb. 1.1.1-a und -b (dort: Methoden) bereits genannt. Dabei sind die beiden Methoden zur Erzeugung und Beendigung eines `Fahrt`-Objektes für die Simulation des Problems von besonderer Bedeutung und sollen zusammen mit den angegeben `Mitarbeiter`-Methoden in Pseudocode[1] genauer betrachtet werden. Die vollständige C++-Implementierung der Klassen und des Hauptprogramms mit kurzen Erläuterungen kann im Anhang A.1 nachgelesen werden. Eine ausführliche Diskussion der dort angewandten C++-Mechanismen wird aber erst in den beiden folgenden Kapiteln durchgeführt.

Beispiel 1.1.2-1: `Fahrt`-*Klassendefinition mit Merkmalen*

```
Klasse Fahrt {
  Definition verschiedener Attribute wie fahrzeug und
  startTag der Fahrt sowie Methode anzTage(),die die An-
  zahl der vom startTag bis heute vergangenen Tage liefert,
  ... und ihre Implementierung.

// ... und weitere Methoden:
Fahrt erzeugen (Kfz k) {              liefert ein initialisiertes Fahrt-Objekt obj
                                      als Methodenwert zurück.
                                      obj sei hier immer das Objekt, das die
                                      Methode ausführt.
  obj->fahrzeug = k;                  das fahrzeug der Fahrt ist k.
  obj->fahrzeug->nichtVerfügbar();    k ist nicht mehr verfügbar.
  obj->startTag = heute;              der startTag der Fahrt ist heute.
  liefere initialisiertes Objekt
  obj als Methodenwert zurück; }
beenden () {                          vernichtet das ausführende Objekt.
                                      obj sei hier immer das Objekt, das
                                      die Methode ausführt.
  obj->fahrzeug->warten();            fahrzeug der Fahrt wird gewartet, dabei führt
                                      es die Methode wiederVerfügbar() aus.
  dieses Fahrt-Objekt obj vom Speicher löschen ;}
}
```

Beispiel 1.1.2-2: `Mitarbeiter`*-Klassendefinition mit Merkmalen*

```
Klasse Mitarbeiter {
  Definition verschiedener Attribute wie dienstFahrt und
  dienstStelle,
  ... und ihre Implementierung
// ... und Methoden:
Bool antrittFahrt (Kfz k) {            bereitet eine Fahrt mit kfz k vor.
  if(k->istVerfügbar()) then           k gibt Auskunft über Verfügbarkeit.
    obj->dienstFahrt =
      Fahrt erzeugen (k);              ein Fahrt-Objekt mit Kfz k wird von der
                                       Methode erzeugen(k) initialisiert und dem
                                       dienstFahrt-Attribut zugewiesen.
    return TRUE;
  else return FALSE; }                 Kfz k nicht verfügbar.

abrechneFahrt () {                     Abschlußarbeiten und Fahrt beenden.
  Rechnung an obj-dienstStelle über die durch
  obj->dienstFahrt->anzTage() ermittelten Tage;
  obj->dienstFahrt->beenden(); }
}
```

In einem Hauptprogramm würden nun einmalig für alle vorhandenen Kfz entsprechende Objekte erzeugt und für jede Fahrt die Erzeugung und spätere Beendigung eines `Fahrt`-Objektes durch den Benutzer ausgelöst werden. Die Realisierung dieses einfachen Problems zeigt, daß Objekte Zustände annehmen, Aktivitäten auslösen und Aufgaben an andere Objekte delegieren können - drei wesentliche Beobachtungen bei der Realisierung.

Beispiel 1.1.2-3: *Anwendung im Hauptprogramm*

```
Sei m1 ein Mitarbeiter, k1 ein Kfz;
if (m1->antrittFahrt(k1)) then         m1 möchte mit Kfz k1 auf Dienstreise.
  print "alles ok";
...
m1->abrechneFahrt();                   m1 schickt Rechnung an seine Dienststelle;
                                       danach ist das Kfz wieder frei.
```

1.1.3 Wiederverwendbarkeit von Software

Durch die Definition von Objektklassen stehen neue, unabhängig von einer Aufgabe verwendbare Modellierungsmöglichkeiten zur Verfügung, deren Wiederverwendbarkeit die Ausdrucksmöglichkeiten der Basissprache erweitern. Durch eine leichte Abwandlung der Aufgabe A soll dies verdeutlicht werden.

Aufgabe B: *Eine Kfz-Verleihfirma schließt Verträge mit Personen über den Verleih von Kfz wie z.B. PKWs, LKWs ab. Am Ende jedes Vertrages wird das verliehene Kfz gewartet und die Fahrt entsprechend der Anzahl der Tage mit der Person abgerechnet.*

Die wesentlichen *Konzepte* des Problembereichs sind nun z.B.:

```
Vertrag, Fahrt, Kfz, PKW, LKW, Person
```

Wir wollen wieder untersuchen, welche Dienste die Objekte einfordern bzw. welche Methoden sie anbieten, um die beiden wesentlichen Funktionalitäten des Kfz-Verleihs zu realisieren: Erzeugen eines Kfz-Mietvertrages mit einer Person und seine Beendigung.

- Ein *Vertrag* kann mit einer Person über die Vermietung eines Kfz abgeschlossen werden, wobei innerhalb des Vertrages
  - o eine Fahrt *durchgeführt* wird;
    dazu wird ein Fahrt-Vorgang (z.B. dargestellt durch ein Formular) erzeugt.
  - o die Fahrt *abgerechnet wird* ;
    dazu werden vom Fahrt-Vorgang die entstandenen Kosten (z.B. Anzahl der Tage) erfragt, die an den Kunden weitergeleitet werden.
  - o Mit der *Beendigung* des Vertrages ist die Fahrt auch abgeschlossen und endet.

- Eine *Fahrt* kann mit einem bestimmten Kfz
  - o *erzeugt* werden,
    wodurch das Kfz als nicht mehr verfügbar vermerkt wird, und
  - o *beendet* werden,
    wodurch eine Wartung des Kfz veranlaßt wird.

- Ein *Kfz* legt
  - o die Informationen zur *Verfügbarkeit* und
  - o die Art der *Wartung* fest,
    wobei das Kfz nach der Wartung wieder verfügbar ist.

- *LKWs* und *PKWs* bilden die Menge der Kfz,
  - o die die gleichen Dienste wie ein Kfz anbieten müssen,
  - o aber die Wartung spezifisch definieren.

Zur Realisierung dieser Konzepte können nun zum Teil die Objektklassen und ihre Dienste aus der Aufgabe A wiederverwendet oder weiterentwickelt werden. Ein Teil der in Abbildung 1.1.1-c skizzierten Lösung wird hier auf zwei verschiedene Weisen wiederverwendet. Dies wird in der folgenden Abbildung 1.1.3-a graphisch dargestellt.

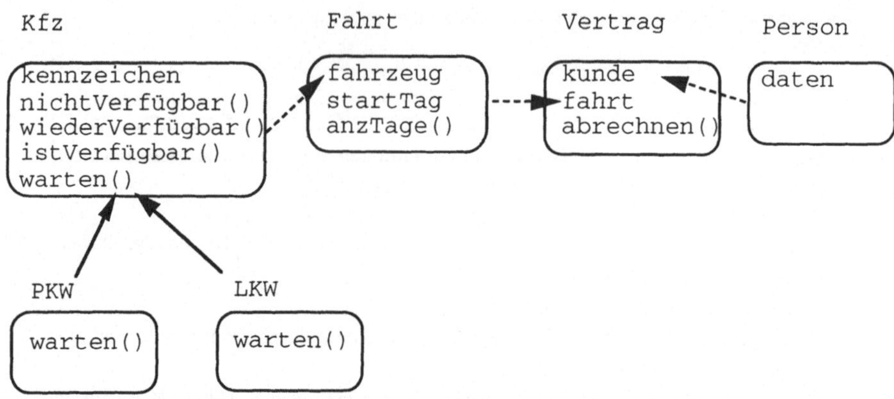

Abb. 1.1.3-a: Klassen des Verleihproblems aus Aufgabe B, mit neuen abgeleiteten Klassen (durchgezogener Pfeil) und einigen zentralen Merkmalen (Attribute und Methoden)

Zum einen gehen wieder Objekte der schon bekannten Klassen `Kfz` und `Fahrt` in die Konstruktion anderer Klassen ein. Objekte der Klasse `Vertrag` bestehen aus einem `Fahrt`- und einem `Person`-Objekt, d.h. die Klasse `Vertrag` ist eine *Komposition* dieser beiden Klassen ("horizontale Wiederverwendung" von `Fahrt`). Die Merkmale der Klasse `Kfz` werden in die neuen Klassen `PKW` und `LKW` übernommen und sind dort wie in `Kfz` verwendbar, ohne explizit neu definiert werden zu müssen. Diesen Prozeß der Klassenerzeugung aus einer gegebenen Klasse wird *Ableiten* genannt. Man bezeichnet die aus der gegebenen Klasse übernommenen Merkmale als *ererbt* (vertikale Wiederverwendung von `Kfz`). Dabei können in der abgeleiteten Klasse durchaus neue Merkmale definiert oder ererbte Merkmale redefiniert werden (z.B. verschieden implementierte `warten`-Methoden für `LKW`s und `PKW`s). Für `LKW` wird die Klassendefinition in Beispiel 1.1.3-1 gegeben:

Beispiel 1.1.3-1: `LKW`-*Klassendefinition aus* `Kfz` *abgeleitet*

```
Klasse Kfz {
  Definition verschiedener Merkmale, z.B. kennzeichen
// ... und Methoden:
warten() {
  tanken und danach wieder verfügbar;}
}
Klasse LKW abgeleitet aus Kfz {          alle Kfz Merkmale werden ererbt.
  mit zusätzlichen Merkmalen, z.B. ladefläche ...

// reimplementiert die Methode warten:
warten () {                              LKW-spezifische Implementierung.
  wie in  Kfz warten() und
  zusätzlich ladefläche säubern; }
}
```

Für jeden Ausleihvorgang eines `Kfz` (`PKW` oder `LKW`) wird nun ein `Vertrag`-Objekt erzeugt, dessen Laufzeit mit der Rückgabe endet. Das Erzeugen und Beenden eines Vertragsverhältnisses sowie die Abrechnung sollen wieder (in Pseudocode) genauer betrachtet werden. Die komplette C++-Implementierung findet sich in Anhang A.2.

Beispiel 1.1.3-2: `Vertrag`*-Klassendefinition mit Merkmalen; benutzt* `Fahrt, Kfz`

```
Klasse Vertrag {
  Definition verschiedener Merkmale wie kunde, fahrt
  ... und ihre Implementierung
// ... und Methode:
erzeugen ( Kfz k, Person p) {

  obj->kunde= p;
  obj->fahrt= Fahrt erzeugen(k);

  liefert initialisiertes
  Objekt obj zurück; }
beenden () {
  obj->fahrt->beenden();
  dieses Vertrag-Objekt obj löschen ;}

abrechnen () {
  sende Rechnung über obj->fahrt->anzTage() an obj->kunde;}
}
```

`obj` sei hier wieder das Objekt, das die Methode ausführt.

lege `Fahrt`-Objekt an, initialisiere es durch `erzeugen(k)` und weise zu.

1.1.4 Erweiterbarkeit: Systeme wachsen mit

Ein zentrales Gütemerkmal von großen Software-Systemen ist die einfache *Erweiterbarkeit* um Funktionen oder Datentypen. In nicht-objektorientierter Software verursacht die Einführung von *neuen Funktionen* (oder Änderungen bestehender Funktionen) Aufwand bei der (Re-) Implementierung dieser Funktion und Änderungen der Schnittstellen. Die Einführung eines *neuen Datentyps* zieht hingegen Erweiterungen in vielen Funktionen (oder Datenstrukturen), die Werte dieses neuen Typen beachten sollen, nach sich (dies wird noch an dem Beispiel 1.1.4-1 gezeigt). Hier setzen die Mechanismen von objektorientierten Sprachen an.

Bei der Wiederverwendbarkeit wurde gezeigt, daß *neuer Code alte Software-Teile benutzen kann* (z.B. die Methode `Fahrt beenden` in `Vertrag beenden`). Dies ist der typische Effekt bei der Benutzung von Software-Bibliotheken. Wichtig für einfache Erweiterbarkeit ist aber auch, daß *alter Code neue Software-Teile benutzen kann, ohne geändert* werden zu müssen. Alter Code kann nun unverändert Objekte neuer Klassen - genauer: deren Merkmale - benutzen, da prinzipiell in objektorientierter Software Objekte selbst entscheiden, auf welche Nachricht sie wie reagieren (d.h. welche Methodenimplementierung sie aufrufen). Da Objekte verschiedener Klassen auf die gleiche Nachricht verschieden reagieren können, wenn die entsprechende Methode in diesen Klassen verschieden implementiert ist, ist diese Entscheidung natürlich abhängig von der genauen Klassenzugehörigkeit der Objekte. Sie wird für jede Objektreferenz erst zur Laufzeit des Programms ermittelt (*dynamisches Binden* der Methode).

Da dieser Unterschied zu nicht-objektorientierter Software zentral ist, wollen wir dieses Phänomen wieder an einem kleinen Ausschnitt der Aufgabe B mit den bereits festgestellten Konzepten und Klassendefinitionen aus dem Verleih-Beispiel studieren. Darin finden wir dieses Phänomen beim `warten` eines `Kfz` am Ende einer `Fahrt`. Dies führt zur Ausführung der Wartungs-Aktivität eines `PKW`s oder `LKW`s, abhängig davon, welcher Objektklasse das dem `Fahrt`-Objekt als Parameterwert übergebene `Kfz`-Objekt angehört.

In einer *nicht-objektorientierten prozeduralen Sprache* würde eine `warten`-Funktion für ein `Kfz`, das entweder Merkmale eines `LKW` oder eines `PKW` trägt, wie folgt aussehen: um sowohl `PKWs` als auch `LKWs` als Argumente der `warten`-Funktion zuzulassen, müssen deren Merkmale in einer gemeinsamen Datenstruktur definiert werden; ein "Schalter"-Attribut markiert dann die für einen Wert jeweils gültigen Merkmale und wird in einer Fallunterscheidung abgefragt, um `LKWs` und `PKWs` verschieden verarbeiten zu können.

Beispiel 1.1.4-1 gibt den nicht-objektorientierten Pseudocode dafür an:

Beispiel 1.1.4-1: *nicht-objektorientierte Implementierung des* `Kfz`*-Typen*

```
// eine gemeinsame Datenstruktur für PKW- und LKW-Werte
struct Kfz {                              Datenstruktur eines Kfz-Wertes.
  enum(LKW, PKW)  art;                    Schalterattribut art mit Aufzählung
                                          der möglichen Werte in enum().
  weitere Attribute von PKWs und LKWs ...;
}

// Manipulations-Funktion des "Typen" Kfz:
warten (Kfz k) {
  switch (k->art) {                       Fallunterscheidung auf art-Attribut.
    case PKW:
       führe spezielle PKW-Wartung auf PKW-Attributen durch,
       z.B. Sitze säubern;
    case LKW:
       führe spezielle LKW-Wartung auf LKW-Attributen durch,
       z.B. Ladefläche säubern;
  }
}
```

Mit der Einführung einer neuen Kfz-Art (z.B. Krad) muß im Beispiel sowohl die `Kfz`-Datenstruktur geändert werden, nämlich durch:

```
struct Kfz {                              Datenstruktur eines Kfz-Wertes.
  enum(LKW, PKW, Krad)  art;
  ...                                     weitere Attribute speziell für Krad.
```

als auch *alle* Software-Teile, die auf diese Datenstruktur Bezug nehmen, insbesondere in der `warten`-Funktion durch Einfügen eines neuen Falls in der Fallunterscheidung:

```
... case Krad:
      führe spezielle Krad-Wartung auf Krad-Attributen durch
       z.B. Kette schmieren;
```

Auch in Software, in der die `Kfz`-Werte gekapselt sind und die Manipulation von `Kfz`-Werten nur durch eine festgelegte Menge von Funktionen durchgeführt werden kann, müssen alle diese Funktionen durchsucht und gegebenenfalls ergänzt werden - ein Vorgang, der bei umfangreichen Ergänzungen oder Änderungen in großen Systemen sehr mühsam werden kann und zudem immer die Verfügbarkeit aller Programmtexte und deren erneute Übersetzung verlangt.

Grundlegend für die Möglichkeit, alten Code in objektorientierter Software auch beim Einfügen neuer Datenstrukturen bzw. Klassendefinitionen nicht ändern zu müssen, ist die *Polymorphie*. Darunter versteht man die "Vielgestaltigkeit" einer Objektvariablen (oder eines Attributs oder Parameters), d.h. ihr können Objekte aus verschiedenen Klassen als Werte zugewiesen werden. Das bedeutet, daß es durchaus für PKWs und LKWs eigene Klassendefinitionen geben kann und das `Kfz`-Attribut in einem `Fahrt`-Objekt sowohl `LKW`- wie auch `PKW`-Werte annehmen kann, ohne das diese ihre alte Klassenzugehörigkeit verlieren. Damit wird die zur Ausführung kommende Implementierung der Methode `warten()` erst zur Laufzeit durch die Klassenzugehörigkeit des betroffenen Objekts entschieden (dynamisches Binden). Man spricht deshalb in objektorientierten Systemen auch nicht mehr von "Funktionsaufruf", an den ja die Ausführung einer bestimmten Implementierung gebunden ist, sondern von einer *Nachricht* eines Senders an ein Empfänger-Objekt mit der Aufforderung zur Ausführung einer zum Objekt "passenden" Methodenimplementierung. Abb. 1.1.4-a visualisiert diesen Sachverhalt der Zuweisung an und Benachrichtigung von der polymorphen (Zustands-) Variablen `fahrzeug`. Die zugewiesenen Objekte behalten ihre Klassenzugehörigkeit, machen diese aber nach außen hin nicht mehr sichtbar.

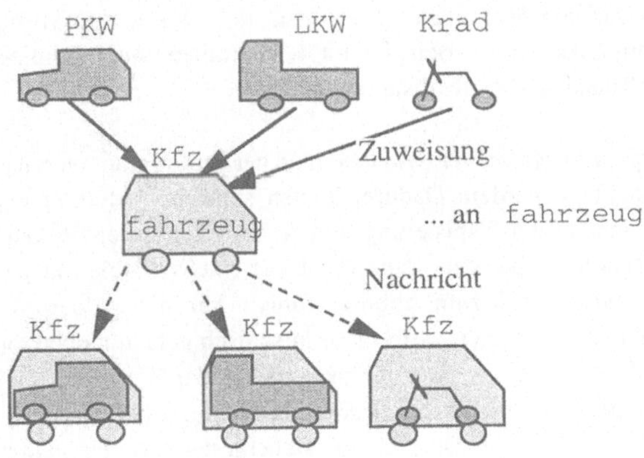

Abb. 1.1.4-a: Zuweisung an und Benachrichtigung der polymorphen Variablen `fahrzeug`

Im Pseudocode aus Beispiel 1.1.2-1 wurde Polymorphie bereits genutzt. Beispiel 1.1.4-2 weist explizit auf diese Stellen hin: eine polymorphe Objektvariable findet sich dort z.B. im Parameter der `erzeugen`-Methode oder im `fahrzeug`-Attribut des `Fahrt`-Objekts:

Beispiel 1.1.4-2: `Fahrt`-*Klasse mit polymorphen Methoden-Parametern und Attributen*

```
Klasse Fahrt {
  Definition verschiedener Merkmale,
  u.a. fahrzeug ... und ihre Implementierung

// Methode:
Fahrt erzeugen (Kfz k) {

  obj->fahrzeug = k;
  ...
}
```

der objektwertige Parameter `k` ist polymorph, d.h. `k` kann ein `LKW`, `PKW` oder `Krad`-Objekt als Wert haben.
`obj->fahrzeug` ist ebenfalls polymorph.

In der Methode `beenden` wird diesem durch `fahrzeug` identifizierte Objekt die `warten`-Nachricht geschickt, durch die dann abhängig von der aktuellen Klassenzugehörigkeit des Wertes eine spezifische Implementierung der `warten`-Methode ausgeführt wird:

Beispiel 1.1.4-3: `Fahrt`*-Klasse mit polymorphen Methoden-Parametern und Attributen*

```
// Methode:
beenden () {
   ...
   obj->fahrzeug->warten ();
}
```

`warten()`-Nachricht an `fahrzeug`. Abhängig von dem konkreten Objekttyp des aktuellen Wertes von `fahrzeug` wird die entsprechende `warten`-Methode von `LKW` oder `PKW` ausgeführt.

Insbesondere kann eine neue Klasse `Krad` eingeführt werden, deren Werte dem `fahrzeug`-Attribut zugewiesen werden können, ohne dabei Änderungen in bestehendem Code (in der `Kfz`-Klassendefinition oder den Methoden `erzeugen` und `beenden`) vornehmen zu müssen. Die Änderungen in altem Code wie in Beispiel 1.1.4-1 entfallen. Auch zu dieser Erweiterung wird in Anhang A.3 eine vollständige C++-Realisierung gezeigt.

In *statisch getypten Programmiersprachen* muß bei der Programmierung der Typ aller Variablen und Ausdrücke festgelegt werden. Dadurch bieten sie den Vorteil, schon zur Übersetzungszeit Programmierfehler anhand der Typisierung von Ausdrücken zu entdecken. Z.B. kann die nur für Zahlen definierte Rundungsoperation dann nicht auf eine Variable mit einem Zeichenreihenwert angewandt werden und dadurch zum Abbruch führen. Um diese Überprüfungsmöglichkeiten mit Polymorphie in Einklang zu bringen, wird diese in statisch getypten objektorientierten Sprachen auf Objektwerte von solchen Klassen eingeschränkt, die aus der Klasse der Objektvariablen (bzw. des Attributs oder Parameters) abgeleitet wurden. Durch die Übernahme aller Merkmale in einer abgeleiteten Klasse kann dann zur Übersetzung sichergestellt werden, daß zu jeder Nachricht auch eine passende Methodenimplementierung existiert. Die benachrichtigten Objekte "verstehen" die Nachricht. In unserem Verleih-Beispiel bedeutet das, daß das `fahrzeug`-Attribut in einem `Fahrt`-Objekt nur Werte der `Kfz`-Klasse oder von den aus `Kfz` abgeleiteten Klassen annehmen kann. Ein Zeichenreihen-Objekt ist kein Zahl-Objekt und versteht auch nicht eine Rundungs-Nachricht. In Kapitel 3 wird auf dieses Thema ausführlich eingegangen.

1.2 Einordnung objektorientierter Sprachen

Dieser Abschnitt hat eher Übersichtscharakter und kann auch nach der Lektüre der in Kapitel 2 und 3 vorgestellten objektorientierten Mechanismen gelesen werden.

1.2.1 Entwicklung von Programmierparadigmen

Um die über 2000 existierenden Programmiersprachen einordnen zu können, unterscheidet die Informatik (mindestens) vier *Programmierstile* die für die Programmierung von Problemen bestimmter Klassen besonders geeignet erscheinen:

- Der *prozedurale* Programmierstil findet bei algorithmischen Problemen Anwendung, in denen Berechnungen durch eine festgelegte Folge von Anweisungen beschrieben werden. Beispiele finden sich bei Such- und Sortierverfahren sowie numerischen Problemen. Gängige Programmiersprachen sind z.B. alle PASCAL-artigen Sprachen. Die sehr weit verbreitete Sprache C ist hier ebenfalls einzuordnen.

- Im *deklarativen* Programmierstil realisierte Programme legen dagegen keine Berechnungsfolge zur Erreichung einer Lösung fest, sondern beschreiben eine Menge von logischen Bedingungen (Regeln), die den Lösungsraum einschränken. Ein Abarbeitungsmechanismus übernimmt dann die Berechnung der Lösungen, die diesen Bedingungen genügen. Damit eignen sich Sprachen dieses Programmierstils z.B. zur Implementierung von Expertensystemen, in denen das durch Regeln beschriebene Wissen leicht fortlaufend ergänzt werden kann. Bekanntester Vertreter einer deklarativen Sprache ist PROLOG.

- In der *funktionalen* Programmierung werden die benutzerdefinierten Funktionen auf einfachere Funktionen zurückgeführt, in denen die Argumente manipuliert werden. Der Aufruf einer Funktion führt zu einer Kaskade von weiteren Funktionsaufrufen. Die mathematische Schreibweise der Algebraischen Spezifikation, in der Funktionen auf Datenstrukturen und deren Verknüpfungseigenschaften festgelegt werden, läßt sich verhältnismäßig leicht in diesem Programmierstil darstellen. Deswegen werden funktionale Programmiersprachen häufig in algebraischen Problemen bei der Verarbeitung von Strukturmustern und der Symbolverarbeitung eingesetzt. Mit der Programmiersprache LISP wurde schon sehr früh (Ende der 50er Jahre) diese Richtung beschritten.

- Der *objektorientierte* Programmierstil bietet besondere Ausdrucksmöglichkeiten für die Beschreibung von interagierenden Objekten und deren Abstraktion zu allgemeinen Konzepten durch Objektklassen an. Aktivitäten gehen dabei immer von Objekten aus, die andere Objekte wiederum zu Aktionen auffordern können. Damit fällt das Modellieren von Problemen, bei denen der Mensch auch Objekte und Konzepte intuitiv wahrnimmt, leichter. Solche Probleme finden sich z.B. in Simulationen von Ausschnitten der realen Welt oder in der Verwaltung von komplexen Datenobjekten, wie wir sie bei graphischen Benutzungsoberflächen oder Konstruktionssystemen finden. Objekte mit gleichem Verhalten werden in Klassen definiert. Ihre Implementierungen werden so gekapselt und erhöhen die Modularität der Software. Ein weiteres grundlegendes Paradigma ist die Möglichkeit der Wiederverwendung von Klassendefinitionen in neu konstruierten Klassendefinitionen. Ein Vorläufer der Sprachklasse, die diesen Programmierstil unterstützt, ist SIMULA-67. Als erste allgemein beachtete objektorientierte Sprache gilt SMALLTALK.

Alle diese Programmierstile haben in bestimmten Problemklassen ihre Berechtigung. Oft machen aber auch besonders komplexe Probleme den Einsatz von Mischformen einiger Programmiersprachen sinnvoll. Andererseits unterstützen einige Programmiersprachen nicht alle Mechanismen eines Programmierstils, um z.B. einfachere Sprachkonstrukte oder effizientere Implementierungen zu erreichen. Dies gilt auch für Sprachen, in denen sich objektorientierte Stilelemente finden. In Kapitel 4 wird ein wichtiger Repräsentant zu jeder der drei Mischformen vorgestellt (objektorientierte Sprachen mit prozeduralen, deklarativen oder funktionalen Elementen).

1.2.2 Objektbasierte und objektorientierte Software-Systeme

Wir haben bereits verschiedene Programmierstile kennengelernt und festgestellt, daß es durchaus Mischformen oder Abschwächungen dieser Stile geben kann. Wir wollen im folgenden Abschnitt festlegen, wann man davon sprechen kann, daß ein Werkzeug zur Modellierung des zum Problem gehörenden Weltausschnittes den objektorientierten Programmierstil unterstützt.

Ein solches Werkzeug kann eine Programmiersprache (mit Übersetzer und Laufzeitsystem), aber auch ein Datenbanksystem sein. Datenbanksysteme bieten immer auch eine Programmiersprache zur Beschreibung der Anwendung an. In ihren objektorientierten Varianten sind diese Datenmanipulationssprachen durchaus einer objektorientierten Sprache vergleichbar. Die Anwendung objektorientierter Datenbanksysteme setzt also die Kenntnis der objektorientierten Programmierung unbedingt voraus.

Objektbasierte Programmierung unterstützt Abstraktion (nur) dadurch, daß Objekte erzeugt werden, die durch Nachrichten miteinander kommunizieren und Methoden ausführen. Dadurch werden Manipulationen des Zustands der Objekte vorgenommen. In Klassendefinitionen werden genau die Konstruktionsbeschreibungen aller Objekte einer Klasse festgelegt, d.h. alle ihre Attribute, deren Wertebelegung ihren Zustand festlegen, sowie das Verhalten der Objekte der Klasse.

Beispiel 1.2.2-1: *Objektbasierte Software*

(a) *"Fuhrpark" (Aufgabe A) aus 1.1.1*

`Mitarbeiter`-Objekte erzeugen `Fahrt`-Objekte, die einen Zustand annehmen. Die `beenden`-Nachricht an ein `Fahrt`-Objekt führt zu einer Reihe weiterer Zustandsänderungen und Nachrichten an ein `Kfz`-Objekt.

(b) *Ereignisverarbeitung im Graphikfenster*

Die wesentlichen Konzepte des Problembereichs sind durch Objektklassen wie `Fenster`, `Button` und `Menü` definiert. Die für alle Objekte einer Klasse gemeinsam geltenden Merkmale sind Attribute, die Zustandsinformationen der Objekte aufnehmen, sowie Methoden, die mögliche Operationen auf den Objekten festlegen. Ein Fenster-Objekt empfängt ein "Maus-Klick"-Ereignis und delegiert eine bestimmte Aktivität an die betroffene Ein-/Ausgabe-Komponente[2] (I/O-Komponente), hier `Button`-Objekt, durch Aufruf einer `Button`-Operation. Das `Button`-Objekt führt dann eine Anwendungsfunktion aus und macht z.B. ein `Menü`-Objekt sichtbar und aktiv.

Das wesentliche Charakteristikum der *objektorientierten Programmierung* ist die Fähigkeit, Objekte zu verwenden, die zur Laufzeit möglicherweise Objektwerte aus verschiedenen Objektklassen annehmen können. Dadurch kann die konkrete Zuordnung der Methodenimplementierung zu einer Nachricht an ein solches polymorphes Objekt erst zur Laufzeit durch die Klassenzugehörigkeit des zugeordneten Objektwertes bestimmt werden.

Eine notwendige Voraussetzung für diese Eigenschaft ist die Möglichkeit, gleich benannte Methoden in verschiedenen Klassen verschieden zu implementieren. Da in getypten Programmiersprachen Polymorphie auf abgeleitete Klassen eingeschränkt ist, muß die Möglichkeit der Klassenkonstruktion durch Ableiten ebenfalls gegeben sein (mit Vererbung und ggf. Redefinition von Methoden).

Beispiel 1.2.2-2: *Objektorientierte Software*

(a) *"Verleih" (Aufgabe B) aus 1.1.3*

Das `fahrzeug` in einem `Fahrt`-Objekt kann sowohl ein `PKW` als auch ein `LKW` sein. Die Nachricht über die Aufforderung zum `warten` des `fahrzeug` kann - abhängig von der tatsächlichen Klassenzugehörigkeit des `fahrzeug`-Wertes - verschiedene Implementierungen der `warten`-Methode auslösen.

(b) *Steuerung vielgestaltiger Ein-/Ausgabe-Komponenten im Graphikfenster*

Ein Graphikfenster kommuniziert mit allen darin enthaltenen I/O-Komponenten über Nachrichten. I/O-Komponenten können dabei z.B. Button- oder Menü-Objekte sein, die aber alle eine minimale Menge gleichen Verhaltens aufweisen (Form, verschieben, reagieren etc.). Ein Ereignis (z.B. Selektion durch Maus) führt dann zu einer Folge von gleichen Nachrichten von der Fensterverwaltung an alle betroffenen I/O-Komponenten, was aber im allgemeinen verschieden implementierte Methoden auslöst.

1.2.3 Evolution problemorientierter Sprachen

In den sogenannten getypten Sprachen werden eine Reihe von "eingebauten" Typen (z.B. ganze Zahlen, Zeichen etc.) mit elementaren Operationen auf ihren Werten angeboten[3]. Mit Hilfe der ebenfalls angebotenen Typkonstruktoren lassen sich aus diesen Typen neue, problembezogene Typen definieren (z.B. rationale Zahlen als Paare von ganzen Zahlen, Zeichenreihen als Sequenz von Zeichen etc.). In objektorientierten Sprachen übernehmen Objektklassen die Realisierung von Typen. Die Basissprache kann neben den zur Beschreibung der Problemlösung notwendigen Kontrollstrukturen auch eine Reihe von Objektklassen enthalten. Die Entwicklung von objektorientierten Systemen besteht dann bei gutem Entwurf zum größten Teil aus einem steten Hinzufügen neu konstruierter Klassen. Der Vorteil der Wiederverwendbarkeit von Objektklassen-Realisierungen kommt beim Entwurf großer Systeme und Bibliotheken zur Geltung.

Durch den hohen Grad an Wiederverwendung von Klassen ergibt sich damit eine Vielzahl von problemorientierten Sprachen aus der "Gleichung":

problemorientierte oo-Sprache = oo-Basissprache + Menge von Objektklassen

1.3 Zur Wahl von C++

Am Schluß dieses Kapitels soll die Wahl der objektorientierten Programmiersprache C++, die in diesem Buch zum Einüben der objektorientierten Programmierung gewählt wurde, diskutiert werden. Es gibt *genuine* objektorientierte Programmiersprachen, das sind Neuentwicklungen, die einen generellen Bruch mit den anderen bekannten Programmierstilen vollzogen haben und damit ausschließlich objektorientierte Programmierung erzwingen (z.B. SMALLTALK, EIFFEL). Daneben existieren aber auch *hybride* - um objektorientierte Konzepte erweiterte - Programmiersprachen, die den oben formulierten Kriterien zur Realisierung objektorientierter Software genügen, aber zusätzlich "konventionelle" Konzepte der Sprachen beibehalten, aus denen sie hervorgegangen sind. Zu dieser Klasse gehört C++ als Erweiterung der Sprache C. Im folgenden werden einige (der nichttechnischen) Probleme und die für die Wahl der Benutzung von C++ ausschlaggebenden Argumente in Stichworten diskutiert.

Probleme mit C++

Das sicher wesentlichste Problem ergibt sich aus der aufwärtskompatiblen Erweiterung von C++ aus C. Dies hat zur Folge, daß objektorientiertes Programmieren durch die nach wie vor möglichen "konventionellen" Konzepte umgangen werden kann. Die Entwicklung sauberer objektorientierter Programme erfordert hier erhöhte Programmierdisziplin. Weiterhin können die Vorzüge der objektorientierten Programmierung durch die Verwendung bestimmter Optimierungsmöglichkeiten im Programm eingeschränkt werden. Hinzu kommt, daß einige objektorientierte Konzepte nicht unterstützt oder nur simuliert werden - hier bietet eine genuine Sprache wie EIFFEL sicher reichere Konzepte. In den entsprechenden Kapiteln wird auf diese Gefahren und Mißstände hingewiesen. Ein Problem ergibt sich auch aus dem Zwang, die grundlegenden Mechanismen der Sprache C zu erlernen, um die objektorientierten Konzepte von C++ anwenden zu können. Wir geben hier für Umsteiger von PASCAL-artigen Programmiersprachen am Beispiel MODULA-2 eine kurze Hilfe im Anhang, in der die für das Erlernen der objektorientierten Konzepte von C++ notwendigen Sprachmechanismen von C erläutert werden.

... und die Vorzüge

Der bedeutendste Vorzug von C++ ist die weite Verbreitung der Sprache. Nach einer Studie wird sie ca. 80% des Marktes für objektorientierte Sprachen einnehmen. Dies liegt nicht zuletzt an der Aufwärtskompatibilität zu C. Bestehende, in C implementierte Systeme können um C++-Software erweitert werden. Auch sind C++ Übersetzer weit verbreitet[4]. Speziell für das Arbeiten mit dem in C implementierten Betriebssystem UNIX ergibt sich der Vorteil des leichten Zugangs zu den umfangreichen Betriebssystembibliotheken über die C-Schnittstelle. C++-Code wird von vielen Übersetzern auch in einem Zwischenschritt der Übersetzung in C-Code übersetzt. Ebenso wie C Code gilt C++-Code als sehr effizient und portabel. Wichtig für die Wahl von C++ ist aber darüber hinaus, daß C++ alle wesentlichen Vorzüge der objektorientierten Programmierung sicherstellt, was in den C++ spezifischen Teilen der beiden folgenden Kapitel gezeigt wird.

---

1 Folgende *Notationen* für Pseudocode, die an den prozeduralen Stil von C angelehnt sind, sollen gelten: "=" weist einem Attribut ein Objekt als Wert zu; mit `obj->m` wird das Attribut `m` eines Objekts `obj` selektiert bzw. der Dienst "`m`" von `obj` eingefordert. Klassen- oder Methodendefinitionen werden in "`{}`" eingeschlossen. Kommentaren wird ein "`//`" vorangestellt. Kursiv geschriebene Teile kürzen Pseudocode ab. Der rechts eingeschobene Text in Nichtproportionalschrift dient als zusätzlicher Kommentar. Parameter werden wie üblich in Klammern den Methoden oder Funktionsnamen angefügt: (formalerParameterTyp formalerParameterName).

2 Ein-/Ausgabe-Komponenten in graphischen Benutzungsoberflächen sind alle die Komponenten, in denen Eingaben vom Benutzer oder Ausgaben an den Benutzer durchgeführt werden, z.B. Button, Menü etc..

3 Für Sprachen anderer Stilrichtungen werden entsprechende "Grundausstattungen" angeboten (z.B. Standard-Funktionen in funktionalen oder Prädikate in deklarativen Sprachen).

4 Ein guter Übersetzer für C++ ist auch von der Free Software Foundation (GNU-Projekt) frei erhältlich: 675 Massachusetts Ave., Cambridge, MA 02139; e-mail: fsf@prep.ai.mit.edu

2. Objekte und Objekttypen

Dieses Kapitel behandelt den Objekt-Begriff in der objektorientierten Programmierung unter verschiedenen Aspekten wie Lebensdauer, Zugriff, Zustandsänderung und als Klassenobjekt. Der Formalismus der Klassendefinition wird eingeführt, um Konstruktionsschemata und Verhalten gleichartiger Objekte festzulegen. Die Möglichkeiten der Klassendefinition werden erläutert, soweit sie nicht Ableitungs- und Kompositionsbeziehungen zwischen Klassen betreffen, die wir in 1.2.3 und 1.2.4 motiviert haben (siehe dazu Kapitel 3). Es wird gezeigt, wie eine Klassendefinition einen Abstrakten Datentypen realisiert und dadurch die Anwendung dieser wichtigen Methode des Entwurfs großer Software-Systeme ermöglicht.

Typen sind ein wichtiger Mechanismus zur programmiertechnischen Beschreibung von Problemen. Die von einer Programmiersprache angebotenen "eingebauten" Typen bieten Mengen von gleichstrukturierten Werten zusammen mit Mengen von darauf anwendbaren Operatoren an. Das Verhalten der Operatoren auf diesen Werten ist in der Beschreibung des Typs spezifiziert. Ein Beispiel ist der Typ "Ganze Zahlen" `int` mit der Wertemenge `minimal-darstellbare-Zahl` bis `maximal-darstellbare-Zahl` und den arithmetischen Operatoren mit ihrer wohlbekannten Semantik. Für viele Probleme reichen die "eingebauten" Typen aber nicht aus. In diesen Fällen werden Mechanismen benötigt, die die Konstruktion von Typen erlauben, die an den Problembereich angepaßt sind - sogenannte benutzerdefinierte Typen.

In einem ersten Schritt der Spezifikation werden *benutzerdefinierte Typen* abstrakt beschrieben. Man erhält einen *Abstrakten Datentypen* (ADT). Er umfaßt den Wertebereich und die auf den Werten ausführbaren Operationen. Hier werden Bedingungen in einem abstrakten Formalismus festgelegt, die die Operationen bei der Manipulation von Werten des ADT erfüllen müssen. Diese semantischen Eigenschaften eines ADT werden *Algebra* genannt. Wichtig für die syntaktisch korrekte Anwendung sind die Festlegungen der Bezeichner des Typs und deren Operationen mit den Bezeichnern ihrer Argumenttypen und deren Reihenfolge. Diese syntaktische Beschreibungen bilden die *Signatur* des ADT. In einem ADT wird von der internen Struktur der Werte und der Implementierung der Operationen abstrahiert. Deshalb kann genau eine, mehrere oder auch keine Realisierung existieren, die der Beschreibung genügt. Beim Softwareentwurf interessiert die Realisierung eines ADT erst in einer späteren Implementierungsphase. In einer Programmausführung werden dann Werte gemäß der konkreten Implementierung des Typs konstruiert und mit ihnen die festgelegten Operationen ausgeführt, wobei diese ggf. wieder andere Werte liefern.

In objektorientierter Software wird ein Problem aus einer anderen Sicht betrachtet. Hier gibt es Mechanismen, mit denen *Objekte* erzeugt werden, die *selber* wieder Aktionen ausführen und dabei neue Objekte erzeugen, ihren Zustand wechseln oder Auskunft über ihren Zustand geben. Statt der Verarbeitung "passiver" Werte durch Operatoren werden "aktive" Objekte erzeugt, die *Dienste* leisten, d.h. Ausführungswünsche von Operationen "nach ihrer Methode" durchführen oder andere Objekte zu Diensten auffordern. Deswegen werden die Definitionen von Operatoren auch Methoden genannt.

Durch diese Sichtweise können viele Probleme "natürlicher" modelliert und implementiert werden. Objekte mit gleichem Verhalten bilden Objekttypen.

In diesem Kapitel steht der Umgang mit Objekten in objektorientierter Software, ihre Konstruktion und Kommunikation, im Vordergrund. Es werden Mechanismen vorgestellt, die die Realisierung von ADTs durch Objekttypen ermöglichen[1]. Die Beziehungen zwischen Klassen bilden dann den Schwerpunkt des nächsten Kapitels.

2.1 Klassendefinitionen und Objekte - einige Grundbegriffe

Die Gesamtheit der erzeugbaren Objekte mit gleichem Verhalten bildet einen *Objekttypen*. Die erzeugten Objekte zusammen mit ihrer Beschreibung bilden eine *Klasse*. Der Identifikator einer Klasse identifiziert dadurch auch den Objekttypen und wird in dieser Rolle ebenfalls verwendet, um z.B. den Typ einer Variablen, die Objekte als Werte aufnehmen kann, festzulegen. In Bsp. 1.1.2-1 haben wir eine solche Situationen kennengelernt: das auf einer Fahrt verwendete Fahrzeug (das ist der Wert von `fahrzeug` in einem `Fahrt`-Objekt) ist vom Objekttyp `Kfz`.

Die *Klassendefinition* nimmt die Beschreibung des Verhaltens und die Objektkonstruktion auf. In der Klassendefinition sind also alle Merkmale der dazugehörigen Objekte festgelegt. Das sind gerade die (1) Strukturellen Merkmale und (2) die Merkmale des Objektverhaltens.

Strukturelle Merkmale

Ein Objekt benötigt zur Durchführung seiner Dienste Daten. Eine Möglichkeit, solche Daten zur Verfügung zu stellen, ist, sie als Teil des Objektwertes zu vereinbaren. Die strukturellen Merkmale legen fest, wie der Wert eines Objektes aufgebaut ist. Dieser Wert bestimmt den *Zustand* des Objektes. Objekte werden aber nicht durch ihren Wert identifiziert, sondern über ihre Identität - es kann durchaus sein, daß verschiedene Objekte den gleichen Zustand haben. Es gibt z.B. Objekte, die Personen repräsentieren und Auskunft über deren Namen und Alter geben können. Mehrere Objekte haben den Wert (Müller, 31), sind aber verschieden.

Die Struktur des Wertes wird durch die auch mehrfache Anwendung von Konstruktoren auf bestehende Typen festgelegt (z.B. `set (Person)`, `struct (String,integer)` etc.). Diese Typen können sowohl die "eingebauten" Typen (`integer`) als auch Objekttypen (`Person,String`) sein. Objekte können also auch wieder Komponenten eines Wertes sein. Solche Objekte heißen *Subobjekte*. Um die Komponentenwerte zu adressieren, werden sie durch Identifikatoren benannt. Diese so identifizierten Komponenten nennt man *Zustandsvariablen* oder *Attribute*. Die Erzeugung eines Objektes bzw. die Konstruktion eines Wertes wird *Instanziierung* genannt. Ein Objekt wird auch *Instanz* seiner Klasse genannt. Objekte mit ihren Subobjekten bilden die *Objekthierarchie* ("part-of"-Beziehung).

In der Klassendefinition finden wir hier die horizontale Wiederverwendung vor, indem andere Klassen als Wertebereiche der Attribute dienen.

Als Beispiel kann hier wieder der Objekttyp `Fahrt` aus Bsp. 1.1.2-1 dienen. Eine `Fahrt`-Instanz besteht danach aus einer 2-elementigen Struktur, die einen `int`-Wert und einen `Kfz`-Wert enthält. Der `Kfz`-Wert ist ein Subobjekt von `Fahrt`.

In einigen Programmiersprachen kann unterschieden werden, ob ein Subobjekt (unlösbarer) Teil eines Objektes ist oder ob es außerhalb des Objektes existiert und lediglich seine Identität dem Objekt bekannt ist, also Wert eines referenzierenden Attributes. Im letzten Fall ist zu unterscheiden, ob das referenzierte Objekt exklusiv als Subobjekt auftritt oder ob es mehreren Objekten bekannt ist und gemeinsam genutzt werden kann (*shared*). Solche Subobjekte sind also eher einem Objekt "bekannt" und nicht dessen Teil - was eine exklusive Nutzung suggerieren kann. Abbildung 2.1-a verdeutlicht die drei Fälle der Verwendung von Subobjekten.

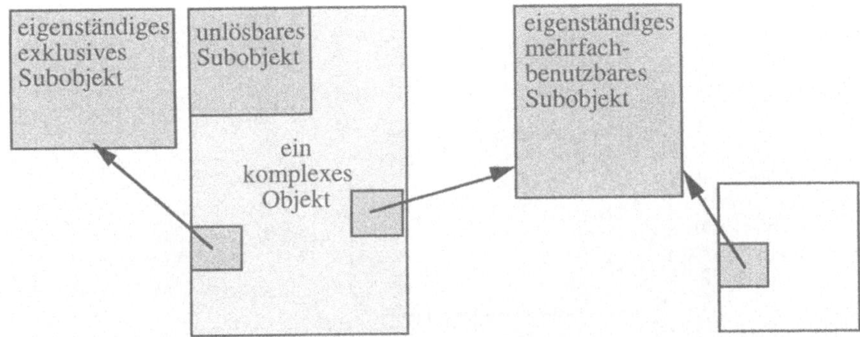

Abb. 2.1-a: Die drei Verwendungsarten von Subobjekten

In den folgenden drei Abbildungen wird gezeigt, wie Objektwerte aufgebaut werden. Der Objektwert kann ein Wert eines "eingebauten" Typen sein oder komplex konstruiert werden (Abb. 2.1-b).

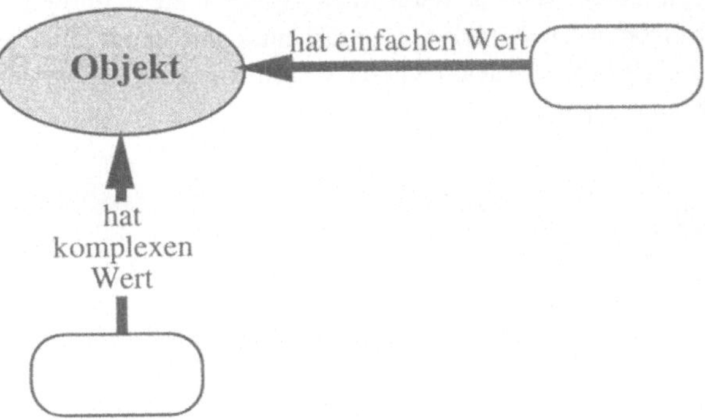

Abb. 2.1 b: Die zwei Arten von Objektwerten

Komplexe Werte werden dadurch konstruiert, daß man Konstruktoren der Programmiersprache auf sie anwendet. Die Sprachmechanismen sollten es ermöglichen, diese Konstruktoren auch wieder auf so konstruierte Werte anzuwenden. Sie werden dann *orthogonal* (anwendbar) genannt (z.B.: `set(list(char))` sind Mengen von Zeichenreihen). In Abb. 2.1-c werden einige gebräuchliche Konstruktoren verwendet.

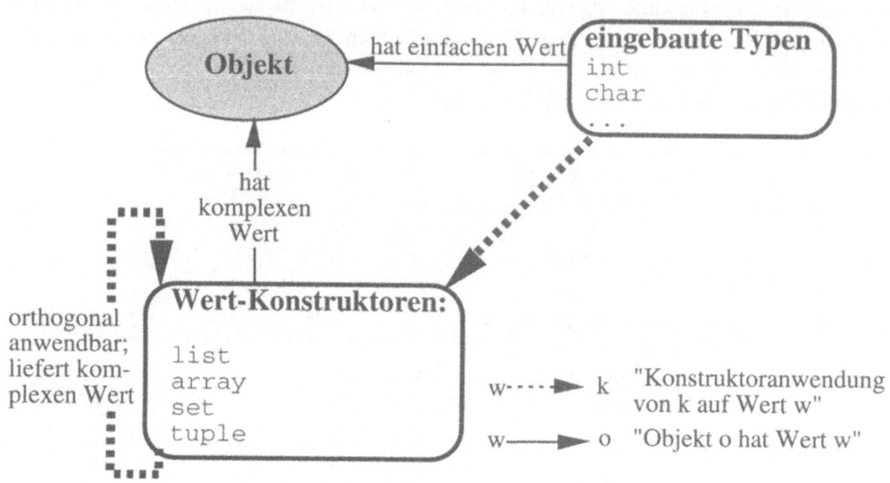

Abb. 2.1-c: Anwendung orthogonaler Konstruktoren zur Bildung komplexer Werte

Objekte können auch selbst wieder als Subobjekte in anderen Objektwerten vorkommen. Um sie als eigenständiges Subobjekt in einen Wert aufzunehmen, werden sie lediglich über ihre Objektidentität durch den Konstruktor `ref` referenziert. Im Falle eines unlösbaren Subobjektes wird das gesamte Objekt mit Hilfe der übrigen Konstruktoren in die Konstruktion mit einbezogen. In Abb. 2.1-d wird die Graphik entsprechend komplettiert.

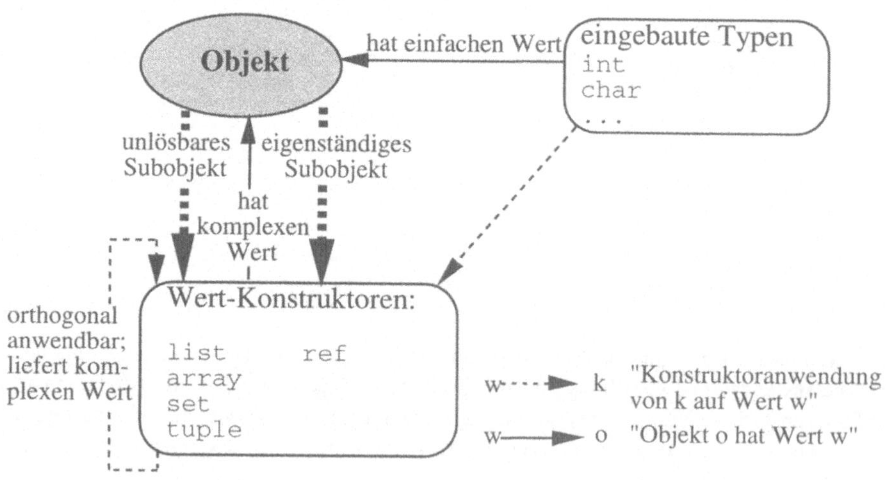

Abb. 2.1-d: Komplettes Konstruktionsschema für Objektwerte mit Subobjekten

Mit diesem Schema kann auch die Konstruktionsvorschrift aller Werte eines *komplexen* Objekttyps dargestellt werden, indem nicht Werte sondern (eingebaute oder Objekt-) Typen verwendet werden. In Beispiel 2.1-1 wird die Konstruktion von komplexen Werten (und Vorschriften) gezeigt.

Beispiel 2.1-1: *Konstruktionsschema und Wertkonstruktion*

`Obj`$_1$ `∈ (set (array (char)))`	allgemeines Konstruktionsschema für Mengen von Zeichenreihen.
`Obj`$_2$ `= (tuple (ref (Obj`$_1$`), 5))`	Wert ist Paar, bestehend aus einer `Obj`$_1$-Identität und dem `int`-Wert 5.
`Obj`$_3$ `= (tuple (ref (Obj`$_1$`), 9))`	Wert ist Paar, bestehend aus einer `Obj`$_1$-Identität und dem `int`-Wert 9.
`Obj`$_4$ `= (set (Obj`$_2$`, Obj`$_3$`))`	Wert ist Menge der Subobjekte `Obj`$_2$ und `Obj`$_3$.

Merkmale des Verhaltens

Wenn ein Empfänger-Objekt eine Nachricht zur Ausführung einer Operation erhält, prüft es, ob es diesen Wunsch "nach einer seiner Methoden" ausführen kann, d.h. ob es über eine Methode mit passendem Identifikator und (in getypten Systemen) passenden Argumenttypen verfügt. Die Nachrichten, auf die ein Objekt mit der Ausführung einer Methode reagieren kann, legen damit das von außen beobachtbare Verhalten fest, z.B. Rückgabe von Werten oder Objekten oder Zustandsänderungen. Dabei kann mit anderen, dem Empfänger bekannten Objekten durch Verschicken von Nachrichten kommuniziert werden[2], um z.B. Informationen einzuholen oder Teilaufgaben ausführen zu lassen. Dieses Prinzip nennt man Delegation. Man kann also die verstandenen Nachrichten mit der Menge der Methodenidentifikatoren (und ihren Argumenttypen) gleichsetzen. Die Methoden lassen sich in drei Gruppen aufteilen: es gibt

- Erzeugungs- bzw. Vernichtungsmethoden,
- Methoden, die Auskunft über den Objektzustand geben und
- Methoden, die den Zustand modifizieren.

Abbildung 2.1-e stellt ein allgemeines Verarbeitungsmuster einer Nachricht dar. In Abb. 1.1.1-b finden wir dazu zahlreiche Beispiele: `erzeugen` und `beenden` einer Fahrt gehören in die erste Gruppe, `istVerfügbar` und `anzTage` in die zweite Gruppe und `antrittFahrt` sowie `nichtVerfügbar` in die letzte Gruppe.

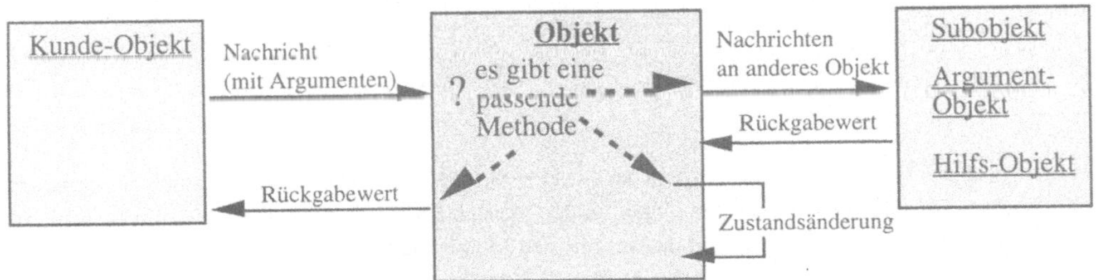

Abb. 2.1-e: Verarbeitungsmodell einer Nachricht

Im Prinzip sollten in der Vereinbarung über das Verhalten in einer Klassendefinition nur die Methoden aufgeführt sein, mit denen auch auf die "von außen" kommenden Nachrichten reagiert wird. Allerdings verlangen hier die meisten Programmiersprachen die Aufführung aller - auch der nichtöffentlichen - strukturellen und verhaltensmäßigen Merkmale. Beispiele nichtöffentlicher Merkmale finden sich im Bsp. 1.1.2-2 für die Klasse `Mitarbeiter` in `dienstFahrt` oder `versendeRechnung`, eine öffentliche Methode ist `antrittFahrt`.

Das *Protokoll* ist der öffentliche Teil der Klassendefinition. Hier kann die notwendige Abgrenzung erfolgen. Es nimmt im Sinne der Datenabstraktion natürlich nur die verstandenen Nachrichten (d.h. Methoden) auf und sollte keine Informationen über strukturelle Merkmale enthalten. Diese sollten durch entsprechende Methoden der obigen Gruppen gekapselt werden. In einigen Programmiersprachen können aber auch Attribute ins Protokoll aufgenommen werden. Sie sind dann direkt von außerhalb zugreifbar.

Mit der Idee des Protokolls gehen objektorientierte Programmiersprachen aber noch über die "Kapselung" in prozeduralen Programmiersprachen hinaus: Sowohl bei der Datenkapselung als auch in der Realisierung eines benutzerdefinierten Datentyps werden die Implementierungsdetails einzelner Werte bzw. eines Typs (d.h. aller Instanzen) versteckt. Über eine Funktionen-Schnittstelle sind diese Instanzen manipulierbar. Allerdings wird hierbei die ausschließliche Benutzung dieser Schnittstelle in der Sprache nicht erzwungen und ermöglicht das "Vorbeiprogrammieren" an der Schnittstelle - aus Unabsicht oder vermeintlicher Notwendigkeit (z.B. Effizienz). Es muß allerdings angemerkt werden, daß auch einige objektorientierte Sprachen hier Defizite aufweisen. Hoher Wartungsaufwand im Falle von Datenstrukturänderungen sind die Folge. Im Beispiel 2.1-2 wird die Kenntnis, daß es sich bei einem `stack`-Wert tatsächlich um eine `int`-Sequenz handelt, ausgenutzt und die Indizierung [.] anstelle der Funktion `pop` für den Zugriff benutzt.

Beispiel 2.1-2: *Vorbeiprogrammieren an Funktionenschnittstelle*

```
struct {
  int eltStack[10];
  int aktZeiger;                          anfangs mit 0 initialisiert
} stack;                                  ein Stack-Wert mit max.10 int
...
push (int elt) {
  elt oben auf den stack-Wert legen; }
int pop () {
  oberstes Element vom stack-Wert holen; }
Anwendung:
push (5);
if (stack->eltStack[0] == 5)              An Schnittstelle vorbei programmiert.
  ...;
```

Um das Versenden einer Nachricht an ein Objekt auch syntaktisch von einem Funktionsaufruf abzuheben, wird das benachrichtigte Objekt in den meisten Sprachen der Nachricht vorangestellt und bildet das erste (implizite) Argument des ausgelösten Methodenaufrufs:

`empfängerObjekt->nachricht( aktuellerParameter)` entspricht
`nachricht( empfängerObjekt, aktuellerParameter).`

In objektorientierten Programmiersprachen wird der Zugriff auf Merkmale außerhalb des Protokolls in Software-Teilen, die nicht zur Klassendefinition gehören, vom Programmiersystem verhindert. Innerhalb der Klassendefinition können natürlich alle Merkmale benutzt werden.

In einigen Situationen kann es sinnvoll sein, das benachrichtigte Objekt in einem Methodenrumpf selbst wieder zu identifizieren, z.B. um weitere Nachrichten an sich selbst zu schicken oder es als Wert einzubringen. Hierfür verwenden viele Programmiersprachen einen implizites Attribut (`self` oder `this`), das als Wert gerade die Identität des Objektes erhält. Ein Beispiel ist die Nachricht `wiederVerfügbar` in Kfz aus Abb. 1.1.1-a, die sich ein Kfz-Objekt nach der Durchführung der Wartungsarbeiten in der `warten`-Methode selber schickt.

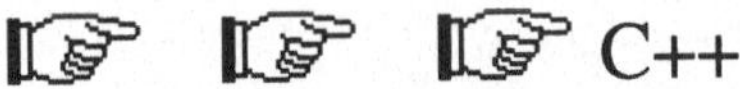

C1 Klassendefinition

In C++ werden *alle* Merkmale der Objekte einer Klasse in der Klassendefinition festgelegt. Die Merkmale, die nach außen sichtbar (benutzbar) sein sollen, werden speziell als `public` markiert und bilden das Protokoll der Klasse. Alle nicht als `public` markierten Merkmale sind außerhalb der Klassendefinition nicht sichtbar, was optional durch das Schlüsselwort `private` markiert werden kann (siehe Zusammenfassung der Zugriffsschutzmechanismen in 3.3). Die Klassendefinition enthält die Konstruktionsvorschrift der Attributwertebereiche, aber nicht die Implementierung der Methoden[3]. Alle Methoden müssen bezüglich ihrer Identifikation zusammen mit ihren Argumenttypen unterscheidbar sein.

Jede Klassendefinition enthält eine implizite Standard-Methode zur Konstruktion von Objekten, die Konstruktor genannt wird. Im folgenden wird mit dem Konstruktor einer Klasse stets diese Methode gemeint (die Unterscheidung zu den Konstruktoren komplexer Typen und Werte wie `list`, `array` etc. ergibt sich aus dem Kontext). Sie beschreibt die Konstruktion von Instanzen einschließlich ihrer Initialisierung durch Ausführung der Konstruktoren der Attributwerte[4]. Ihr Identifikator ist der Klassenname. Diese Methode kann aber auch explizit anders definiert werden, oder es können weitere Konstruktionsmethoden mit Parametern ergänzt werden. Bei der Konstruktion eines Objektes entscheiden dann die aktuellen Parameter des Konstruktoraufrufs über den zur Anwendung kommenden Konstruktor. Genaueres zur Konstruktion von Objekten findet sich in 2.2. Ebenso wie zur Konstruktion gibt es auch eine Standard-Methode zur Destruktion von Objekten, identifiziert durch den Klassennamen mit vorangestelltem '~'. Sie kann ebenfalls (ohne Parameter) redefiniert werden. Der Standard-Destruktor gibt lediglich den Speicherplatz der Attribute frei. Alles darüber hinaus gehende muß explizit vereinbart werden. Nur falls kein Konstruktor bzw. Destruktor definiert ist, werden die impliziten Standard-Methoden als `public` angeboten. Es muß nicht immer ein Konstruktor oder Destruktor definiert sein.

Schreibweise C1-1 *Klassendefinition*

```
class KlassenName {
private:                                            nicht sichtbare Merkmale:
  Typ  attributName;                                Attribut, Zustandsvariable
  ...
  Typ  methodenName(ArgTypen formaleParameter..);
                                                    "interne" Methode mit Rückgabewert
                                                    vom Typ Typ.
  ...
public:                                             Protokoll:
  KlassenName();                                    optionaler Konstruktor und evtl.
                                                    weitere Konstruktoren mit Parameter.
  ~KlassenName();                                   Destruktor
  Typ  methodenName(ArgTypen formaleParameter..);
                                                    weitere Methoden
  ...
};                                                  Ein ';' schließt eine Klassendefinition ab.
```

C2 Ablage der Klassendefinition

Eine Klasse legt einen benutzerdefinierten (Objekt-)Typen fest und kann als solcher in anderen Software-Teilen benutzt werden. Um das Protokoll und den Identifikator dort bekannt zu machen, werden solche Schnittstellen in C++ (genauso wie in C) in sogenannte *header*-Dateien *name*.h abgelegt. Diese können dann in der anwendenden Software wie ein Modul importiert werden: die Präprozessoranweisung `#include "name.h"` führt zum textuellen Einkopieren der entsprechenden Datei vor der Übersetzung. Die Implementierung der Methoden(-rümpfe) gehört nicht in diese Datei. Sie werden in einer Quellcode-Datei *name*.cc (oder *name*.C, je nach Geschmack) abgelegt, in der natürlich auch die entsprechende header-Datei inkludiert werden muß. Um die Methodendefinition von der Definition einer "normalen" Funktion (außerhalb einer Klassendefinition) zu unterscheiden, wird dort den Methoden-Identifikatoren der Klassenselektor `KlassenName::` vorangestellt.

Natürlich kann es auch zu geschachtelten Inklusionen kommen. Um sich dabei vor dem mehrfachen Kopieren gleicher Teile zu schützen, empfiehlt es sich, zunächst eine entsprechende Existenzbedingung durch den Präprozessor überprüfen zu lassen (d.h. die (Nicht-)Definition eines speziellen Macro-Identifikators).

Beispiel C2-1 *Eine vollständige Klassendefinition* `String`

```
// String.h:
#ifndef STRING_H                    wenn Macro noch nicht definiert ist,
#define STRING_H                    dann: definiere Macro STRING_H
                                    und übernehme den Rest bis #endif
class String {
  char* s;                          Zeiger auf char-Sequenz.
  int len;                          Länge der Sequenz.
public:
  String();                         Konstruktor ohne Parameter.
  String(int);                      ein weiterer Konstruktor mit Länge.
  ~String();                        Destruktor
  weitere Methoden ...
};
#endif                              sonst inkludiere nicht.
```

```
// String.cc:
#include "String.h"
String::String() {
  s=new char[len=1];
}
String::String(int length) {
  s=new char[length];

  len=length;
}
String::~String() {
  delete s;

}
```

kopiere an diese Stelle `String.h`

Attribute initialisieren.

s Zeiger auf `length` erzeugte `char`-Werte.

explizite Freigabe des referenzierten Speicherbereichs der `char`-Sequenz.

C3 Zugriff auf Merkmale

Entsprechend dem Selektionsoperator '.' für `struct`-Instanzen kann auch auf Merkmale einer `class`-Instanz, d.h. eines Objektes, zugegriffen werden. Handelt es sich um eine Objekt-Identität (d.h. ein Wert eines Zeiger-Objekttypen, z.B. `String*`), muß zunächst mit dem Dereferenzierungs-operator `'*'` das Objekt mit dieser Identität angesprochen werden.

Für eine Variable mit Objektzeiger `String* str` kann also `(*str).`*`merkmal`* oder abkürzend auch `str->`*`merkmal`* geschrieben werden. Handelt es sich bei dem Merkmal um eine Methode, wird der Ausdruck "`str.`*`methode`*`(..)`" (oder "`str->`*`methode`*`(..)`") als Nachricht an das Objekt `str` (bzw. `*str`) gelesen. Ausnahmen von dieser Schreibweise gelten für den Konstruktor und Destruktor (siehe 2.2.1).

Innerhalb eines Methodenrumpfes kann das benachrichtigte Objekt durch die Selbstreferenz `this` adressiert werden, z.B. zur erneuten Benachrichtigung, Attributidentifizierung oder Verwendung als Wert. Für jede Klasse `X` ist `this` implizit definiert als: `X* this;` (d.h. Zeiger auf `X`-Instanz). Bei Eindeutigkeit des benutzten Merkmals kann die Voranstellung von `this` entfallen.

Beispiel C3-1 *mehr* `String`*-Methoden*

```
// String.h:
...
class String {
  ...
  String(char*);
  char* getS();
  void  copy(String);
  weitere Methoden ...
};

// String.cc:
#include <string.h>

...
String::String(char* s) {
  len=strlen(s);
  this->s=new char[len+1];

 strcpy(this->s, s);
}
char* String::getS() {
  return s;
}
void String::copy(String* s) {
  if (this->s != 0)
    strcpy(this->s, s.getS());
}
```

`String(char*);`	weiterer Konstruktor
`char* getS();`	Zustandsabfrage liefert `char`Sequenz
`#include <string.h>`	Protokoll der Standard-Bibliothek: `strcpy`(out,in) und `strlen(in)`
`len=strlen(s);`	berechnet Länge von `s`
`this->s=new char[len+1];`	+1 wg. zusätzlichem String-Ende '\0', `this->s` wg. Nichteindeutigkeit
`strcpy(this->s, s);`	kopiert `s`-Inhalt nach `this->s`.
`return s;`	liefert `char`-Sequenz von `this`.
`if (this->s != 0)`	`copy` nur bei alloziiertem Speicher.

2.2 Erzeugung und Verwaltung von Objekten

In diesem Abschnitt werden die verschiedenen Mechanismen untersucht, die in objektorientierter Software das Erzeugen von Objekten, ihre Identifikation und ihr Beenden ermöglichen. Zunächst werden grundsätzlich die verschiedenen Arten von Lebensdauer und Identifikation von Objekten vorgestellt. Danach wird auf die Mechanismen der Objektkonstruktion eingegangen.

2.2.1 Lebensdauer und Gültigkeitsbereiche

Die beiden Begriffe Lebensdauer und Gültigkeitsbereich müssen streng voneinander unterschieden werden. Die *Lebensdauer* eines Objektes ist eine dynamische (d.h. vom Programmlauf abhängige) Eigenschaft und bezeichnet den Zeitraum vom Erzeugen eines Objektes bis zu seinem Beenden. Zum Umgang mit einem Objekt gehört aber neben der Erzeugung auch die Deklaration eines Identifikators, der mit dem Objekt assoziiert wird; die Objektdefinition setzt sich also aus der Deklaration eines Identifikators (ggf. mit Typinformationen) *und* der Erzeugung des Objektes zusammen. Objekte werden in objektorientierten Sprachen z.B. durch Variablen oder formale Parameter identifiziert, die das erzeugte Objekt aufnehmen. Im Gültigkeitsbereich ihres Identifikators ist das Objekt durch diesen Identifikator erreichbar. Der *Gültigkeitsbereich* eines Objekt-Identifikators ist eine statische (d.h. vom Programmtext abhängige) Eigenschaft und bezeichnet den Teil des Programms, in dem genau dieses Objekt unter seinem Identifikator und gleicher Bedeutung verwendet werden kann.

Die blockstrukturierten objektorientierten Sprachen unterscheiden verschiedene Arten der Objektdefinition, die sich auf den Gültigkeitsbereich und die Lebensdauer der Objekte auswirken.

Automatische Objekte

Der *Gültigkeitsbereich* dieser Objekte erstreckt sich von der Deklaration bis zum Ende des umgebenden Blockes (z.B. Anweisungsblock, Funktion, Programm). Bei geschachtelten Deklarationen des gleichen Identifikators gilt die Bindung eines Identifikators stets zur nächstumfassenden Deklaration. Ihre *Lebensdauer* geht von der Abarbeitung der Definition bis zum Verlassen des Gültigkeitsbereichs. Der Konstruktor wird automatisch aufgerufen. Dieses Verhalten ist das in allen blockstrukturierten Programmiersprachen übliche Verhalten. Da hier Deklaration stets mit der Objekterzeugung verbunden ist, besteht bei dieser Form keine Gefahr Objekt-Identifikatoren ohne assoziiertes Objekt zu verwenden oder erzeugte Objekte nicht mehr identifizieren zu können. Abb. 2.2.1-a zeigt ein Beispiel.

```
{ Kfz k;
  ...;
  { Kfz k;
    ...;
  }
  ...;
```

Abb. 2.2.1-a: Gültigkeit (durchgezogene Linie) und Lebensdauer (gestrichelte Linie) der zwei automatischen Objekte k

Anwendungskontrollierte Objekte

Anwendungs- oder benutzerkontrollierte Objekte werden durch explizite Anwendung spezieller Systemfunktionen auf dem Freispeicher angelegt (`allocate`, `new` etc., zusammen mit Klasseninformationen) und gelöscht (`deallocate`, `free`, `delete` etc.). Ihre *Lebensdauer* wird deshalb durch den Benutzer kontrolliert. Der *Gültigkeitsbereich* bezieht sich hier auf den Identifikator der Variablen, die den Objektidentifikator aufnimmt (Referenzvariable). Damit ist die Mehrfachverwendung des gleichen Objektes in verschiedenen Programmteilen möglich.

Vorsicht ist allerdings bei der Einhaltung der referenziellen Integritätsbedingung geboten, d.h. ein Programmteil erwartet die Existenz eines Objektes, dessen Identität in einer Referenzvariablen bekannt ist. Diese Situationen treten z.B. immer dann auf, wenn ein gemeinsam nutzbares Subobjekt gelöscht wird (in 2.3 wird in einem Beispiel angegeben, wie diese Integrität durch objektorientierte Mittel überwacht werden kann).

```
{ ref(Kfz) k;
  ...;
  k=new Kfz;
  { ref(Kfz) k;
    ...;
    k=new Kfz;
    ...;
  }
  ...;
```

Abb. 2.2.1-b: Gültigkeit (durchgezogene Linie) und Lebensdauer (gestrichelte Linie) der zwei anwendungskontrollierten Objekte k

Neben diesen beiden Formen gibt es noch Mischformen in objektorientierten Sprachen, die aus der Sprache C entwickelt wurden[5].

 C++

C4 Aufruf von Konstruktoren und Destruktoren

In C++ werden alle drei Formen der Objektdefinition unterstützt. Der Konstruktor wird für die automatischen (einschließlich der als `static` definierten) Objekte in der Abarbeitung der entsprechenden Variablendefinition implizit ausgeführt. Falls der Variablenidentifikator zusätzlich von aktuellen Parametern gefolgt wird, wird der Konstruktor ausgewählt, der zu den Parametertypen paßt. Die Definition:

`KlassenName variablenIdf (aktuelleParameterListe );`

führt zur Ausführung des Konstruktors `KlassenName(formaleParameter )`. Das Objekt ist dann über `variablenIdf` identifizierbar. Der Destruktor wird automatisch beim Erreichen des die Objektdefinition umgebenden Blockes aufgerufen - bzw. am Programmende bei `static`-definierten Objekten (siehe dazu die Konstruktion der Variablen `a` und `b` in Bsp. C4-1 unten).

Für anwendungskontrollierte Objekte muß explizit der Konstruktor durch den Standardoperator `new` aufgerufen werde, zusammen mit der Klasseninformation und ggf. Parametern. Der Aufruf von `new KlassenName(..)` liefert dann die Objektidentität des erzeugten Objektes, die von einer Objektreferenzvariablen vom Zeigertyp[6] `KlassenName*` aufgenommen werden kann. Die Definition: `KlassenName* refVariablenIdf;` und die anschließende Erzeugung: `refVariablenIdf=new KlassenName(..);` führen zu einem identifizierbaren Objekt. Das Objekt lebt so lange, bis ihm eine Nachricht zur Ausführung der Destruktormethode durch den Standard-Operator `delete` gesandt wird: `delete refVariablenIdf`. Die Nachricht zum Aufruf des Destruktors wird implizit überbracht (siehe dazu Variable `c` in Bsp. C4-1 unten).

Beispiel C4-1 *Die verschiedenen Arten der Objektdefinition (Fortsetzung des Bsp. C2-1)*

```
// String.h:
class String {
  char*  s;
  int    len;
public:
  ...
  char* head(int),                    eine neue Methode, liefert Prefix.
};
// String.cc:
char* String::head(int l) {
  static String prefix(MAXLEN);       prefix wird nur einmal mit einer
                                      maximalen Länge erzeugt und
                                      steht bei wiederholtem Aufruf mit
                                      altem Wert zur Verfügung.
  kopiere maximal l Zeichen von this nach prefix;
  return prefix.s; }                  nach dem Block existiert prefix-
                                      Wert noch, aber der Identifikator prefix
                                      ist ungültig.
```

```
// Anwendung:[7]
String  a;
String  b("abc");
char*   charSeq;
String* c;

charSeq=b.head(2);
c=new String(charSeq);


delete c;
```

Aufruf von `String()`
Aufruf von `String(char*)`

Variablen `a,b` sowie `charSeq, c` "leben" bis zum Ende von `main{}`.
`charSeq` zeigt auf prefix von "abc".
Aufruf von `String(char*);` Lebensbereich des `String`-Objektes beginnt.
Aufruf von `~String();` Lebensbereich des `String`-Objektes endet.

Für die Konstruktion von unlösbaren Subobjekten wird eine etwas andere Form gewählt, um deren Konstruktoren in Abhängigkeit von den aktuellen Parametern des Objektkonstruktors aufrufen zu können. Die automatischen Subobjekte werden unmittelbar vor dem Rumpf des Objektkonstruktors erzeugt und stehen dann im Rumpf zur Verfügung. Der Aufruf solcher Konstruktoren im Rumpf ist nicht mehr möglich.

Schreibweise C4-2 *Konstruktion von automatischen Subobjekten*

```
class X {
  KlasseY subObj;
  ...
};
X::X(ParameterListe)
     : subObj(neueParamListe),weitere subObj  {

  ...;}
```

`neueParamListe` kann durchaus von `ParameterListe` abhängen.

Das folgende Beispiel C4-3 zeigt die Anwendung von diesem Mechanismus. Der Subobjekt-Destruktor wird automatisch nach der Ausführung des Destruktors des Objektes ausgeführt.

Benutzerkontrollierte (eigenständige) Subobjekte werden explizit durch den Standardoperator `new` im Konstruktorrumpf erzeugt oder aber ihre Identität bereits dem Konstruktor als aktueller Parameter übergeben und danach dem entsprechenden Referenzattribut zugewiesen. In diesem Fall muß das Subobjekt außerhalb explizit erzeugt worden sein. Mindestens die exklusiven Subobjekte müssen im Destruktor durch die Anweisung `delete` *`subObj`* vernichtet werden. Bei mehrfach benutzbaren Subobjekten muß die referenzielle Integrität gewahrt werden.

Alle Formen der Verwaltung von Subobjekten faßt die Übersicht in der folgenden Abbildung zusammen. Anzumerken ist hier noch, daß die "exklusive Nutzung" in C++ (und C) nicht überwacht werden kann. Durch die Rückgabe der Adresse eines exklusiven Subobjektes in einem Methodenwert (durch Adressoperator '`&`') kann eine mehrfache Benutzung fälschlicherweise ermöglicht werden.

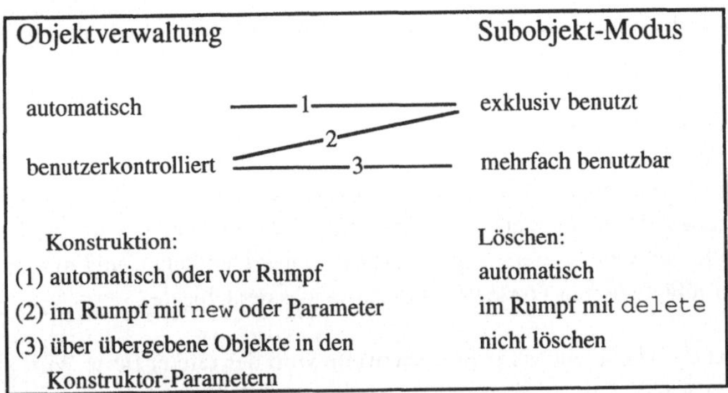

Abb. C4-a: Kombinationen der Verwaltung und Konstruktion von Subobjekten

Beispiel C4-3 *Klasse* `Person` *mit Subobjekt vom Objekttyp* `String`

```
// Person.h:
class Person {
  String name;
  int    alter;
public:
  ...
  Person (char*,int);

};
// Person.cc:
Person::Person(char* s,int a)
      : name(s),alter(a) {







  ...;}
```

automatic Subobjekt `name`

der Konstruktor für `name` ist `String(char*)`.

Aufruf von `String name(s)` und `int alter=20;` im Rumpf wäre alternativ auch die Zuweisung `alter=a`, aber nicht mehr die Zuweisung eines Wertes an `name` möglich, da die Operation '=' für `String` (noch) nicht definiert ist (siehe dazu Bsp. C5-3).

2.2.2 Initialisierung und Zuweisungssemantik

Nicht alle Programmiersprachen bieten die Möglichkeit, neu erzeugte Variablen (mit default-Werten oder benutzergesteuert) zu initialisieren. Objekte müssen aber nach ihrer Erzeugung (d.h. Bereitstellung eines reservierten Speicherbereiches) stets in einem definierten Zustand sein. Ihnen muß noch vor ihrer Verwendung ein initialer Wert zugewiesen werden. Allerdings sind Zuweisung und Initialisierung zwei verschiedene Operationen, die für benutzerdefinierte Typen (also Klassen) auch unterschiedlich behandelt werden können.

Als *Initialisierung* wird die Zuweisung eines initialen Wertes innerhalb einer Objektdefinition bezeichnet. Dabei ist zu beachten, daß auch die Zuweisung aktueller Parameter an die formalen Parameter einer Funktion bzw. Methode der Initialisierung der formalen Parameter als lokale Objekte entspricht. Auch die Rückgabe von Objekten als Funktionswert muß wie die Initialisierung behandelt werden und besitzen deshalb die gleiche Semantik. Als *Zuweisung* wird die Anwendung des Zuweisungsoperators auf entsprechende Argumente in Ausdrücken (also nicht in Definitionen) bezeichnet.

Sowohl für die Initialisierung als auch für die Zuweisungsoperation für benutzerdefinierte Typen existieren verschiedene Semantiken:

(1) *Wertsemantik*: die Zuweisung beinhaltet das bitweise Kopieren aller Komponenten des zugewiesenen Objektes. Dabei bedeutet das Kopieren von Referenzen gerade das Kopieren ihrer Werte (im Falle von Objektreferenzen gerade die Objektidentitäten) und nicht das Kopieren der Inhalte der referenzierten Werte (d.h. des Zustandes der Objekte).

(2) *Referenzsemantik*: wie (1), aber für Referenzwerte wird der referenzierte Wert auf das zugewiesene Objekt kopiert.

Es ist also in objektorientierter Software zu unterscheiden, ob eine Objektidentität mittels Wertsemantik kopiert werden soll, um das gleiche Objekt z.B. an verschiedenen Stellen mehrfach benutzbar zu machen oder ob der Zustand eines Objektes einem anderen Objekt mittels Referenzsemantik zugewiesen werden soll (d.h. dessen Wertbelegung durch ggf. rekursives Dereferenzieren ermittelt wird, z.B. bei eigenständigen Subobjekten). In den Anwendungen, in denen beide Fälle sinnvoll und beide Semantiken realisierbar sind, müssen auch entsprechende unterschiedlich implementierte Methoden für diese Formen der Zuweisung angeboten werden.

☞ ☞ ☞ C++

C5 Initialisierungs- und Zuweisungsmethoden

In C++ wird (wie in C) die Wertsemantik bei der Zuweisung und Initialisierung zugrunde gelegt[8]. Die Initialisierung kann aber auch durch einen entsprechenden "Kopierkonstruktor" mit Referenzsemantik realisiert werden, wobei der Zustand eines als Argument übergebenen Objektes der gleichen Klasse entsprechend kopiert wird. Dort muß die Dereferenzierung von Zeigerwerten explizit im Kopierkonstruktor programmiert werden. Natürlich ist es dann erforderlich, den Zustand von Subobjekten durch geeignete Methoden vollständig abfragen zu können. In Bsp. C5-3 finden sich Anwendungen. Der Kopierkonstruktor bedient sich einer besonderen Syntax.

Schreibweise C5-1 *Kopierkonstruktor*

```
class KlassenName {
  ...
  KlassenName( KlassenName&);
};
// Anwendung:
KlassenName  obj(existierendesObjekt aus KlassenName);
```

Initialisierung und Zuweisung können durchaus verschieden implementiert sein (z.B. wird bei der Zuweisung zunächst der alte Wert des Objektes gelöscht und dann erst kopiert). In C++ kann der Zuweisungsoperator "=" als Methode mit Infixnotation in einzelnen Klassen auch für Referenzsemantik neu implementiert werden. In Bsp. C5-3 wird der Zuweisungsoperator für `String`-Objekte definiert. Mehr zur Neudefinition von Standardoperatoren in Klassen findet sich in 2.4.

Schreibweise C5-2 *Zuweisungsoperator*

```
class KlassenName {
  ...
  KlassenName& operator= (KlassenName&);
```

Durch die zurückgegebene Referenz ist das Ergebnis der Zuweisung auch weiter verwendbar (Bsp.: `a=b=c`).

```
};
// Anwendung:
KlassenName  obj1,obj2;
obj1 = obj2;
```

entspricht `obj1.operator=(obj2);`

Beispiel C5-3 *Initialisierungskonstruktor und Zuweisungsmethode mit Referenzsemantik*

```
// String.h:
#ifndef STRING_H        // wenn Macro noch nicht definiert ist,
#define STRING_H        // dann: definiere Macro STRING_H
                        // und übernehme den Rest bis #endif

class String {
  char* s;              // Zeiger auf char-Sequenz.
  int len;              // Länge der Sequenz.
public:
  String();             // Konstruktor ohne Parameter.
  String(int);          // weiterer Konstruktor mit Länge.
  String(char*)         // weiterer Konstruktor mit char*.
  String (String&);     // Kopierkonstruktor.
  ~String();            // Destruktor.
  char* getS();         // Zustandsabfrage liefert charSequenz
  void  copy(String&);
  String& operator= (String&);
                        // Definition von "=" für String;
                        // der Referenzparameter String& ist
                        // aus Effizienzgründen benutzt worden,
                        // da dort nur die Adresse übergeben
                        // wird. Ein Kopieren des aktuellen
                        // Parameters wird so vermieden.
};
#endif                  // sonst inkludiere nicht.
```

```
// String.cc:
#include "String.h"                                kopiere an diese Stelle String.h
#include <string.h>                                Protokoll der Standard-Bibliothek:
                                                   strcpy(out,in) und strlen(in)
String::String() {
  s=new char[1]; len=1;                            Attribute initialisieren.
}
String::String(int length) {
  s=new char[length];                              s Zeiger auf length erzeugte char's.
  len=length;
}
String::String(char* s) {
      len=strlen(s);                               berechnet Länge von  s
      this->s=new char[len+1];                     this->s wg. Nichteindeutigkeit
      strcpy(this->s, s);                          kopiert s-Inhalt nach this->s
}
String::String(String& str) {
  s = new char[len = str.len];                     Belegen von Speicher
  strcpy(s,str.s);                                 .. und char-weise kopieren
}
String::~String() {
  delete s;                                        explizite Freigabe des referenzierten
                                                   Speicherbereichs der char-Sequenz
}
char* String::getS() {
      return s;                                    liefert char-Sequenz von this
}
void String::copy(String& s) {
      strcpy(this->s, s.getS());
}
String& String::operator= (String& str) {
      if (this == &str) return;                    Überprüfung auf Identität
      delete s;                                    alten Speicher freigeben
      s=new char[len=str.len];                     ... passend anlegen
      strcpy(s,str.getS());                        ... und char-weise kopieren.
}
// Anwendungen:
String str1("Teststring");                         Konstruktor String(char*)
String str2 = str1;                                Konstruktor String(String&)
                                                   wie Initialisierung in C:
                                                   str2(str1) mit selbem Effekt.

/* globale Funktion: */
String subString(String s, int from, int len) {
  char* sub = new char [len+1];                    wg. String-Ende ´\0´hier len+1.
  strcpy(sub, s.getS());
  return String(sub);                              zunächst String mit Konstruktor
                                                   String(char*) erzeugen, dann
                                                   diesen Wert zur Initialisierung des
                                                   Rückgabewertes in
                                                   String(String&) benutzen.
};

str2 = subString(str1,0,4);                        zunächst wird formaler Parameter s
                                                   von subString() mit Hilfe des
                                                   Konstruktors String(String&) durch
                                                   str1 initialisiert, dann wird die Zuweisungs
                                                   opearation "=" auf str2 mit dem Ergebnis
                                                   von subString() angewendet.
```

Beispiel C5-4 *Wertsemantik als Zuweisungssemantik*

```
// Kfz.h:
class Kfz {
private:
  Person*   besitzer;
public:
  Kfz(Person*);
  ~Kfz();
};
// Kfz.cc:
Kfz::Kfz(Person* b) {
  besitzer = b;}
~Kfz::Kfz() { }
```

mehrfach benutzbar !

Objektidentität wird zugewiesen.
Hiernicht `delete besitzer`, da Objektwert von `besitzer` an anderer Stelle noch benutzt wird !
Leerer Destruktor kann auch fehlen.

```
// Anwendung:
Person* p;
Kfz* a1,a2;
p = new Person("Otto");
a1 = new Kfz(p);
a2 = new Kfz(p);
delete a1;
```

Otto lebt.
...und besitzt die Autos `a1` und `a2`. Person `*p` mehrfach verwendet.
`a1` verschrotten, aber `*p` (=Otto) lebt noch und ist in `a2` verwendbar.

2.3 Von Klassenobjekten und Metaklassen

Der Ansatz der objektorientierten Programmierung geht davon aus, daß jede Aktivität auf eine Aktion eines Objektes zurückgeht. Insbesondere ist die Erzeugung von Instanzen einer bestimmten Klasse eine solche Aktivität. Man kann diese Aktivität einem speziellen "Instanziierungsobjekt" zuschreiben, das dann aber Konstruktionsinformationen aus der Klassendefinition braucht. Sauberer im Sinne der Informationskapselung ist die Sicht, daß es zu jeder Klasse ein spezielles "Instanziierungsobjekt" gibt, das die Klasseninformationen kennt. Als solches kann man die Klasse selbst auffassen, die damit zum *Klassenobjekt* wird.

Ein solches Klassenobjekt bezeichnet man in diesem Kontext dann auch als *Fabrikobjekt*, das durch Operationen wie "create" und evtl. auch "destroy" Objekte erzeugt bzw. löscht. Fabrik- bzw. Klassenobjekte können auch weitere Merkmale haben. Die Attribute der Klassenobjekte werden auch als *Klassenattribute* (oder Klassenvariablen) bezeichnet, die Methoden dementsprechend als *Klassenmethoden*. Die Konstruktoren in einer jeden Klasse können in diesem Sinne auch als Klassenmethoden des Klassenobjektes angesehen werden.

Wie am Anfang dieses Kapitels dargestellt, wird das den Objekten gemeinsame Verhalten für Klassen festgelegt. Wenn man sich die Idee der Klassenobjekte zu eigen macht, die auch eigenes Verhalten haben können (mindestens ja die Instanziierungsmethode), muß man hier auch wiederum nach deren Klassenzugehörigkeit fragen. Einige Sprachen (z.B. ausgeprägt in SMALLTALK oder CLOS) führen dazu sogenannte *Metaklassen* ein. Zu jeder Klasse (bzw. Klassenobjekt) gibt es dann eine korrespondierende Metaklasse, die gerade das Klassenobjektverhalten festlegt (neben der Art der Instanziierung auch Interna wie z.B. den Abarbeitungsalgorithmus von Methodenaufrufen etc.). Die Idee des Klassenobjektes, das auch von seinen Instanzen benachrichtigt werden kann, bietet z.B. Auskunfts- oder Überwachungsfunktionen über die Instanzmenge (siehe dazu Bsp. 2.3-1) und hilft, die Anzahl global verfügbarer Informationen zu reduzieren und die Modularität der Software damit zu erhöhen. Das Konzept der Metaklassen spielt keine große Rolle. Sie dient hauptsächlich zur Einbettung von Klassenobjekten in den objektorientierten Formalismus.

Beispiel 2.3-1: *Überwachung der referenziellen Integrität durch das Klassenobjekt*

`Klasse X {`	
`// Klassenmerkmale:`	
`lebendeObj aus set(Klasse X)`	aktuelle Menge aller lebenden Instanzen; wird vom Klassenobjekt verwaltet.
`erzeuge();`	Konstruktor für `X`-Instanzen: erzeugt neue Instanz `obj` und "merkt" diese anschließend in `lebendeObj` durch: `X->anfügen(obj).`
`anfügen(obj aus der Klasse X),` `entfernen(obj aus der Klasse X),` `istLebendesObj(obj aus der Klasse X)`	wie erwartet...
`// Objektmerkmale:`	
`einSubObj aus der Klasse X;`	mehrfach benutzbares SubObjekt.
`löschen();`	Instanzmethode: Instanz vernichten und aus Liste austragen: `X->entfernen(selbst).`
`eineMethode();`	kommuniziert mit `einSubObj`. Vor jeder Nachricht an `einSubObj` erst Existenztest machen: wenn `X->istLebendesObj(einSubObj)` dann machwas... sonst gilt: Wert von `einSubObj` existiert nicht, evtl. Fehlerbehandlung.
`}`	

☞ ☞ ☞ C++

C6 Merkmale von Klassenobjekten

In C++ kann jede Klasse als Klassenobjekt aufgefaßt werden, das (mindestens) über die Speicherzuweisungsmethode `new` verfügt[9]. Mit Hilfe von *`static`-Definitionen* können weitere Attribute und Methoden als Klassen(-objekt)-Merkmale markiert werden. Sie werden hier als *`static`-Attribute* bzw. *`static`-Methoden* bezeichnet. Der Gültigkeitsbereich des Klassen-(objekt)-Identifikators und die Lebensdauer (und damit auch die Initialisierung) eines Klassenobjektes beginnt vor Ausführung des Hauptprogramms und endet nach dessen Abschluß, unabhängig von der Existenz einer Instanz. Die Verwendung von `static` ist hier also ähnlich seinem üblichen Gebrauch (d.h. Erweiterung des Lebensbereiches bis Programmende) erweitert worden. In Bsp. C6-2 werden ihre Anwendungen gezeigt.

Für die Sichtbarkeit der Merkmale des Klassenobjektes sind die in C++ üblichen Mechanismen anwendbar. Die Merkmale des Klassenobjektes (auch die als `private` markierten) stehen allen seinen Instanzen zur Verfügung. Das ist ein wesentlicher Beitrag zur Modularisierung der Software: Werte, die für alle Instanzen einer Klasse global (sichtbar) sein sollen, stehen auch *nur* diesen zur

Verfügung. Die mit `public` markierten Merkmale sind auch außerhalb der Klassendefinition und für klassenfremde Instanzen bzw. Softwareteile sichtbar. Im Gegensatz zur Nachrichten-Syntax für "normale" Instanzen werden Nachrichten an das Klassenobjekt (bzw. Zugriff auf seine Merkmale) mit Hilfe des Klassenselektors *KlassenName::Merkmal* versandt. Ein Klassenobjekt besitzt keinen `this`-Zeiger. Es besitzt damit über `this` keinen Zugriff auf nicht-`static`-Merkmale, d.h. Merkmale von seinen Instanzen.

In C++ gibt es keinen Formalismus für Metaklassen.

Schreibweise C6-1 *Klassenmerkmale in Klassenobjekten*

```
class KlassenName {
  ...
  static Typ Attribut;          Klassenattribut
  static Typ Methode(...);      Klassenmethode
};
```

Beispiel C6-2 *Verwendung von Klassenobjekten*

```
// Object.h:
class Object {                  i.f. nenne "Object" Klassenobjekt
  ...                           Instanz-Attribute.
  static int objCount;          Klassenobjektattribut:
                                Anzahl aller existierenden Instanzen.
public:
  Object();                     Konstruktor
  static int getObjCount();     weitere Klassenobjekt-Methode.
  ~Object();                    Destruktor
};

// Object.cc:
int Object::objCount = 0;       Initialisierung der Attribute des
                                Klassenobjektes vor main().
...
Object::Object() {
  Konstruktion;
  Object::objCount++;           Anmeldung an "Object".
}
~Object::Object() {
  Destruktion;
  Object::objCount--;           Abmeldung an "Object".
}
int Object::getObjCount(){
  return Object::objCount;      nur Zugriff auf Klassenmerkmal.
}

// Anwendung:
Object* oRef;
oRef = new Object();            Konstruktor meldet "Object".
int i = Object::getObjCount();  Nachricht an "Object", i = 1
delete oRef;                    Destruktor meldet eine Instanz ab.
i=Object::getObjCount();        Nachricht an "Object", i = 0
```

2.4 Typisierung und Polymorphie

Grundlegend für das Verständnis der verschiedenen Arten der Typisierung und der Polymorphie ist die Unterscheidung der Begriffe Typ, Wert und (Variablen-)Identifikator. Durch einen (Variablen-) Identifikator (kurz: *Variable*) wird "etwas" benannt, was manipuliert werden kann. Ein *Wert* (aus der programmiertechnischen Sicht) beschreibt den aktuellen Inhalt eines Speicherbereichs, der einer Variablen zugewiesen ist.

Programmiersprachen werden entsprechend der Rolle, die die Typisierung dort spielt, in zwei Klassen unterschieden: statisch und dynamisch getypte Sprachen. Statisch bedeutet hier, daß bereits am Programmtext (also schon durch den Compiler) bestimmte Typinformationen ausgewertet werden können. Im Gegensatz dazu bedeutet dynamisch hier, daß erst zur Laufzeit des Programms das Laufzeitsystem diese Typinformationen auswertet.

In *statisch getypten Programmiersprachen* (z.B. PASCAL, MODULA, C, C++) wird ein Typ gerade den Variablen in einer expliziten Deklaration zugewiesen und legt fest, wie der Wert einer Variablen interpretiert und manipuliert werden kann. In *dynamisch getypten Programmiersprachen* (z.B. LISP, SMALLTALK) ist dies gerade nicht der Fall. Dort werden die Typinformationen nicht mit der Variablendeklaration abgelegt, sondern der Wert einer Variablen enthält seine Typinformationen. Die Gleichsetzung der Variablen mit ihrem Wert (z.B. "Variable *ist* ein `int`-Wert") ist hier nicht mehr möglich. Es muß jetzt heißen: "an einer bestimmten Stelle des Programmablaufes hat die Variable einen `int`-Wert". Eine Konsequenz ist, daß Variablen oder Funktionsargumente während der Laufzeit Werte verschiedener Typen aufnehmen können und dann entsprechend der Wertebelegung anders manipuliert werden.

Funktionen können nun so programmiert werden, daß sie abhängig von der Typisierung ihrer Argumente unterschiedliche Aktionen durchführen können (z.B. "+" auf `int`-Argumenten ist anders definiert als auf `real`-Argumenten und liefert unterschiedliche Werte von Typen als Funktionswerte ab). Solche Variablen, Argumente und Funktionen nennt man *polymorph* ("vielgestaltig"). Die verschiedenen Abstufungen der Polymorphie werden wir im folgenden kennenlernen.

2.4.1 Statische versus dynamische Typisierung

Bei den Vorteilen der beiden Typisierungsarten (statisch vs. dynamisch) stehen Effizienz und Fehlererkennung auf der einen Seite der Flexibilität der Programmentwicklung auf der anderen Seite gegenüber. Der Vorteil bei der Verwendung von Polymorphie liegt auf der Hand: der Programmierer muß nicht mehr die gesamte verwendete Typmenge übersehen und hat somit größere Freiheiten bei der Codierung. Wenn neue Typen eingeführt werden, müssen nicht mehr alle Typisierungen von Identifikatoren überprüft werden, soweit sich der Programmierer sicher ist, daß in Folge einer Zuweisung dieser Variable oder Arguments mit Objekten der neuen Typen auch die darauf operierenden Funktionen ausführbar sind. Funktionen können, abhängig von der Typzugehörigkeit der Werte ihrer Argumente, verschieden reagieren bzw. verschiedene Objekte können auf die gleiche Nachricht (d.h. gleichen Methodenaufrufwunsch) verschieden reagieren (d.h. es werden verschiedene Methoden mit gleichem Identifikator aufgerufen)[10].

Beispiel 2.4.1-1: *Polymorphe Variablen und Methoden*

Seien `var1` und `var2` ungetypte Variablen.

```
var1 = objVomTypT1;
var2 = var1;
var1 = objVomTypT2;
var1->machwas(..);
var2->machwas(..);
```

unabhängig vom Typ durchführbar.
unabhängig vom Typ durchführbar.
wenn T1 ≠ T2, dann kann gleiche Nachricht zu verschiedenen Methodenaufrufen führen.

Diese bequeme Möglichkeit der Erweiterbarkeit bei der Verwendung von Polymorphie: "alter Code kann auch neuen Code benutzen" (-ohne geändert zu werden!) bekommt man in dynamisch getypten Sprachen also garantiert, d.h. die Zuweisung an polymorphe Variablen oder die Nachrichten an Objekte in polymorphen Variablen müssen bei der Einführung neuer Typen nicht geändert werden. Allerdings ergeben sich auch Nachteile, die in statisch getypten Sprachen nicht auftreten: Erst zur Laufzeit wird entschieden, welche Funktionen bzw. Methoden zur Ausführung kommen. Durch diese Entscheidung treten Effizienzverluste auf - es muß zusätzlicher Code zur Ermittlung des Typs des Wertes einer Variablen oder Arguments zur Laufzeit ausgeführt werden. In statisch getypten Sprachen kann bereits der Übersetzer anhand der Argumenttypisierung den entsprechenden Funktionsaufruf bestimmen und einsetzen bzw. die Nachricht durch den Methodenaufruf ersetzen. Ein weiterer Nachteil ist, daß Fehlersituationen durch falsche Verwendung von Werten (z.B. Additionsfunktion für `int`- mit `String`-Werten ist nicht definiert) zum Programmabbruch und nicht zu einer Fehlermeldung schon bei der Übersetzung führt. Hier liegt also eine starke Verantwortung beim Programmierer selbst.

Polymorphie kommt dem Ansatz in objektorientierter Programmierung entgegen, indem die selbständige Entscheidung von Objekten über ihr Verhalten unterstützt wird. Das kommt z.B. in dem häufigen Anwendungsfall der Implementierung von Objekt-Containern (Mengen, Listen etc.) zugute, wie Bsp. 2.4.1-2 ausführt.

Beispiel 2.4.1-2: *Polymorphe Objekt-Container*

Sei das Objekt `kfzList` aus der Konstruktion `list(Kfz)` hervorgegangen und seien die Elemente der Liste polymorph.

```
füge einige PKW-Objekte in kfzListe ein;
füge einige LKW-Objekte in kfzListe ein;
...
kfz = das 5. Objekt aus kfzList;
kfz->warten();
```

sei `kfz` polymorphe Variable.
abh. vom Typ des `kfz`-Wertes wird entweder die `PKW`-Wartung oder die `LKW`-Wartung durchgeführt.

In diesem Abschnitt (und weiter in Abschnitt 3.2.3 !) werden Mechanismen der Polymorphie in objektorientierten Programmiersprachen vorgestellt, die auch mit statischer Typisierung verträglich sind und damit viele Vorteile beider Typisierungsarten vereinen.

2.4.2 Polymorphie in statisch getypten objektorientierten Sprachen

Oben wurde dargestellt, daß in statisch getypten Sprachen eine Variable an einen Typ gebunden ist und dadurch den Typ des zugewiesenen Objektes und den Speicherbereich festlegt. Um *polymorphe Variablen* zu realisieren, muß also auf jeden Fall der Speicherbereich von der Variablen abgekoppelt werden. Hierzu bieten Programmiersprachen sogenannte Zeigertypen an: eine Variable nimmt jetzt nur einen Verweis auf ein Objekt (also auf dessen Speicherbereich) auf. Wird an das durch die Variable so referenzierte Objekt eine Nachricht gesendet, werden zur Laufzeit - wie in dynamisch getypten Sprachen - Typinformationen vom Wert der Variablen eingeholt und die passende Methode aufgerufen. Deswegen nennt man dieses auch *dynamisches Binden* einer Methode an eine Nachricht. Die Effizienznachteile bestehen hier aber auch. In Kapitel 3.2.3 wird auf diese wichtigste Form der Polymophie ausführlich eingegangen. Dort wird auch gezeigt, wie in objektorientierter Programmierung durch Einschränkungen der Typen der so referenzierten Objekte Laufzeitfehler unterbunden werden.

Im folgenden sollen nur solche Mechanismen der Polymorphie dargestellt werden, die das statische Typisierungskonzept nicht durch Zeigervariablen mit dynamischen Typisierungsmechanismen mischen.

Überladen von Methoden- und Funktionsnamen

In vielen Programmiersprachen ist das Überladen eines Funktions- oder Methodenidentifikators eine gebräuchliche Form der Polymorphie und wird als "ad hoc Polymorphie" bezeichnet. Die Idee ist, einem Identifikator mehrere Rümpfe zuzuordnen und anhand der Anzahl und Typisierung der aktuellen Parameter[11] die dazu passende Implementierung aufzurufen. Durch die statisch gegebenen Typinformationen über die aktuellen Parameter (einschließlich des benachrichtigten Objektes) kann die Verwendung einer polymorphen Funktion bzw. die Nachricht an ein Objekt vom Compiler durch den Aufruf des korrekten Funktionsrumpfes bzw. der Methode ersetzt werden. Ersetzungen und Typinformationsauswertungen zur Laufzeit (dynamisches Binden) sind nicht erforderlich.

Beispiele finden sich bei den arithmetischen Funktionen ("+", "-" etc.; diese Operatoren können ohne weiteres als binäre Funktionen aufgefaßt werden: `a+b` ≡ `+(a,b)`). Die Benutzung mit `int`-Werten führt zu einem anderen Aufruf als der Aufruf mit `real`-Werten. Weitere Beispiele werden in Bsp. 2.4.2-1 gezeigt.

Beispiel 2.4.2-1: *Ad hoc Polymorphie in objektorientierter Programmierung*

(a) verschiedene Konstruktor-Methoden, die sich nur in ihren Argumenttypen unterscheiden.
(b) Listenverknüpfung mit `Liste` oder `Element`:

```
Klasse Liste {
...
verknüpfe (Liste mit gegebenem Liste-Objekt);
verknüpfe (Liste mit gegebenem Element-Objekt);
}
Anwendung:
                                   Sei l und l1 Liste-Objekt, und
                                   e ein Element-Objekt.
l->verknüpfe(l1);                  führt erste Methode aus.
l->verknüpfe(e);                   führt zweite Methode aus.
```

Pseudo-Polymorphie durch Argumentkonvertierung

Eine andere Art, Funktionen oder Methoden gleichen Namens mit verschieden getypten aktuellen Parametern zu verwenden, ist die Argumentkonvertierung. Dabei werden aktuelle Parameter durch geeignete Konvertierungsfunktionen in den Typ der formalen Parameter überführt. Der auszuführende Rumpf ist dann aber immer der gleiche. Lediglich die aktuellen Parameter werden so modifiziert (deswegen spricht man hier von "pseudo"-Polymorphie oder Coercion). Bei Methoden ist aber das Empfängerobjekt (als implizites Argument) ausgenommen, da es ja selbst für die Methodenauswahl verantwortlich sein soll und sich nicht selbst in ein anderes Objekt überführen darf. Es handelt sich bei der Argumentkonvertierung also nicht um eine polymorphe Funktion oder Methode im eigentlichen Sinne.

Anhand der angebotenen Konvertierungsfunktionen kann der Übersetzer bereits den Aufruf vorbereiten. Die Konvertierung muß allerdings eindeutig sein und es darf dabei keine Mehrdeutigkeitskonflikte mit dem möglichen Aufruf eines überladenen (Funktions- oder Methoden-) Identifikators geben.

Beispiele dieser Art der Polymorphie finden sich bei der Benutzung der Division "/" mit `int`- und `real`-Parametern. Der `int`-Parameter wird in einem solchen Fall in einen `real`-Parameter konvertiert. Auch bei der Zuweisungs-"Funktion" "`=`" kennen Programmiersprachen für bestimmte Typen solche Konvertierungen. Die präfix-Schreibweise macht folgende bekannte Situation klar: der Aufruf "`=(int,real)`" wird ersetzt durch den Aufruf von "`=(int,real~>int)`". Damit wird erhält eine integer Variable `i` durch die Zuweisung `i=5.7` den Wert `5` (oder `6`, je nach Compiler !).

☞ ☞ ☞ C++

In C++ werden alle oben genannten Arten der Polymorphie angeboten. Im folgenden werden die Mechanismen zum Überladen von Methoden und der automatischen Typkonvertierung von Argumenten erläutert.

C7 Überladen von Methoden und Standard-Operatoren

Funktionen (außerhalb einer Klassendefinition) oder Methoden (innerhalb einer Klassendefinition) werden einfach durch die Definition der verschiedenen Implementierungen überladen. Sie müssen sich lediglich durch Anzahl oder Typen der Argumente (nicht des Rückgabewertes!) unterscheiden. Die Menge der Identifikatoren wird durch dieses zusätzliche Unterscheidungsmerkmal erweitert.

Einen wichtigen Anwendungsfall für das Überladen von Methoden stellen die Konstruktoren einer Klasse dar, die alle den gleichen Namen (den Klassenidentifikator) besitzen.

Beispiel C7-1 *Überladene (Konstruktor-)Methoden aus Bsp.C5-3*

```
class String {
  ...
public:
  String();
  String(int);          String fester Größe
  String(char*);        String aus char-Sequenz
  String(String&);      Initialisierung durch Zustandskopie
  ...
};
```

In C++ besteht auch die Möglichkeit, Argumenttypen von Operatoren der Basistypen (sog. Standard-Operatoren, die sich durch die gefälligere Präfix oder Infix-Notation von benutzerdefinierten Funktionen unterscheiden) zu ändern und die Implementierung auf die Verwendung für Objekte benutzerdefinierter Typen abzustimmen (z.B: "+" als Konkatenation für `String`-Werte). Damit können dann Objekte benutzerdefinierter Typen wie Werte der Basistypen verknüpft werden, unter Beibehaltung der Präzedenzregeln für den entsprechenden Standardoperator.

In der Definition einer Operatorfunktion wird anstelle des Funktionsnamens das Schlüsselwort `operator` direkt gefolgt von dem Operatorsymbol verwendet. Neu definierte Operatoren müssen unär oder binär sein (i.f. mit @ bzw. @@ bezeichnet).

Schreibweise C7-2 *Überladen von Standard-Operatoren*

```
ErgebnisTyp1 operator@@(Typ2 arg1,Typ3 arg2){ ...; }        bzw.
ErgebnisTyp1 operator@ (Typ2 arg){ ...; }
```

Benutzerdefinierte Operatoren müssen wie die Standard-Operatoren verwendet werden, d.h. in Infix-, Postfix- oder Präfix-Notation: a@@b; (z.B. `a=b`) oder @a; (z.B. `&a`) oder a@; (z.B. `a()`). Das Operatorsymbol muß aus der Menge der gegebenen Operatorsymbole sein:

```
{ +,-,*,/,%,^,&,|,~,!,=,<<,>>,+=,...,>>=,<,>,<<,==, !=,
  <=,>=,&&,||,++,--,[],(),->,->*,.*, new, delete          }
```

Zusammengesetzte Operatoren werden nicht implizit mit überladen, d.h. aus:
`Typ1 operator=(Typ2 a);` und `Typ1 operator+(Typ2 a);`
folgt nicht implizit die Operatordefinition `Typ1 operator+=(Typ2 a);`

Operatorfunktionen, die *als Methode* in einer Klasse definiert werden, besitzen wie alle anderen Methoden bereits als implizites, erstes Argument ein Objekt ihrer Klasse. Daher können nur binäre Operatoren ein zusätzliches Argument besitzen. Diese Operatoren können ebenfalls in Postfix-, Präfix- oder Infix-Notation verwendet werden, wobei das erste Argument stets ein Objekt der entsprechenden Klasse sein muß.

Schreibweise C7-3 *Überladen von Standard-Operatoren in Klassendefinitionen*

```
class KlassenName {
  ...
public:
  ErgebnisTyp1 operator@@ (Typ2 arg);    binärer Operator
  ErgebnisTyp1 operator@ ();             unärer Operator
};
```

```
// Anwendung:
KlasseX  obj;
KlasseX* objP;
... obj @@ arg;                 wie: obj.operator@@ (arg);
... @obj;                       entspricht obj.operator@ ();
*obj@@ arg;                     immer bei Objektreferenzen, wie:
                                objP->operator@(arg);
```

Beispiel C7-3 *Überladen von Standard-Operatoren durch Klassenmethoden (Fortsetzung von Bsp. C5-3)*

```
// String.h:
class String {
  ...
public:
  ...
  String& operator=(String&);       siehe Bsp. C5-3
  String& operator+(String&);       Konkatenation
};
// Anwendung:
String s1;
String s2="hallo";                  C-kompatible Schreibweise
                                    für Konstruktor String(char*)
s1 = s2 + s2;                       Aufruf der Operatoren "+" dann "="
```

C8 Spezielle Operatoren für benutzerdefinierte Typen

Um möglichst kompakten Code in C++ zu erstellen, gibt es eine Reihe von speziellen Operatoren, die bestimmte Manipulationen auf Objekten ausführen können: Indizierung von Komponenten einer Sequenz `[]`, Funktionsoperator `()` und Operatoren zur Speicherverwaltung (`new`, `delete`). Deren Überladen kann interessante Effekte haben. Deshalb und zur Einübung der Überladung sollen sie hier hervorgehoben betrachtet werden. Es handelt sich dabei aber nicht um typische objektorientierte Konzepte!

Durch die Definition des Operators `[]` für einen benutzerdefinierten Typ können Objekte der Klasse analog den Arrays indiziert werden.

Beispiel C8-1 *Indizierungs-Operator (Fortsetzung von Bsp. C5-3)*

```
class String {
  ...
public:
  ...
  char& operator[](int);        Diese Methode liefert einen char
                                Speicherbereich zurück, nicht nur
                                dessen Wertkopie. Deshalb kann auch
                                links von "=" indiziert werden:
                                a[i] = ...;
};
```

```
// String.c:
char& String::operator[] (int i) {
  if (i<0) return this->s[0];                    etwas mehr als Standard-[]
  else if (i>len) return this->s[len-2];          -2 wg.'\0'.
  else return this->s[i];
}

// Anwendung:
String str("Teststring");                         Anwendung String(char*)
char ch = str[5];                                 Anwendung operator[];
str[5] = 'x';                                     Anwendung operator[];
                                                  danach ist str=="Testsxring"
```

Durch die Definition des Operators '()' (d.h. Argumentklammern von Funktionen) für einen benutzerdefinierten Typ können auch Objekte der Klasse mit Argumenten versehen werden und dadurch eine bestimmte Methode mit entsprechender Parameterliste aufrufen. Der Methoden-Identifikator ist hier das Klammerpaar selbst.

Beispiel C8-2 *Funktions-Operator "()"*
(Fortsetzung von Bsp. C5-3)

```
class String {
  ...
public:
  ...
  String operator()(int from,to);                 Substring-Operator macht aus this
                                                  einen Substring von Position from
                                                  bis to.
};

// Anwendung:
String str("Teststring");
String substr = str(0,3);                         die "(0,3)" Nachricht hat als Effekt,
                                                  daß substr mit der Zeichenfolge
                                                  "Test" konstruiert wird.
```

In C++ gilt, daß beim Anlegen von benutzerkontrollierten Objekten *vor* dem Aufruf eines Konstruktors (Initialisierung) durch Aufruf des new-Operators Speicherplatz vom Freispeicher angefordert wird. Beim Löschen von benutzerkontrollierten Objekten wird *nach* dem Aufruf des Destruktors (Abschlußarbeiten) der Speicherplatz durch Aufruf des delete-Operators wieder freigegeben. Zur Implementierung einer eigenen Speicherverwaltung für benutzerdefinierte Typen können new und delete als Operatoren einer Klasse definiert und damit überladen werden. Beim Erzeugen bzw. Löschen von benutzerkontrollierten Objekten dieser Klasse werden dann die klassenspezifischen Operatoren aufgerufen.

Beispiel C8-3 *Benutzerdefinierte Speicherverwaltung mit* `new` *und* `delete`

```
#include <stddef.h>            für den Typ size_t, der aber nur bei
                               der Deklaration von new genutzt wird.
class Memory {                 Klasse zur Definition einer eigenen
                               Speicherverwaltung.
  ...                          Speicherbereich und Verwaltungsinfo.
public:
  Memory(int);                 legt Memory-Objekt mit int großem
                               Speicher fest.
  void* alloc(int);            testet auf Überlauf und liefert Zeiger
                               auf int großen freien Speicher-
                               bereich in einem Memory-Objekt.
  void dealloc(void* p);       gibt den durch p referenzierten
                               Speicher wieder frei.
};
Memory MemPool(1048576);       globales Objekt belegt 1MB Speicher
                               (= 1024*1024 Byte).

class Smallobject {            wendet obige Speicherverwaltung
                               durch Überladen von new und
                               delete an, d.h. Smallobject-
                               Instanzen werden "in" dem Memory-
                               Objekt MemPool angelegt.
  ...
public:
  void* operator new(size_t,int i);   Rumpf: return MemPool.alloc(i)
  void  operator delete(void*);       Rumpf: MemPool.dealloc(this)
                                      Die Parameter size_t und void*
                                      werden in der Anwendung nicht
                                      verwendet.
};
// Anwendung:
Smallobject* s1;
s1 = new (sizeof(Smallobject)) Smallobject;
                               new von Smallobject verwenden.
                               s1 verweist auf Teil von MemPool.
delete s1;                     s1 nicht mehr in MemPool.
```

C9 Polymorphie durch automatische Argumentkonvertierung

In C++ gibt es zwei Arten von benutzerdefinierten Typkonvertierungen von Argumenten, jeweils durch spezielle Methoden ohne Ergebnistyp. Die Anwendung der *Konvertierungsoperatoren* erfolgt implizit.

Schreibweise C9-1 *Automatische Argumentkonvertierung*

- Konvertierungen von einem bereits definierten Typ `Typ` (auch Basistyp) in einen benutzerdefinierten Typ `KlassenName` werden durch Konstruktoren mit einem Argument beschrieben:

```
KlassenName::KlassenName(Typ);      von Typ nach KlassenName
```

- Typkonvertierungen von einem benutzerdefinierten Typ `KlassenName` in einen bereits definierten Typ `Typ` (auch Basistyp, der allerdings durch `typedef` einen Identifikator zugewiesen bekommen hat) werden durch Typkonvertierungsoperatoren ohne Argumente beschrieben. Diese Operatoren müssen als Operatoren in `KlassenName` definiert werden.
  `KlassenName::operator Typ();` von `KlassenName` nach `Typ`

Der Compiler entscheidet selbständig über Anwendungen von Typkonvertierungsoperatoren. Beim Aufruf einer Funktion bzw. bei der Anwendung einer Methode versucht der C++-Compiler in drei Schritten eine Übereinstimmung zwischen den Typen der aktuellen und formalen Parameter zu erzielen. Diese Reihenfolge ist besonders beim Aufruf überladener Funktionen relevant.

(1.) Überprüfung auf exakte Typübereinstimmung (hier gilt z.B. auch Gleichheit zwischen `char*` und `CharPtr`, wenn gilt: `typedef char* CharPtr;`)

(2.) Überprüfung auf Typübereinstimmung nach Anwendung interner Standard-Typkonvertierungen von C (z.B. `int` ~> `short`).

(3.) Überprüfung auf Typübereinstimmung nach Anwendung benutzerdefinierter Typkonvertierungsoperatoren.

Für die Anwendung von Typkonvertierungen gelten zusätzlich die folgenden Regeln, um die implizite Typkonvertierung effizient und eindeutig durchzuführen:

- Mehrdeutigkeiten bei den Typkonvertierungen, d.h. die mögliche Anwendung verschiedener Typkonvertierungen in einem Schritt, führen zu einem Fehler.

- Die implizite Anwendung von benutzerdefinierten Typkonvertierungen wird nicht geschachtelt (d.h. es gibt keine wiederholte Anwendung!).

Das folgende Beispiel zeigt die implizite Verwendung von Typkonvertierung zur Realisierung von polymorphen Funktionen oder Methoden. Es zeigt aber auch die Beschränkungen dieser Art der Polymorphie durch die Beschränktheit der verfügbaren Konvertierungsmethoden. Soll eine Funktion oder Methode nach Erweiterung um neue Typen ohne Änderung weiterverwendet werden, sind auf jeden Fall für diese Fälle Konvertierungsmethoden (neuer Typ zum Argumenttyp) zu realisieren. Das Beispiel zeigt aber auch die Verwendung von globalen Funktionen oder Methoden (auch überladenen Operatoren) dann, wenn das erste Argument (das benachrichtigte Objekt) zunächst konvertiert werden muß.

Beispiel C9-2 *Operatoren zur Typkonvertierung (Fortsetzung von Bsp. C5-3)*

`typedef char* CharPtr;`	`char*` wird mit `CharPtr` identifiziert.
`// String.h:`	
`class String {`	
`...`	
`public:`	
`String(char*);`	Konvertierung von `char*` nach `String`.
`operator CharPtr();`	Konvertierung von `String` nach `char*`, z.B. `return this->s;`
`int length();`	liefert Länge `len`.
`};`	
`int globalLength(String s);`	globale Funktion.
`void aFunction(char* cp);`	globale Funktion.
`// Anwendung:`	
`String s1("hallo");`	
`char*  s="du da";`	
`int i;`	
`aFunction(s1);`	Konvertierung: `String` nach `char*` durch impliziten Aufruf von `CharPtr()`. Damit ist `aFunction` auch für `String`-Werte definiert.
`i = s.length();`	Fehler! keine Anwendung von `char*` `s` nach `String` auf benachrichtigtes Objekt `s` möglich.
`i = globalLength(s);`	Konvertierung: `char*` nach `String` durch implizite Anwendung von `String(char*)`. Dann Aufruf der Funktion `globalLength`.
`aFunction(5);`	Fehler! es gibt keine direkte Konvertierung `int` nach `char*` und Schachtelung von `int` nach `String` und `String` nach `char*` ist nicht erlaubt.

C10 Überladene Methoden mit optionalen Parametern

Eine andere Form, Funktionen und Methoden auf eine andere Art zu benutzen, ist die Definition von optionalen Parametern im Anschluß an die notwendigen Parameter. Beim Aufruf können dann jeweils Parameter am Ende der Liste der optionalen Parameter weggelassen werden. Es werden für diese Parameter dann die in der Definition angegebenen Default-Werte verwendet. Im Rumpf werden optionale Parameter normal angesprochen.

Schreibweise C10-1 *Funktionen und Methoden mit optionalen Parametern*

```
Typ f(ArgTyp1 p1, ArgTyp2 p2=wert2, ArgTyp3 p3=wert3){..;}
```

Funktionsdefinition mit optionalen Parametern `p2` und `p3` und deren Default-Werte `wert2` und `wert3`. Im Rumpf werden `p2`, `p3` normal genutzt.

```
Typ Klasse::f(ArgTyp1 p1, ArgTyp2 p2=wert2, ArgTyp3 p3=wert3);
```

Methodendeklaration mit optionalen Parametern `p2` und `p3` und deren Default-Werte `wert2` und `wert3`. Im Rumpf werden `p2`, `p3` normal genutzt.

```
// Anwendung (der Funktion f)s:
f(int i, int j=1, char c='x'){}          Für die Methode f entsprechend...
...;
f(1); f(4,7); f(3,4,'y');               alles korrekte Aufrufe der Funktion.
f(1,'z');                               Fehler: Verzicht von Parametern nur von
                                        "Rechts nach Links".
f('y');                                 Fehler: i notwendig.
```

2.5 Zusammenfassung

Programme bestehen aus einer Menge von Aktionen, die Daten manipulieren. In objektorientierter Software werden diese Aktionen von *Objekten* durchgeführt, die durch eine *Nachricht* um einen speziellen Dienst gebeten werden. Dabei können sie wieder andere, ihnen bekannte Objekte benachrichtigen (*Delegation*) oder ihren Zustand ändern. Der *Zustand* eines Objektes ist die aktuelle Wertebelegung seiner Zustandsvariablen, die auch Attribute genannt werden. Die *Attribute* bestimmen die Datenstruktur der Objekte (*Objektstruktur*). Werte der Attribute können aus den eingebauten Basistypen stammen oder sind selbst wieder Objekte, sogenannte *Subobjekte*. Die Menge solcher "*part-of*"-Beziehungen bildet die *Objekthierarchie*.

Objekte mit gleicher Datenstruktur und gleichem Verhalten bei der Bearbeitung der Nachrichten werden in *Klassen* zusammengefaßt. Ihre strukturellen und verhaltensmäßigen Eigenschaften werden in den *Klassendefinitionen* beschrieben. Die Menge aller Nachrichten, auf die Objekte einer Klasse reagieren können, ist das *Protokoll* der Klasse. Die Dienste sind durch Methoden definiert. *Methoden* sind Funktionen, die nur von den Objekten der Klasse ausgeführt werden können. Klassen fassen also die Objekte und die auf ihnen anwendbaren Funktionen zusammen. Sie sind damit gut zur Implememtierung von Abstrakten Datentypen geeignet und unterstützen die Modularität von Software. Entsprechend sind Klassen in dieser Rolle als *Objekttypen* auch zur Typisierung von objektwertigen Parametern, Variablen und objektwertigen Attributen nutzbar.

Die letztgenannte Art der *Wiederverwendung* führt dazu, daß Objekte einer Klasse Komponenten von Objekten einer neuen Klasse werden können. Diese Form der *Komposition* neuer Klassen ermöglicht die *Aggregation* einer Klasse aus bestehenden Klassen. Ein neugeschaffenes Objekt führt nach der Zuweisung eines Speicherbereichs zunächst die klassenspezifische Konstruktionsmethode aus. Darin ist die *Konstruktion* eines initialen Zustandes, der ggf. auch die Erzeugung von Subobjekten vorsieht, festgelegt.

Aber auch Klassen können spezielle Dienste anbieten und über die dazu notwendigen Datenstrukturen verfügen. Eine Klasse verhält sich dann wie ein Objekt (*Klassenobjekt*). Ihre Methoden und Daten werden Klassenmethoden und Klassenattribute genannt. Die Beschreibungen können in einigen Sprachen in sogenannten *Metaklassen* abgelegt werden, die dann z.B. die Art der Konstruktion von Objekten oder der Nachrichtenbearbeitung sowie allgemeine Informationen über Objekte einer Klasse aufnehmen.

Ein wichtiger Mechanismus der Programmierung ist die *Polymorphie* ("Vielgestaltigkeit") in Programmiersprachen, in denen die korrekte Typsierung von Ausdrücken bereits bei der Übersetzung überprüft wird (*statische Typisierung*). Durch polymorphe Variablen und Parameter ist es trotzdem möglich, ihnen Werte verschiedener Typen zuzuweisen. Dadurch erhält der Programmierer größere Freiheiten. In diesem Kapitel wurde mit den Mechanismen der *Typkonvertierung* und des *Überladens* von Funktionen und Methoden zwei Verfahren der *Ad-Hoc Polymorphie* eingeführt. Das Überladen ermöglicht, daß zu einem Methodennamen auch mehrere Impementierungen vorliegen können, die dann abhängig vom Typ der aktuellen Parameter ausgeführt werden. Da der Typ der aktuellen Parameter (nicht ihr Wert!) schon bei der Übersetzung vorliegt, ist Überladen ein statisches Konzept. "Echte" Polymophie als dynamisches Konzept, bei der die Typen der Werte der aktuellen Parameter die Auswahl der Implementierung entscheiden, wird bei gleichzeitiger statischer Typisierung erst durch Vererbung möglich (siehe dazu Kapitel 3).

Die genannten objektorientierten Mechanismen werden alle (bis auf Metaklassen) von C++ angeboten. Dabei kommt die Sprache mit wenigen syntaktischen Formen aus, in der zudem die Verwendung von Objekttypen ähnlich den eingebauten Typen gestaltet werden kann.

---

1 Obwohl es (auch objektorientierte) Programmiersprachen gibt, die semantische Spezifikationen von ADTs erlauben, werden hier nur die weitaus üblicheren Beschreibungsmittel betrachtet, die sich auf die Signatur und - in getypten Programmiersprachen - auch auf die Festlegung der Argumenttypen von Operatoren beschränken.

2 In parallelen objektorientierten Systemen geschieht die Kommunikation tatsächlich durch den Austausch von Nachrichten zwischen Prozessen.

3 Ausnahmen werden allerdings in C++ aus Effizienzgesichtspunkten zugelassen. Compilerabhängig ist die Definition "kleiner" Methodenrümpfe in der Klassendefinition oder (mit gleichem Effekt) als `inline` markiert möglich. In Kapitel 5 wird unter dem "Tunig"-Aspekt darauf eingegangen.

4 An letzter Stelle der iterativen Wertkonstruktion stehen gerade die Standard-Wertebelegungen, die auch in C benutzt werden (z.B. integer i mit 0 initialisieren).

5 Dabei handelt es sich um die Markierung einer automatischen Objektdefinition als `static`. Der *Gültigkeitsbereich* dieser Objekte erstreckt sich von der Definition bis zum Ende des Blocks (Block-lokale Definition) oder Ende der Datei (globale Definition außerhalb eines Blocks). Die *Lebensdauer* lokaler `static`-definierter Objekte geht von der Abarbeitung der Definition bis zum Programmende. Global `static`-definierte Objekte existieren während des gesamten Ablaufs des Hauptprogramms (entspricht der "Funktion" `main`). Die Konstruktoren aller globalen `static`-definierten Objekte werden *vor* Ausführung des Hauptprogramms aufgerufen. Ihre Destruktoren werden *nach* Beendigung des Hauptprogramms aufgerufen. Anwendungen lokal `static`-definierter Objekte sind die Definition modul-lokaler Objekte, auf die keine Sichbarkeit aus anderen Dateien bestehen soll. Durch die Aufrufe der Konstruktoren und Destruktoren für globale "Dummy"-`static`-Objekte vor bzw. nach dem eigentlichen Anwendungsprogramm können Initialisierung und Abschlußarbeiten für verwendete Programmbibliotheken durchgeführt werden.

6 In C++ muß zwischen einem "Referenztyp" T& und einem "Zeigertyp" T* unterschieden werden: Eine Variable vom Typ `T&` ist eine weitere Identifizierung eines *bestehenden* Wertes aus `T` und muß mit diesem initialisiert werden. Seine Existenz wird durch das Laufzeitsystem überprüft. Eine Variable vom Typ `T*` nimmt lediglich die Identität (d.h. die Adresse) einer Werts von `T` auf, der aber bei der Übergabe nicht (mehr) existieren muß; der Wert wird erst durch den Dereferenzierungsoperator '`*`' manipulierbar.

7 "Anwendung" bedeutet hier immer:
`#include` *`notwendige Klassendefinitionen`* `... main (..) {...;}`

8 Beide Operatoren werden durch "=" ausgedrückt, wobei das Auftreten in einer Variablendefinition stets die Initialisierungsoperation ausführt. In C++ kann für alle Typen `T` statt `T a=Twert;` auch `T a(Twert);` geschrieben werden.

9 Die Systemfunktion `new` kann hier als spezielle Methode einer jeden Klasse aufgefaßt werden, die gerade passenden Speicher für eine Instanz dieser Klasse liefert. Der Konstruktor wird danach aufgerufen und initialisiert dann diesen Speicher der Instanz.

10 Erinnerung: Eine Nachricht an ein Objekt `obj` "`obj.nachricht(argumente)`" kann auch als Funktionsaufruf "`nachricht(obj,argumente)`" gelesen werden. `nachricht` ist dann eine polymorphe Funktion, bei der das erste Argument verschiedene Werte annehmen kann.

11 In einigen Programmiersprachen, z.B. ADA, genügt zur Unterscheidung auch die Verwendung des Funktionswertes: die überladenen Funktionen `f` sind unterscheidbar, wenn: `integer i=f()` und `bool b=f()` auftritt.

3. Klassen und ihre Beziehungen

Kapitel 2 beschrieb die Verwendung von Objekten. Es wurde gezeigt, wie Objektmengen mit gleichem Verhalten durch Klassen beschrieben werden können. Solche Klassen eignen sich dazu, benutzerdefinierte Typen zu implementieren. In diesem Kapitel wird die Präsentation der wesentlichen objektorientierten Konzepte abgeschlossen. Dabei stehen die Beziehungen zwischen Klassen im Mittelpunkt. Durch das *Ableiten* von neuen (*Unter-)Klassen* aus bestehenden (*Basis -)Klassen* können benutzerdefinierte Typen erweitert und damit existierende Software wiederverwendet werden. Die Möglichkeit, Untertypbeziehungen zwischen Basis- und Unterklassen zu installieren, vergrößert die Nutzung der Polymorphie in statisch getypten objektorientierten Programmiersprachen. Dies ist grundlegend für die in Kapitel 1 herausgestellte einfache "Erweiterbarkeit" von Systemen.

Dieses Kapitel stellt die Möglichkeiten der Wiederverwendbarkeit und Erweiterbarkeit von objektorientierter Software vor. Dabei spielen die Beziehungen zwischen Klassen und Klassendefinitionen die zentrale Rolle.

3.1 Wiederverwendung von Klassendefinitionen

In Kapitel 2.1 wurde der Beitrag von Objekten zur Konstruktion anderer Objekte vorgestellt. Diese als Objekthierarchie darstellbare Objekt-Subobjekt-Beziehung spiegelt sich entsprechend auf der Klassenebene wieder: Die Strukturbeschreibung in einer Klassendefinition bezieht bestehende Klassen ein. Mit ihnen werden die Wertebereiche von Attributen spezifiziert. Solche Klassen werden auch als *Komposition* der Attributklassen bezeichnet.

Neben dieser Form der horizontalen Wiederverwendung gibt es aber auch die Möglichkeit, die komplette Klassendefinition von einer gegebenen Klasse (der *Basisklasse*) zu übernehmen und in der so erzeugten Klassendefinition lediglich Ergänzungen, Änderungen und Streichungen zu implementieren. Dieses Verfahren nennt man *Ableiten* einer Unterklasse aus einer Basisklasse. Man sagt auch, die Unterklasse *erbt* die Merkmale der Basisklasse.

3.1.1 Unterklassen versus Untertypen

Es muß dabei durchaus nicht sein, daß auch das Protokoll der Basisklasse komplett übernommen wird. Eine Klasse kann auch deswegen abgeleitet werden, um die Attribute und Methoden der Oberklasse zur Implementierung eines eigenen Protokolls zu verwenden. Das Protokoll der Oberklassen muß also trotz Ableitung keine Teilmenge des Protokolls der Unterklasse sein. Entsprechend müssen Instanzen der Unterklasse nicht das gleiche (Mindest-) Verhalten aufweisen wie Instanzen der Basisklasse. Gleiches Verhalten von Objekten ist aber Bedingung für die Typgleichheit von Objekten. Deshalb müssen die Instanzen einer Unterklasse nicht automatisch auch vom Typ der Basisklasse sein. Oder anders formuliert: der Typ der Unterklasse ist nicht immer auch ein Untertyp des Typs der Oberklasse (d.h. die Teilmengenbeziehung auf Instanzen muß nicht gelten). Daß diese Unterscheidung zwischen Klassen- und Typhierachie sinnvoll ist, zeigt Beispiel 3.1.1-1. Dort wird eine Unterklassenbeziehung dargestellt, in der die Klassendefinition wiederverwendet, aber keine Untertyp-Beziehung impliziert wird (`Liste`- und `Menge`-Objekte sind zwar gleich konstruiert, haben aber unterschiedliches Verhalten). `Menge` ist kein Untertyp von `Liste`.

Beispiel 3.1.1-1: *Unterklassenbeziehung ohne Untertypbeziehung*

```
Klasse Liste {                          implementiert als einfach verkettete
                                        dynamische Liste.

   ...                                  Methoden des Protokolls:
   vorneAnfügen(.)                      wie gewohnt ... .
   hintenAnfügen(.)
   istElement(.)
}

Klasse Menge abgeleitet aus Liste {     ist wie Liste implementiert, hat aber
                                        anderes Protokoll.

   ...                                  Methoden des Protokolls:
   anfügen(.)                           nutzt vorneAnfügen(.), aber zusätzlich
                                        mit Duplikattest realisiert.
   istElement(.)                        hier von Liste explizit ins Protokoll
                                        übernommen.
}
```

Die Ableitungs- oder Klassen-Hierarchie ist also zunächst einmal unabhängig von der Typ-Hierarchie, die auf der Inklusion der Instanzmengen basiert. Allerdings können sie natürlich in weiten Teilen deckungsgleich sein - bei entsprechender Übernahme des Protokolls in die Unterklasse. Diese (Nicht-) Übernahme kann in einigen Sprachen durch verschiedene Ableitungsmodi festgelegt werden. Beispiel 3.1.1-2 zeigt eine schon aus Kapitel 1 bekannte Hierarchie.

In 3.2.3 werden wir die Bedeutung dieser Unterscheidung für die Polymophie sehen. Werte eines Untertypen können z.B. Variablen, die mit dem Obertyp typisiert sind, zugewiesen werden, ohne Probleme bei der Ausführung von Operationen auf diesen Variablen. Die Untertypbeziehung stellt sicher, daß für alle Werte der Untertypen auch die Operationen des Obertyps gelten. Es gilt die *Substitutionsbeziehung* bei der Wertzuweisung. Für Instanzen einer Unterklasse, die nicht die Untertypbeziehung realisiert, gilt dieses gerade nicht. Ein `Menge`-Wert kann nicht einer `Liste`-Variablen zugewiesen werden, obwohl der `Menge`-Wert die strukturellen Eigenschaften von `Liste` erhält. Es ist aber auf dieser Variablen nicht mehr z.B. die `Liste`-Operation `vorneAnfügen()` ausführbar.

Beispiel 3.1.1-2: *Deckungsgleiche Unterklassen- und Untertyp-Hierarchie*

```
Klasse Kfz {
  Attribute wie  marke als String

                                        Methoden des Protokolls:
  ...
  warten(), markeAngeben() ...
}
```

```
Klasse LKW abgeleitet aus Kfz {          und übernimmt Protokoll.
  konstruiert wie Kfz, mit zusätzlichem Attribut
  ladefläche aus int

                                         Methoden des Protokolls:
  ...                                    (werden evtl. redefiniert: )
  warten(), markeAngeben(), gibLadegewicht(),...
                                         und evtl. werden weitere Nachrichten ver-
                                         standen, z.B. gibLadegewicht()
}

Klasse PKW abgeleitet aus Kfz {          und übernimmt Protokoll.
  konstruiert wie Kfz, mit zusätzlichem
  Attribut sitzplätze aus int

                                         Methoden des Protokolls:
  ...                                    (werden evtl. redefiniert: )
  warten(), markeAngeben(), gibSitzplätze(),...
                                         und evtl. werden weitere Nachrichten ver-
                                         standen, z.B. gibSitzplätze()
}
```

Die Untertypbeziehung zwischen Klassen spiegelt sich in der Beziehung zwischen Instanz und Klassen durch die sogenannte *is_a* Beziehung wieder: ein `LKW`-Objekt is_a `Kfz`, d.h. verhält sich so wie ein `Kfz`-Objekt und versteht deshalb auch alle Nachrichten an `Kfz`-Objekte. Diese Beziehung soll im folgenden stets auch die Untertypbeziehung identifizieren (und andersherum). Nur wenige objektorientierte Sprachen bieten Mechanismen an, die diese Unterscheidung zulassen (z.B. C++, CLOS). Abb. 3.1.1-a gibt die Inklusionsbeziehung der Instanzmengen wieder.

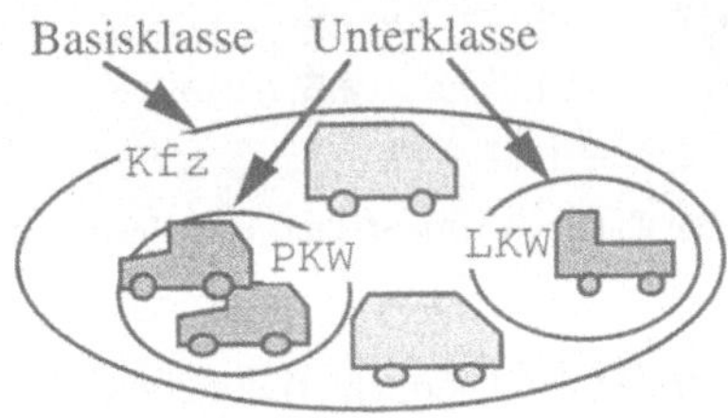

Abb. 3.1.1-a: Mengenzugehörigkeit der Instanzen bei bestehender Untertypbeziehung

Direkte Folge dieser Unterscheidung stellt sich in statisch getypten Sprachen. Sei ein Objekttyp `KTyp` definiert durch eine Klasse `K` und sei `Ksub` Unterklasse von `K` (wie in Abb. 3.1.1-b). Eine Variable (oder Parameter) vom Typ `KTyp` kann nur Objekte der Unterklasse `Ksub` als Wert annehmen, wenn der durch `Ksub` definierte Typ auch Untertyp von `KTyp` ist und deren Instanzen damit das gleiche Verhalten wie die für die Variable festgelegten Werte haben. Diese sogenannte Substituierbarkeit von Werten ist Voraussetzung für die Anwendung der Polymorphie, wie sie in Abschnitt 3.2.3 zum Einsatz kommt - *die* Voraussetzung für die leichte Erweiterbarkeit von statisch getypten objektorientierten Systemen.

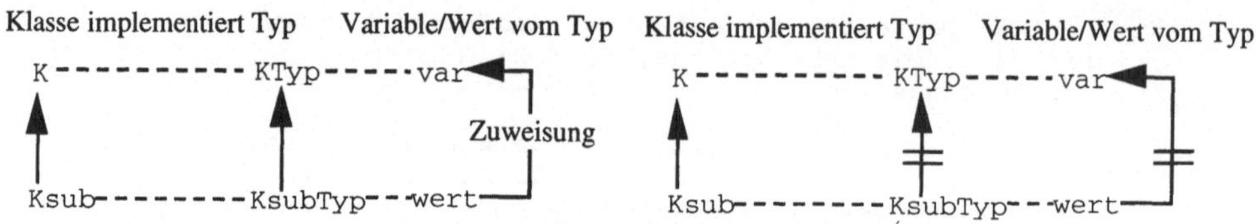

Abb. 3.1.1-b: Substituierbarkeit bei Erhalt / Nicht-Erhalt der Untertyp-Beziehung

3.1.2 Konstruktion von Instanzen in Unterklassen

Die *Konstruktionsvorschrift* von Instanzen wird durch die in der Klassendefinition angegebenen Attribute und ihre im Konstruktor festgelegte Initialisierung beschrieben. In beiden Beispielen 3.1.1-1,2 wurde darauf hingewiesen, daß die Konstruktionsvorschrift stets von der Basisklasse übernommen und ggf. ergänzt wird. Dies ist ein für beide genannten Fälle (mit oder ohne Untertypbeziehung) gültiges Vorgehen. Eine Instanz einer Unterklasse verfügt stets über einen Bereich, der gerade die Komponenten der Basisklasse aufnimmt sowie ggf. einen zusätzlichen Bereich mit neu hinzugekommenen Komponenten. Abbildung 3.1.2-a visualisiert ein entsprechend abstrahiertes Speicherabbild einer Instanz der Klasse Z.

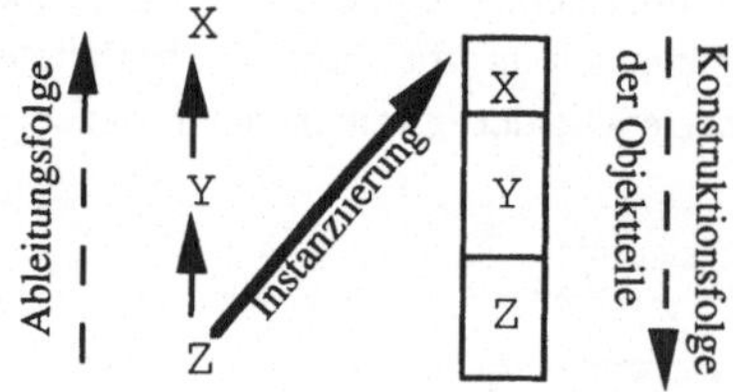

Abb. 3.1.2-a: Erzeugungsabfolge und Speicherdarstellung einer Instanz einer Unterklasse Z

Objekte werden schrittweise konstruiert (und vernichtet) durch eine Kaskade von Aufrufen der Konstruktoren (Destruktoren) entlang der Ableitungslinie. Z hat hier die Basisklasse Y, die wiederum Unterklasse von X ist. Objekte der Klasse Z werden "bottom-up" konstruiert (und "top-down" destruiert), wobei "top" die Klasse Z ist. Erst werden die Objekt-Attribute der Basisklasse Y konstruiert. Entsprechend muß der Konstruktor von Y immer zuerst (ggf. mit Argumenten) aufgerufen werden (der dann wiederum *rekursiv* zuerst für den Aufruf des Konstruktors der Basisklasse von Y sorgt, usw. entlang der Ableitungsfolge). Durch diese Reihenfolge kann die Initialisierung von Attributwerten aus dem Z-Teil von bereits erzeugten Attributwerten aus dem Y-Teil abhängig gemacht werden.

☞ ☞ ☞ C++

C11 Ableiten von Klassen

Alle Merkmale der Basisklasse werden in die Unterklasse übernommen. Dabei werden zwei Ableitungsmodi angeboten: `public` oder `private` (der Standardfall !). In dem `public` Ableitungsmodus wird die Untertypbeziehung festgelegt und alle Sichtbarkeitseigenschaften übernommen (siehe dazu genauer 3.3). Soll lediglich die Implementierung übernommen werden, ohne die Untertypbeziehung zu bilden (`private`-Ableitung), werden alle ererbten Mermale wie `private`-markierte Merkmale behandelt. Lediglich die `public`-markierten Merkmale können in der Klassendefinition selbst verwendet werden. Nur durch explizites Aufführen der Merkmale der Basisklasse (mit vorangestelltem Basisklassenselektor *`BasisName::merkmal`*) im Protokoll können diese wieder sichtbar gemacht werden.

Schreibweise C11-1 *Klassenableitung mit Untertypbeziehung*

```
class KlassenName : public BasisKlassenName {
  ...                                        Basisklassen-Merkmale hier nutzbar.
};
```

Schreibweise C11-2 *Klassenableitung ohne Untertypbeziehung*

```
class KlassenName : private BasisKlassenName {
  ...                                        Basisklassen-Merkmale hier nutzbar.
public:                                      hier keine Übernahme des Protokolls
                                             der Basisklasse, aber ...
  ...
  BasisKlassenName::merkmal();               hier werden gewünschte Merkmal der
                                             Basisklasse explizit ins Protokoll übernommen.
};
```

Beispiel C11-3 *Klassenableitung ohne Untertypbeziehung*

```
// List.h:
class List {
                                             implementiert eine einfachverkettete
                                             Liste von Instanzen einer Klasse Object.

public:
  List();
  addFirst(Object*);
  addLast(Object*);
  isMember(Object*);
  ...
};
```

```
// Set.h:
#include "List.h"
class Set : private List {          Implementierung von List ererbt.
public:
  Set();                            benutzt Konstruktor von List.
  add(Object*);                     kann addFirst() und isMember()
                                    benutzen.
  List::isMember(Object*);          explizit von List ins Protokoll übernommen.
  ...
};
```

C12 Konstruktion von Objekten in abgeleiteten Klassen

Bei der Konstruktion von Objekten wird rekursiv entlang der Ableitungsfolge stets zuerst der Basisklassenkonstruktor aufgerufen. Dabei kann (wie in Bsp. 2.2.1-2) auch ein spezieller Konstruktor der Basisklasse, der natürlich in der Unterklasse sichtbar sein muß, vor dem Rumpf ausgeführt werden. Die Syntax entspricht der Ausführung von Konstruktoren der automatischen Subobjekte (vgl. C4).

Beispiel C12-1 *Aufruf des Basisklassenkonstruktors*

```
class Kfz {
  String  marke;
  ...
public:
  Kfz(String);                      Konstruktor von Kfz.
  ...
};
class LKW : public Kfz {
  int Ladung;
  int maxLadung;
  ...
public:
  LKW(String,int);                  Konstruktor von LKW.
};

LKW::LKW(String m,int maxL):Kfz(m),maxLadung(MaxL) {}
                                    LKW-Konstruktor ruft vor dem Rumpf speziel-
                                    len Kfz-Konstruktor Kfz(String) auf.
```

3.2 Verwendung von Typhierarchie und Klassenableitung

In 3.1 haben wir die schlichte Wiederverwendung der Klassendefinition als Vorlage für neue Klassendefinitionen kennengelernt. Die gleichzeitige Übernahme des Verhaltens (durch die Übernahme des Protokolls) etabliert zusätzlich die Untertypbeziehung zwischen Klassen. Das schafft enorme Vorteile für die objektorientierte Modellierung von Problemen sowie Wiederverwendung und Erweiterung von objektorientierter Software[1]. Die Möglichkeiten, die natürlich auch in ihrer Kombination sinnvoll sind, werden im folgenden erläutert.

3.2.1 Klassenerweiterung um "Mehr Merkmale"

Das Ableiten neuer Klassen aus bestehenden Klassen unterstützt das inkrementelle Modellieren der Konzepte des Problembereichs. Die Merkmale eines allgemeinen Konzeptes gelten auch für spezielle Konzepte, die darüber hinaus weitere Merkmale aufweisen können. Die ein spezielles Konzept implementierende Unterklasse nennt man dann *Erweiterung* der Basisklasse, die das generellere Konzept implementiert. Das Kfz-Beispiel aus Bsp. 3.1.1-2 veranschaulicht diese Verwendungsmöglichkeit.

In der realen Welt kann es (in seltenen Fällen) auch Einschränkungen von Merkmalen geben (z.B. Vögel fliegen, Pinguine sind Vögel - aber fliegen nicht), was in einigen objektorientierten Sprachen durch entsprechende Ausnahmen oder Ausgrenzungsmechanismen nachgebildet werden kann (z.B. in CLOS).

Neben dem Modellierungsaspekt wird die Wiederverwendung von objektorientierter Software unterstützt. Zusammen mit einigen vorhandenen Klassendefinitionen wird eine objektorientierte Sprache immer zu einer problemorientierten Sprache. Mit einem guten Klassendesign können Teile einer Klassenhierarchie auch für andere Probleme verwendet werden und vererben dort ihre Implementierung an problemangepaßtere Klassen. Typisch für diese Einsatzart ist die leichte Verwendung von objektorientierten Klassenbibliotheken mit einer Auswahl vordefinierter Klassen. Hierbei können nicht nur Instanzen dieser Klassen verwendet werden, sondern auch ihre Implementierung selbst ist durch Vererbung in neuen Klassen verwendbar. Darin wird sogar ein Durchbruch in der Softwaretechnologie gesehen (sogenannte Software-ICs, nach B. Cox).

3.2.2 Klassenspezialisierung durch "Speziellere Merkmale"

Neben der Erweiterung um neue Merkmale bieten objektorientierte Sprachen auch die Möglichkeit, Unterklassen durch Spezialisierung einiger Merkmale der Basisklasse zu erzeugen. Dies kann sowohl Methoden als auch Wertebereiche von Attributen betreffen. Objekte einer so spezialisierten Klasse können dann immer noch der Verhaltensbeschreibung der Basisklasse genügen. Dadurch kann auch die is_a Beziehung erhalten bleiben.

Spezialisierung der Attribut-Wertebereiche:

Falls die Wertebereiche der Attribute einer Basisklasse typisiert sind, können diese Typen in abgeleiteten Klassen auf Untertypen beschränkt werden. Damit bleiben die Struktureigenschaften erhalten. Dies gilt auch für objektwertige Attribute: falls der Typ durch eine Klasse realisiert ist, kann der Wertebereich auf eine Unterklasse beschränkt werden, die einen Untertyp realisiert. Da nach wie vor die Instanzen des Untertyps das Verhalten der Basisklasse haben, muß die Benutzung der Attributwerte in Methoden nicht eingeschränkt werden.

Beispiel 3.2.2-1: `KleinLaster` *abgeleitet aus* `LKW` *durch Spezialisierung der Attribut-Wertebereiche*

```
LKW wie in Bsp. 3.1.1-2, aber:
- ladefläche spezialisiert auf 1m bis 3m;
  [1,3] Untertyp von int.
- marke spezialisiert auf KurzString (sei KurzString
  abgeleitet aus String).
  Eine von Kfz ererbte Methode markenAngabe() kann auch auf
  KurzString-Werte ohne Änderung angewendet werden.
```

Spezialisierung des Verhaltens:

Auch durch eine *Redefinition* von Methoden des Protokolls kann das in der Basisklasse festgelegte Verhalten spezialisiert und damit die is_a Beziehung gewahrt werden. Da aber die Eigenschaften einer Methodenrealisierung nur in geringem Maße formal verifizierbar spezifiziert werden können, ist "gleiches Verhalten zu gleicher Nachricht bzw. resultierendem Methodenaufruf" nicht zu überprüfen und allgemein nicht entscheidbar. Statisch sind lediglich die Verträglichkeit der Typen der formalen Parameter zu überprüfen. In der objektorientierten Sprache EIFFEL sind sogar Zustandsinvarianten überwachbar (d.h. die Zustandsvariablen eines Objektes müssen bestimmten Bedingungen genügen).

Eine weitere Möglichkeit der Spezialisierung von Methoden ist deren *Verfeinerung* durch Redefinition unter Verwendung der ererbten Methode. Diese ererbte Methode muß nicht die in der Basisklasse definierte sein, sondern kann auf verschiedene Arten gefunden werden: Ab einer "Höhenangabe" in der Ableitungsfolge aufwärts wird nach der ersten passenden Methode gesucht oder die Klasse in der Ableitungsfolge, aus der die Methode verwendet werden soll, wird explizit festgelegt. Letzteres hat Effizienzvorteile durch Wegfall der Suche. Eine weitere Möglichkeit wird durch die Verwendung von speziellen Aktionen, die vor oder nach der Ausführung der ererbten Methode angewandt werden, angeboten (z.B. in CLOS).

Das Redefinieren von Methoden ist die zweite notwendige Voraussetzung zur Anwendung von polymorphen Methoden mit dynamischem Binden (siehe dazu 3.2.3) - neben der Untertypbeziehung zwischen Klassen. Im Bsp. 3.2.2-2 wird die `Kfz`-Methode `warten()` in der `LKW`-Klasse spezialisiert.

Beispiel 3.2.2-2: *Spezialisierung einer Methode aus Bsp. 3.2.2-2*

```
Klasse LKW abgeleitet aus Kfz {
  ...
  warten() {
    erst Kfz-Methode warten() ausführen, dann
    ladefläche säubern und Fahrgestell abschmieren
  }
}
```

3.2.3 Polymorphie und dynamisches Binden in getypten Sprachen

Verschiedene Formen der Polymorphie wurden bereits in 2.4 vorgestellt. Ausgeklammert blieb dort der Fall, der in statisch getypten Sprachen durch Nachrichten an polymorphe Objektvariablen eintritt. Hierbei ist für den Objektidentifikator (die Variable oder *Objektreferenz*) erst zur Laufzeit zu entscheiden, welcher Klasse das zugeordnete Objekt angehört und damit auch, wie das Objekt auf eine Nachricht reagiert (dynamisches Binden eines Methodenaufrufs an eine Nachricht). Vorteilhaft ist diese Flexibilität bei der Erweiterung der objektorientierten Software, d.h. dem Identifikator können ohne weitere Änderungen seiner Typisierung auch Objekte neu realisierter Klassen zugeordnet werden. Nachteilig ist der erhöhte Aufwand durch die Bestimmung der Objektklasse zur Laufzeit und die Fehlerunsicherheit bzgl. der korrekten Verwendung der Typen ("kann das Objekt überhaupt auf die Nachricht reagieren?").

In statisch getypten objektorientierten Sprachen übernimmt der Compiler die Beantwortung dieser Frage. Hier wird durch eine sinnvolle Einschränkung der Polymorphie für Variablen eine Kombination des Vorteiles des dynamischen Bindens mit dem Vorteil der Fehlersicherheit durch strenge Typisierung erreicht. Dabei dürfen polymorphe Variablen nur Objekte aufnehmen, die ihrer Typdeklaration entsprechen oder aus einer Unterklasse, die einen Untertyp realisiert, stammen. Die Substitutionsbeziehung muß also zwischen dem Objekt und dem Typ der Variablen bestehen. Da dem Untertypen ja gleiches oder spezielleres Verhalten stets zugesichert werden kann, kann so bereits statisch zur Übersetzungszeit festgestellt werden, ob beliebige Objekte, die dieser polymorphen Variablen zugeordnet werden dürfen, diese Nachricht verarbeiten können. Damit kommt den Unterklassen, für deren Instanzen die is_a Beziehung zur Basisklasse gelten, eine wichtige Bedeutung für die Anwendung der Polymorphie in statisch getypten Sprachen zu. Zusammen mit der Möglichkeit der Redefinition von Methoden in Unterklassen ist es damit möglich, daß die gleiche Objektvariable, der Objekte aus verschiedenen Typen zugeordnet werden, auf gleiche Nachrichten mit verschiedenen Methoden reagieren kann. Eine "gleiche Nachricht" schließt dabei gleiche Parameter ein.

Überall dort , wo man nicht sicher sein kann, daß immer nur Objekte einer bestimmten Klasse manipuliert werden, kann auf Polymorphie nicht verzichtet werden, wenn man nicht bei der Erweiterung um neue Klassen alten Code nachträglich ändern will oder kann, um z.B. die Typisierung von Identifikatoren zu ändern. Das häufig auftretende Container-Problem (z.B. bei heterogenen Listen, Mengen oder Arrays von Objekten), in dem Objekte beliebiger Unterklassen einer gemeinsamen Basisklasse nacheinander auf die gleiche Nachricht verschieden reagieren, kann so in dieser Form gelöst werden, wie Abb. 3.2.3-a visualisiert: die polymorphen `Kfz`-Elemente eines Container-Objekts nehmen `LKWs`, `PKWs` und `Krads` auf. Diese verlieren aber nicht ihre alten Typeigenschaften. Sie können zwar nur als `Kfz`-Elemente angesprochen werden und nur Nachrichten an `Kfz`-Objekte verstehen, reagieren aber ihrem alten Typ entsprechend. Bsp. 3.2.3-1 skizziert dieses Phänomen in Pseudocode. Sollen z.B. spezielle `PKW`-Dienste genutzt werden, muß das Element aber in seiner alten Typzugehörigkeit angesprochen werden (*Downcasting* [2]), deren Wiederherstellung in der Verantwortung des Programmierers liegt.

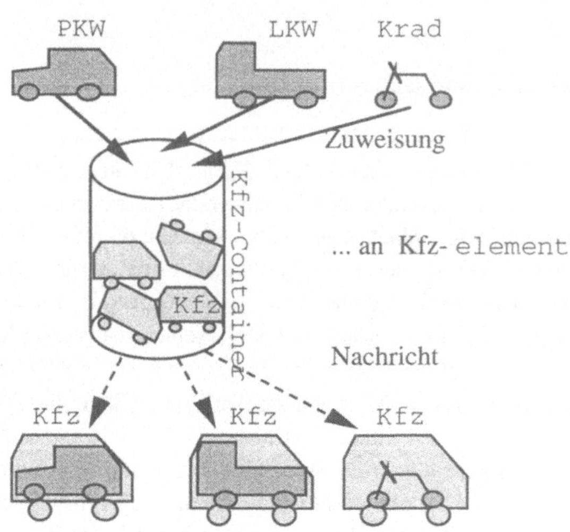

Abb. 3.2.3-a: Ein heterogenes Container-Objekt mit `Kfz`-Elementen.

Beispiel 3.2.3-1: *Realisierung heterogener Objekt-Container*

```
Sei s Set_of Kfz; Containerobjekt sowie  l1,l2  LKW; p PKW;
füge l1,l2,p in s ein;
Sei elt polymorphe Variable der Klasse Kfz;
```

`foreach elt in s do {`
 	
 `elt->warten(); }`
	weise nacheinander alle Elemente aus `s` der variablen `elt` zu und versende an sie die Nachricht `warten()`: *Effekt* des dynamischen Bindens: wenn `elt` ein `l1` oder `l2` als Wert aufnimmt, wird `LKW-warten()` ausgeführt, sonst `PKW-warten()`.

	spätere Erweiterung:

`Klasse Krad abgeleitet aus Kfz`
 `...`
 `füge Krad-Objekt k in s ein;`
	gleicher Effekt bei Ausführung obigen Codes. Keine Änderung !

Das Überladen von Methoden oder der Verzicht auf polymorphe Variablen kann aber auch Sinn machen. Dies ist z.B. der Fall, wenn klar ist, daß Objektvariablen auch in späteren Erweiterungen nie polymorph verwendet werden sollen (z.B. bei *homogenen* Containerobjekten). Im folgenden Beispiel 3.2.3-1 werden alle Elemente als `Kfz` interpretiert und behandeln die Nachricht `markeAngeben()` entsprechend ihrer Definition in Kfz stets gleich. Das ist dann sinnvoll, wenn diese Methode sicher nie in Unterklassen redefiniert wird und immer gleich ausgeführt werden soll. Aber nicht alle objektorientierten Sprachen lassen eine Unterscheidung zwischen polymorphen und nichtpolymorphen Variablen zu.

Beispiel 3.2.3-1: *Realisierung homogener Objekt-Container*

```
Sei s Set_of Kfz ein homogenes Containerobjekt
sowie l LKW, k Kfz;
füge l,k in s ein;
Sei elt nicht-polymorphe Variable der Klasse Kfz;

foreach elt in s do  {

  elt->markeAngeben(); }
```

in der Zuweisung der Elemente aus `s` an `elt` werden nur die `Kfz`-Strukturen übernommen und darauf sind dann auch nur `Kfz`-Methoden ausgeführbar.

Effekt : sowohl `k` als auch `l` führen `Kfz-markeAngeben()` aus. Die Klasse von `elt` bestimmt hier die auszuführende Methode !

☞ ☞ ☞ C++

C13 Redefinition von Methoden und dynamisches Binden

Polymorphe Objektvariablen können nur Zeigervariablen (*Objektreferenzen*) sein, die nicht an den für ein Objekt reservierten Speicherbereich gebunden sind. Die Speicherzuteilung für den Wert muß im Programm explizit durch den Aufruf der Systemfunktion `new()` vorgesehen werden und geschieht dynamisch erst während der Laufzeit[3]. Dagegen wird einer automatischen Objektvariablen stets ein fester Speicher zugeteilt, dessen Größe vom Typ der Variablen abhängt (siehe Kapitel 2.2). Die Instanz `obj2` der Klasse `K2` kann einer automatischen Objektvariable `obj1` der Klasse `K1` zwar zugewiesen werden, wenn die Klasse `K2` Unterklasse der Klasse `K1` ist und `obj2` is_a `K1` gilt. Die Typinformationen (genauer: die zusätzlichen Attribute) von `obj2` gehen dabei aber verloren. In C13-2 wird dazu ein Beispiel gegeben.

In Unterklassen redefinierbare Methoden müssen in einer Basisklasse bereits als `virtual` markiert werden. Wird eine nicht-virtuelle Methode definiert, gilt dies als Überladen, wobei der implizite "erste Argumenttyp", also gerade die Klasse des benachrichtigten Objektes, verändert wird: er wird durch die Unterklasse ersetzt.

Schreibweise C13-1 `virtual`-*Markierung von redefinierbaren Methoden*

```
class KlassenName {
   ...;
   virtual Typ methodName(ArgTypen);

};
```

Methode ist in Unterklassen redefinierbar und wird erst dynamisch an Nachrichten polymorpher Variablen gebunden.

Beispiel C13-2 *Zuweisung an polymorphe und nicht-polymorphe Variablen und Redefinition von Methoden (Fortsetzung von Bsp. C12-1)*

```
// Kfz.h:
class Kfz {
  ...
public:
  virtual void warten();
```

z.B. tanken etc.; Methode ist redefinierbar.

```
};
// LKW.h:
class LKW : public Kfz {
  ...
  int ladefläche;
public:
  void warten();
```

`Kfz::warten()` wird redefiniert.

```
};
// LKW.cc:
void LKW::warten() {
  ...
}
```

Redefinition von `Kfz::warten()`
z.B. `ladefläche` leeren etc.

```
// Anwendung:
Kfz  k;
```

`k` automatische und damit nicht-polymorphe Objektvariable.

```
Kfz  kp*;
```

`kp` benutzerkontrollierte und damit polymorphe Variable.

```
LKW  l;
LKW* lp = new LKW();
```

Zuweisung des Wertes mit Speicher.

```
kp = lp;
```

`kp` identifiziert nun ein `LKW`-Objekt.

```
kp->warten();
```

`LKW::warten()` wird ausgeführt,
<u>aber</u>: falls `Kfz::warten()` nicht `virtual` deklariert, dann wird `Kfz::warten()` ausgeführt, obwohl `kp` polymorph ist.

```
k = l;
```

spezielle `LKW`-Attribute gehen bei der Zuweisung an nicht-polymorphes `k` verloren.

```
k.warten();
```

immer `Kfz::warten()` Aufruf,
kein spätes Binden, da der Typ des Wertes von `k` statisch festgelegt ist. `ladefläche` von `LKW` in `k` nicht mehr vorhanden, daher würde `LKW::warten()` zu Fehlern führen.

Die `virtual`-Markierung von überschreibbaren Methoden ist sicherlich eine strittige Besonderheit der Sprache C++. Der wesentliche Vorteil dieser Vereinbarung liegt in der Möglichkeit, effizienten Code zu generieren. Der Compiler legt nur bei Methodenaufrufen einer virtuellen Methode Code zur Ermittlung des aktuellen Objekt-Typs an, d.h. Code für dynamisches Binden. Der gravierende Nachteil ist aber, daß in der Basisklasse schon über die Zulässigkeit von zukünftigen Re-Implementierungen entschieden wird, was im Widerspruch zum Paradigma der beliebigen "Erweiterbarkeit von Software ohne Änderung im alten Code" steht. Eine späteres Hinzufügen von `virtual` Deklarationen in Basisklassen könnte dann durchaus notwendig werden. Hier sollten deshalb geringe Effizienzvorteile vor dem großen Nachteil der Einschränkung der Erweiterbarkeit zurückstehen und *immer* `virtual`-Markierungen verwendet werden (dies gilt allerdings nicht für die Konstruktoren einer Klasse) !

Bei der Benutzung der Basisklassenmethode in ihrer Redefinition sollte ferner darauf geachtet werden, daß die Basisklassenmethode durch den Klassenselektor eindeutig identifiziert wird.

Ansonsten wird entsprechend des Gültigkeitsbereiches des Methodenidentifikators die Unterklassenmethode rekursiv aufgerufen! Diesen Sachverhalt macht Beispiel C13-3 klar.

Beispiel C13-3 *Redefinition unter Verwendung der Basisklassenmethode*

```
// LKW.cc
void LKW::warten() {
  this->Kfz::warten();      ohne 'Kfz::'-Selektor würde
                            LKW::warten() benutzt, was eine
                            unendliche Rekursion ergibt.
  weitere Arbeiten ...      z.B. ladefläche säubern etc.
}
```

Die Spezialisierung von Attribut- als auch Argument-Typen ist in C++ nicht möglich. Im ersten Fall wird ein neues Attribut mit gleichem Identifikator konstruiert (das ererbte Attribut muß dann mit dem Basisklassenselektor unterschieden werden). Im anderen Fall wird die ererbte Methode durch die neue Methode mit neuem Argumenttyp überladen (siehe 2.4). Die Auswahl der Methode auf eine Nachricht wird durch die Typinformationen der aktuellen Parameter getroffen.

Statt der Spezialisierung von Argumenttypen in Methoden können *alternative Schnittstellen* in abgeleiteten Klassen definiert werden: Die Methoden der Basisklasse werden überladen durch Methoden mit anderen Argumenttypen (die Überprüfung auf Untertypbeziehung zu den Argumenttypen in der Basisklasse wird eben nicht überwacht und deshalb wird auch keine Spezialisierung festgestellt). Dieses tatsächlich *erweiterte* Protokoll simuliert dann die Spezialisierung von Argumenttypen. In C24-1 wird eine Anwendung dieser Möglichkeit zur Simulation von Generizität gezeigt. Beispiel C13-4 nimmt diesen Ausschnitt hier vorweg.

Beispiel C13-4 *alternative Schnittstelle als Simulation der Attributspezialisierung*

```
class StringListe : private Liste {   Klasse Liste wie in C11-3.
  ...
public:
  addFirst (String*);                 neue Methode, die nur String-Parameter
                                      annimmt. Keine Redefinition von
                                      addFirst(Objekt*) durch Spezialisierung
                                      des Argumenttypen.
                                      addFirst(Objekt*) wird nicht ins
                                      Protokoll übernommen (private-Ableitung!)
                                      und kann nicht verwendet werden. Damit ist
                                      sichergestellt, daß nur String-Werte eingefügt
                                      werden.
  ...;
};
```

3.3 Zugriffsrechte und Sichtbarkeit

Mit der Beschreibung des Verhaltens von Objekten in Klassendefinitionen und mit der Möglichkeit des Ableitens von Klassen ist der Rahmen für eine umfassende Diskussion der Mechanismen zur Definition von Zugriffsrechten und Sichtbarkeiten in objektorientierten Programmen gegeben. Diese Mechanismen unterstützen die Kapselung und Beschreibung von Schnittstellen (Objektverhalten). Die Definition von Zugriffsrechten und Sichtbarkeiten ist ein wichtiger Designschritt und hat großen Einfluß auf die Stärke der Abhängigkeit zwischen Klassen ("Coupling") und damit - bei arbeitsteiliger Entwicklung - auf das Projekt-Management. In der Diskussion des objektorientierten Designs in Kapitel 5 werden Gütekriterien für das Design vorgestellt, die nachhaltig von der Wahl dieser Entscheidungen abhängen.

Prinzipiell sollten Zugriffsrechte und Sichtbarkeiten so restriktiv wie möglich ausgelegt werden, um die Klassenschnittstelle klein (und übersichtlich) zu halten, starke Abhängigkeiten von Klassen zu vermeiden und Programmierfehler zu entdecken. In den vorangegangenen Kapiteln wurden bereits einige Mechanismen erwähnt, die hier in einer kompletten Übersicht wieder auftauchen. Alle diese Mechanismen finden sich auch in der Sprache C++ wieder, die in diesem Punkt sehr fortgeschritten ist.

Wir wollen sie grob in zwei Kategorien unterteilen: Mechanismen, die sich auf die Sichtbarkeit von Klassendefinitionen beziehen und bei der Ableitung von Klassen angewandt werden und Schutzmechanismen für Objekte bei zustandsabfragendem oder änderndem Zugriff.

3.3.1 Sichtbarkeit zwischen Klassen

Die meisten Sprachen begnügen sich mit der kompletten Übernahme des Protokolls der Basisklasse in die Unterklasse. Der andere Fall, daß das ererbte Protokoll (und damit das Objektverhalten) nicht übernommen werden soll - in dem Fall der bloßen Wiederverwendung der Klassendefinition und Implementierung ohne is_a Beziehung (siehe 3.1.1) - wird kaum unterstützt. In der objektorientierten Sprache EIFFEL können hier selektiv ererbte Methoden ins Protokoll übernommen oder daraus entfernt werden. In C++ erhält man den Effekt durch die Markierung der Klassenableitung als `private`. Sprachen, in denen solche Mechanismen nicht angeboten werden, weisen daher stets eine deckungsgleiche Unterklassen- und Untertyp-Hierarchie auf.

3.3.2 Sichtbarkeit auf Objekte

Bereits in Kapitel 2.1 wurde ausgeführt, daß Objekte ein von außen beobachtbares Verhalten haben, das in den Klassenbeschreibungen definiert wird. Neben diesen "öffentlichen" Merkmalen kann es natürlich auch Merkmale geben, die gekapselt und nur durch das Objekt selbst manipulierbar sind. Typischerweise sind dies gerade die Zustandsvariablen (d.h. die Struktur der Attribute) des Objekts sowie einige "interne" Methoden zur Selbstmanipulation. Diese durch das Programmiersystem (Übersetzer bzw. Laufzeitsystem) überwachten Sichtbarkeitsmechanismen auf der Objektebene bieten fast alle objektorientierten Sprachen an. OBJECT PASCAL kennt diese Mechanismen allerdings nicht, in SMALLTALK und CLOS können nur Methoden sichtbar sein, in EIFFEL und OBJECTIVE-C sehen nur Unterklassen alle Attribute, in Anwendungen sind sie nicht sichtbar.

Ein großes Problem ist in vielen Sprachen der Zwang, den Konstruktionsmechanismus (d.h. die Wertstruktur und Attribute) in der Klassendefinition aufzuführen. Mit dieser internen Kenntnis ist es dann dem geübten Programmierer möglich, "trickreich" am Protokoll vorbei zu programmieren und auf geschütze Attributwerte zuzugreifen. Dabei müssen sie nicht explizit im Programm angesprochen werden, wenn Adressarithmetik angewandt wird, die insbesondere objektorientierte Erweiterungen prozeduraler Sprachen meistens aufweisen. Die Nachteile dieser Durchbrechung der Kapselung liegen auf der Hand.

Um den einzig nachvollziehbaren Grund für diesen Frevel - Steigerung der Effizient durch Vermeidung von Nachrichtenbearbeitung und Methodenaufrufen - zu entkräften, können "legale" sprachliche Mittel angeboten werden, die es ermöglichen, selektiv die Kapselung in bestimmten Anwendungen zu durchbrechen (was auch die letztgenannten Sprachen tun). Denkbar (und durch die Mechanismen von C++ auch abgedeckt) sind hier zwei Situationen, für die bei der Verwendung passender Beschreibungsmechanismen der bei Änderungen betroffene Teil an dem Gesamtprogramm scharf eingegrenzt werden kann: Merkmale werden nur für Unterklassen sichtbar und können nur in der Implementierung ihrer Methoden manipuliert werden. Änderungen dieser Merkmalsdefinitionen haben dann nur Konsequenzen auf die Unterklassen und nicht auf die gesamte Software. Der andere Fall ist die Freigabe der Sicht für explizit vermerkte Software-Teile (z.B. Funktionen oder andere Klassen). Nur dort kann durch die Einsparung von Methodenaufrufen Effizienz bei der Manipulation von Objekten der betroffenen Klasse gewonnen werden - und nur dort muß im Falle einer Merkmalsänderung alter Code verändert werden.

3.3.3 Nur-lesender Objektzugriff

Ein anderer Aspekt des Zugriffsschutzes kommt aus der Unterscheidung der Sichtbarkeit in lesenden und modifizierenden Zugriff bestimmter Zustandsinformationen von Objekten: z.B. kann es sinnvoll sein, die Fahrgestellnummer (an deren Konstruktion durch einen `int`-Wert kaum etwas geändert werden dürfte) direkt über das Attribut allgemein einsehbar zu machen, die Modifizierung nach der Erzeugung des Autos aber zu verbieten. Oder aber eine versehentlich programmierte Änderung durch eine zustandsverändernde Methode soll für bestimmte Attribute ausgeschlossen werden. Eine entsprechende Markierung als "unveränderbares" Attribut ist hier zu verwenden. Wird durch das Attribut ein Subobjekt identifiziert, kann hier weiter unterschieden werden, ob der Verbleib des Subobjektes selbst (d.h. seine Identität) im Objekt konstant ist, wobei sich dessen Zustand durchaus ändern kann oder ob der Zustand des Subobjektes konstant ist, es aber gegen ein anderes konstantes Subobjekt ausgetauscht werden kann.

Die Tabelle in Abb. 3.3-a stellt noch einmal die drei Dimensionen der Schutzmechanismen und die besprochenen Ausprägungen dar.

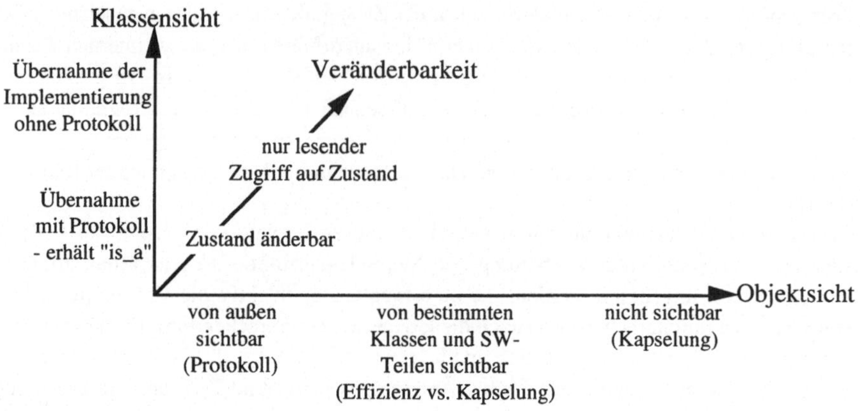

Abb. 3.3-a: Sichtbarkeitsmechanismen in objektorientierter Software

☞ ☞ ☞ C++

C14 Mechanismen zur Definition von Sichtbarkeit

In C++ werden Mechanismen für alle in 3.3 vorgestellten Möglichkeiten der Kapselungsmaßnahmen bereitgestellt. Im folgenden werden alle, auch die schon anfangs kennengelernten Mechanismen in der entsprechenden Reihenfolge vorgestellt. Die Klasse behält die Kontrolle über die Zugriffsrechte auf Merkmale ihrer Instanzen. Von "außen" (auch in Unterklassen) können keine weiteren Zugriffsrechte oder erweiterten Sichtbarkeiten eingebracht werden.

C15 Art der Ableitung

Neben der Möglichkeit der Übernahme lediglich der Implementierung (durch `private`-Ableitung, siehe dazu 3.2.1) und der vollständigen Übernahme auch des Protokolls (durch `public`-Ableitung, siehe dazu 3.2.2,3) kennt C++ noch die Möglichkeit, die Klassendefinition nur der Unterklasse sichtbar zu machen, um spätere Erweiterungen auf Grundlage der Basisklasse effizient implementieren zu können (`protected`-Ableitung). Prinzipiell gilt: der Modus der Ableitung bestimmt die größtmögliche Sichtbarkeit der Merkmale der Basisklasse.

Schreibweise C15-1 *Ableitungsmodus*

```
class KlassenName : deriveMode  BasisKlasse {...};
deriveMode  ∈ {private, protected[4], public}
```

Das folgende Beispiel zeigt die Auswirkungen der verschiedenen Ableitungsmodi in tabellarischer Übersicht anhand der möglichen Verwendungen. Die Kommentare geben die Verwendung der Attribute in den Methodenrümpfen an, die dann nicht mehr im Beispiel aufgeführt werden.

Beispiel C15-2 *Ableitungsmodi*

```
class X {
private:
  int k;
public:
  int i;
};
class Y : dMode X {          dMode =private protected public
  int f(); /* return i */             ok      ok        ok
  int g(); /* return k */             Fehler  Fehler    Fehler
};
class Z : public Y {
  int h(); /* return i */             Fehler  ok        ok
};
// Anwendung:
Y y; y.i = 5;                         Fehler  Fehler    ok
```

C16 Objektkapselung

Die Festschreibung des Objektschutzes wird in der Klassendefinition vorgenommen. Die drei Schlüsselworte (`private`,`protected`,`public`) treten hier in verwandter Funktion auf.

Schreibweise C16-1 *Sichtbarkeit von Merkmalen*

```
class KlassenName ...{
  accessMode:                     kann beliebig wiederholt werden.
  ...};

accessMode ∈ {private, protected, public}
```

Mit `public` werden die von außen sichtbaren und manipulierbaren Merkmale der Objekte dieser Klasse markiert (das Protokoll der Klasse). Das Schlüsselwort `protected` erlaubt nur die Verwendung von Merkmalen in der Definition von (auch indirekten) Unterklassen (die `protected` oder `public` abgeleitet wurden). Damit können diese Merkmale in Unterklassen effizient genutzt werden, ohne sie im Protokoll allgemein sichtbar zu machen. Die mit `private` markierten Merkmale (der Standard) sind nur in der Klassendefinition selbst verwendbar. Bsp. C16-2 zeigt hier tabellarisch die Auswirkungen der Modi in verschiedenen Verwendungen (wieder in Kommentaren angegeben).

Beispiel C16-2 *Sichtbarkeit von Merkmalen*

```
class X {                      
aMode:                         aMode =private  protected  public
  int i;
  f(); /* i++ */                  ok           ok         ok
};
class Y : public X {
  g(); /* return i */             Fehler       ok         ok
};
// Anwendung:
X x;  x.i = 5;                    Fehler       Fehler     ok
```

Flexibler als die `protected`-Markierung einzelner Merkmale ist die Deklaration von Anwendern (globale Funktionen oder Methoden anderer Klassen) als `friend`. Durch die Deklaration von `friend`-Funktionen oder -Klassen (hier genauer: die Menge ihrer Methoden) kann Funktionen, die nicht zu einer Klasse gehören, Zugriff auf die privaten Merkmale dieser Klasse gegeben werden. Damit kann in einer Klassendefinition nicht nur ein "passiver" Sichtbarkeitsmechanismus (wie oben) vereinbart, sondern explizite Software-Teile angegeben werden, denen uneingeschränkte Sichtbarkeit auf alle Klassenmerkmale ermöglicht wird. `friend`-Deklarationen sind nicht vererbbar.

Eine vorteilhafte Anwendung von `friend`-Deklarationen findet sich z.B. in folgenden Situationen:

- Effiziente Implementierung von Funktionen, die Zugriff auf private Attribute verschiedener benutzerdefinierter Typen benötigen. Z.B. benötigt die Multiplikation von Objekten der Klasse Matrix effizienten Zugriff auf die Komponenten der Subobjekte der Klasse Vektor (siehe Bsp. C16-4).

- Definition von Operatoren außerhalb einer Klasse, die Typkonversionen insbesondere auch auf das Empfänger-Objekt zulassen[5]. Damit sind Konversionen auch auf Konstanten, die eine "Nachricht" erhalten anwendbar, z.B. bei der Konkatenation von konstanten String-Objekten (siehe dazu Bsp. C16-5).

Da diese Sichtbarkeiten innerhalb der Klassendefinition gewährt werden, ist der `friend`-Mechanismus konform mit dem Prinzip der Datenkapselung, da auch hier keine nachträglichen Zugriffsrechte (ohne Änderung der Klassendefinition) erlangt werden können. Durch die `friend`-Markierung werden genau die Funktionen (bzw. Klassen-Methoden) bestimmt, die bei der Änderung der Definition von `private`-Merkmalen betroffen sein können und ggf. angepaßt werden müssen. Aus diesem Grunde sollte auch die `friend`-Markierung äußerst sparsam angewendet werden ! Ein weiteres Problem ist, daß der `friend`-Mechanismus die Erweiterbarkeit um neue Klassen beeinträchtigt. Da `friend` nicht erblich ist, müssen in der Klassendefinition bereits alle möglichen `friend`-Klassen angegeben werden.

Schreibweise C16-3 `friend`*-Deklaration innerhalb der Klassendefinition*

```
friend Typname FktName (ArgListe);
                                             FktName hat Zugriff.
friend Typname KlassenName::MethodName(ArgListe);
                                             MethodName hat Zugriff. Die Klassen-
                                             definition muß hier bekannt sein.
friend class KlassenName;
                                             Alle Methoden von KlassenName
                                             haben Zugriff.
```

Beispiel C16-4 *Effiziente Implementierung von Methoden durch* `friend`*-Markierung*

```
const n = 10;
class Vektor {
  int v[n];
friend class Matrix;                         friend-Klasse (mit allen Methoden)
};
class Matrix {
  Vektor m[n];                               Vektor-Objekte sind Komponenten.
public:
  Vektor MatVekMul(Vektor& v);               kennt Realisierung von Vektor v.
};
Vektor
Matrix::MatVekMul(Vektor& v){                v Objekt ist Argument.
  Vektor r;                                  r ist lokales Objekt.
  for (int i = 0; i<n; i++) {
    r.v[i] = 0;
    for (int j=0;j<n;j++) r.v[i]+= m.v[i][j]*v.v[j];
                          ^^^      ^^^       ^^^
                                   kennt Struktur von:
                       lokalem-    Sub-      Argument-Objekt
  }
  return r;
}
```

Beispiel C16-5 *Typkonvertierung für erstes Operatorargument durch* `friend` (`class String` *wie in C5-3*)

```
class String {
private:
   ...
   String conc(String);                 hängt Argument-String an.
public:
   String();
   String(char*);                       auch Konvertierung char->String.
   String operator- (String&);          Methode eliminiert Teilstring.
   friend String operator+ (String&,String&);
                                        globale Operator-Funktion kennt
                                        auch alle private Merkmale.
};
// globale Funktion:
String operator+ (String& s1, String& s2) {
      return s1.conc(s2);               kennt private Methode conc().
}

// Anwendung:
String s("abc");                        nutzt Konstruktor String(char*).
String y;
char*  x="ab";
y = x + s;                              Aufruf der Op.-Funktion "+". Der formale Para-
                                        meter s1 wird mit x durch String(char*)
                                        konstruiert. (y.s=="abcab")... ist wahr.
y = x - s;                              Fehler ! "-"-Nachricht an x und x ist nicht
                                        aus String.
```

C17 Konstante Attribute

Mit dem Schlüsselwort `const` können Objekte als unveränderbar markiert werden. Insbesondere für objektwertige Attribute (im folgenden stets: `Typ attr;`) sind vier Fälle zu unterscheiden:

(a) `const Typ  attr;` und `Typ` ist *kein* Zeiger- oder Referenztyp. In diesem Fall ist der Wert des Attributes unveränderbar und kann nur bei der Objekterzeugung vor dem Konstruktorrumpf initialisiert werden (siehe C4).

(b) `const Typ  attr;` und `Typ` ist ein Zeiger- oder Referenztyp (z.B. `Person*` oder `String&`). Dann hat das Attribut als Wert stets eine Konstante (oder konstantes Objekt mit unveränderbarem Zustand). Der Wert (bzw. das Objekt) kann aber ausgetauscht werden, d.h. der Zeiger bzw. die Referenz ändert sich.

(c) `Typ  const attr;` und `Typ` ist ein Zeiger- oder Referenztyp. Dann muß das Attribut immer das gleiche Subobjekt identifizieren (die Identität wird beibehalten, der Zeiger ändert sich nie) - das dabei aber durchaus den Zustand ändern kann.

(d) `const Typ  const attr;` Der Wert ist konstant und nicht austauschbar ((b) und (c)).

Um Programmierfehler aufdecken zu können und die Überprüfung der Bedingung nicht erst zur Laufzeit durchführen zu müssen, wird statisch durch den Compiler überprüft, ob solche Zugriffseigenschaften überhaupt verletzt werden können. Dabei genügt nicht, lediglich das Auftreten der markierten Attribute auf einer linken Seite einer Zuweisung zu verbieten (Fall a,c). Es muß auch für konstante Subobjekte sichergestellt werden, daß die durch sie ausgeführten Methoden nie ihren Zustand ändern. Um dieses nichtentscheidbare Problem vom Übersetzer überprüfen zu lassen, dürfen auf solchen Subobjekten nur Methoden (mit Rückgabewerten aus der Klasse `K1`) mit lesendem Zugriff durchgeführt werden. Solche Methdoden müssen in der Klassendefinition von `K1` als `const` markiert werden.

Schreibweise C17-1 *Nur-lesende Methode auf Objekten*

```
Typ methodName(..) const;
```

das Empfängerobjekt (`this`) tritt im Methodenrumpf nie auf der linken Seite einer Zuweisung auf.

C18 Sicherheitslücken in C++

Trotz der vielfältigen vom Compiler überwachten Schutz- und Sicherungsmechanismen in C++ gibt es Lücken, auf die hier der Vollständigkeit halber hingewiesen werden soll. Zum einen besteht in C++ nach wie vor die Möglichkeit der radikalen Typ-(bzw. Klassen-) Konvertierung von Werten (und Objekten) durch "Casting": in dem Ausdruck `(Typ2) varVomTyp1` wird die Variable unter dem Typ `Typ2` interpretiert. Falls die Struktur von `Typ1`-Werten bekannt ist, können die Komponenten durch Zeigerarithmetik manipuliert werden ("am Protokoll vorbeiprogrammieren").

Eine weitere wichtige Beobachtung in C++ ist: Die Zugriffsschutz-Mechanismen schützen die Objekte einer Klasse K vor dem Zugriff auf (private) Merkmale durch *klassenfremde* Methoden und Funktionen. Sie werden jedoch *nicht* vor dem Zugriff durch Methoden *anderer* Objekte aus K selbst geschützt. Die Intuition, daß das "Nachricht-Empfänger" Objekt geschützt wird, ist falsch.

Beispiel C18-1 *Zugriff auf ein klassengleiches Objekt (über Parameter)*

```
class X {
  int geheim;
public:
  f(X  pObj);
};

X::f(X  pObj){
  this->geheim = pObj.geheim;

}

// Anwendung:
X  a,b;
a.f(b);
```

Attribut `pObj.geheim` ist sichtbar im Rumpf von `f`.

Methode wird auf `a` angewandt, aber in `f` ist auch interne Struktur von `b` lesbar.

3.4 Abstrakte Klassen

Abstrakte Klassen sind Klassen, die nicht instanziierbar sind! Diese zunächst ungewöhnlich klingende Definition ist ein wichtiges Konzept im objektorientierten Design. In den drei folgenden Abschnitten werden Anwendungsszenarien vorgestellt, in denen der Einsatz abstrakter Klassen sinnvoll ist. Wenn nicht anders genannt, gilt hier für eine abstrakte Klasse K stets, daß die Objekte, für die die Relation "is_a K" besteht, Instanzen einer Unterklasse von K sind. Abb. 3.4-a verdeutlicht die Mengenbeziehung der Instanzmengen. Die Instanzmenge der Unterklassen ist immer eine vollständige Überdeckung der Objektmenge, die das Verhalten der abstrakten Klasse aufweisen.

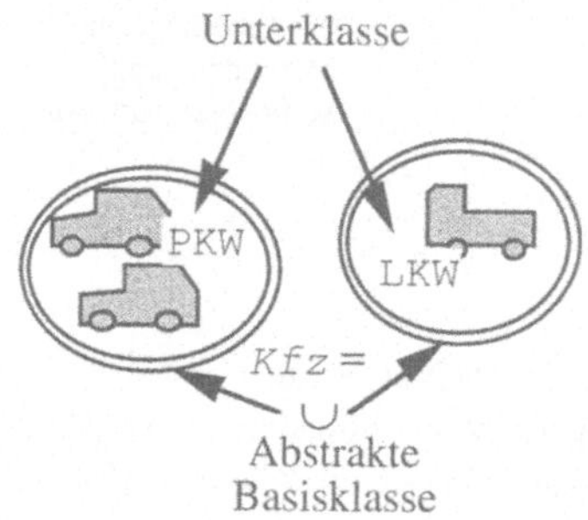

Abb. 3.4-a: Mengenzugehörigkeit der Instanzen bei abstrakter Basisklasse (Instanzmenge = Vereinigung der Instanzmengen der Unterklassen)

3.4.1 Erweiterte Nutzung der Polymorphie in getypten Sprachen

Polymorphie in statisch getypten Programmiersprachen setzt das Vorhandensein einer Typhierarchie voraus, denn hier gilt Polymorphie nur entlang der Ableitungshierarchie (siehe auch 3.2.3). Wenn zwei Klassen A und B das gleiche Protokoll haben (ihre Instanzen sich also substituieren könnten), aber über keine gemeinsame Basisklasse verfügen, kann mit der Einrichtung einer "künstlichen Hierarchie" durch Einführung einer abstrakten Klasse als gemeinsame Basisklasse Polymorphie genutzt werden, d.h die Substituierbarkeit der Instanzen "in beiden Richtungen". Die Erzeugung neuer Klassen geht damit in diesen Situationen "von unten nach oben". Das Beispiel in 3.4.1-1 stellt die verschiedenen Problemfälle dar.

Es kann dabei natürlich der Fall auftreten, daß gleiche Methoden des Protokolls in A und B verschieden implementiert wurden. Hierbei macht es dann keinen Sinn, diese Methoden in der abstrakten Klasse ebenfalls zu implementieren - diese Implementierung würde ja in diesem Szenario nicht genutzt. Verwendet würden lediglich ihre Redefinitionen in A und B. In einigen objektorientierten Sprachen können solche Methoden, deren Implemetierung nicht benötigt wird, explizit mit einem undefinierten Rumpf ausgestattet werden. Solche Methoden, die deshalb überschrieben werden *müssen*, werden "rein virtuell" genannt (*pure virtual method*). Und da in solchen Fällen Nachrichten an Objekte der Unterklasse, die durch (Variablen-) Identifikatoren der abstrakten Basisklasse identifiziert werden, immer den Aufruf einer Methode der Unterklasse hervorrufen, heißt diese Art der Polymorphie "verschoben" ("deferred").

Es ist nun klar, daß abstrakte Klassen, die diesen Mechanismus anwenden können, keine Instanzen haben dürfen - um den eventuell auftretenden Aufruf einer rein virtuellen Methode zu verhindern.

Beispiel 3.4.1-1: *Polymorphie auf zwei "ähnlichen" Klassen in statisch getypten Sprachen*

```
Klasse A {..};                                   Protokoll von A und B gleich,
Klasse B {..};                                   Klassen A und B "nebeneinander".
a polymorphe Variable der Klasse A,Wert ist Instanz von A;
b polymorphe Variable der Klasse B,Wert ist Instanz von B;
b = a;                                           Fehler: es ist nicht "a is_a B"
a = b;                                           Fehler: es ist nicht "b is_a A",
                                                 und damit keine Substituierbarkeit !

Klasse B {..};
Klasse A abgeleitet aus B {..};
a polymorphe Variable der Klasse A,Wert ist Instanz von A;
b polymorphe Variable der Klasse B,Wert ist Instanz von B;
b = a;                                           ok: es ist "a is_a B"
a = b;                                           Fehler: es ist nicht "b is_a A" , und
                                                 damit nur einseitig substituierbar !
Klasse X{..};                                    abstrakte Klasse, Protokoll wie A,B.
Klasse A abgeleitet aus X {..};
Klasse B abgeleitet aus X {..};
xa polymorphe Variable der Klasse X,Wert ist Instanz von A;
xb polymorphe Variable der Klasse X,Wert ist Instanz von B;
xb = xa;                                         ok, substituierbar und "xa is_a X".
xa = xb;                                         ok, substituierbar und "xb is_a X".
```

3.4.2 Schnittstellenvereinbarung im Projektmanagement

Bei der arbeitsteiligen Entwicklung von Klassen (-Hierarchien) dient die abstrakte Klasse dazu, gleiche (Mindest-)Protokolle der abgeleiteten Klassen sicherzustellen, bevor implementiert wird. Die vom Protokoll betroffenen Methoden werden dann in den Unterklassen definiert. Damit kann gleiches Verhalten von Objektmengen einer ganzen Teilhierarchie des Klassenverbandes sichergestellt werden.

Bei dieser Art der Nutzung abstrakter Klassen kommen wieder rein virtuelle Methoden zum Einsatz.

Beispiel 3.4.2-1: *für abstrakte Klassen im Projektmanagement*

Die Klasse `Kfz` legt das Mindest-Protokoll aller Fahrzeugarten (`LKW`, `PKW` etc.) fest.

Abstrakte Basisklasse `Kfz`

hat *Räder* und ein *Kennzeichen*; kann *fahren* und muß *gewartet* werden.

3.4.3 Wiederverwendung von objektorientierter Software

Häufig verlangt die objektorientierte Modellierung die identische Definition von bestimmten Merkmalen. Um die mehrfache Definition insbesondere von Methoden (und damit die üblichen Probleme bei Änderungen der Definition) zu vermeiden, werden diese Merkmale *nur einmal* einheitlich in einer abstrakten Klasse definiert und dann vererbt. Im Gegensatz zu 3.4.1,2 geht es hier tatsächlich darum, Methoden*implementierungen* zu vererben und nicht das Klassenprotokoll.

Im extremen Fall führt dies zu einer umfangreichen Hierarchie von abstrakten Klassen (die bei dieser Verwendungsart nicht identisch mit der Untertyp-Hierarchie sein muß), wobei die einzelnen Klassendefinitionen nur geringe Erweiterungen zur Basisklasse aufweisen. Die "normalen" Klassen (mit Instanzen) werden dann an der passenden Stelle der Hierarchie abgeleitet. Im nächsten Abschnitt wird ein weiterer Mechanismus eingeführt, der diese Form des Zusammenbauens neuer Klassen mit minimalem Implementierungsaufwand unterstützt - das Ableiten aus mehreren Basisklassen ("Mehrfaches Erben").

Beispiel 3.4.3-1: *Abstrakte Klassen zur Vererbung von Implementierungsteilen*

(a) `Container`-Klasse, die ihre Implementierung (z.B. als verkettete Liste) verschiedenen Unterklassen (`Menge`, `Liste` etc.) zur Verfügung stellt. Verwendet werden nur `Menge`- oder `Liste`-Objekte.

(b) `Kfz`-Klasse vererbt grundlegende Funktionalitäten (z.B. Besitzer wechseln, Kennzeichen angeben etc.) an Unterklassen. Es gibt aber immer nur Instanzen, deren Art exakt mit `LKW` oder `PKW` etc. angegeben werden kann. Hier fällt die Verwendung mit der in 3.4.1 beschriebenen zusammen.

☞ ☞ ☞ C++

C19 Definition Abstrakter Klassen

In C++ werden abstrakte Klassen dadurch festgelegt, daß mindestens eine Methode als undefiniert markiert wird. Diese Methode muß natürlich (re-)definierbar sein und wird entsprechend mit `virtual` deklariert. Das System überwacht die Nicht-Erzeugung von Instanzen einer abstrakten Klasse, da ein solches Objekt auf mindestens eine entsprechende Nachricht mit einer Methode mit undefiniertem Rumpf reagieren könnte. Es darf natürlich Objekt-Referenzen einer abstrakten Klasse geben - um Polymorphie zu nutzen (siehe 3.4.1).

Schreibweise C19-1 *Abstrakte Klasse*

```
class KlassenName ... {
  ...
  virtual Typ methodName(ArgListe)=0;
};
```

"=0" markiert undefinierten Block.

Das folgende Beispiel greift die Situation aus 3.4.1 auf.

Beispiel C19-2 *Polymorphie auf zwei "ähnlichen" Klassen*

```
// A und B nebeneinander:
class A {                  // Protokoll von A und B gleich
public:
  f();                     // eine Protokoll-Methode.
  ..};
class B {                  // Protokoll von A und B gleich
public:
  f();                     // eine Protokoll-Methode mit anderer
  ..};                     // Implementierung als in A.

A*  a=new A();             // a erhält A-Instanz.
B*  b;
b = a;                     // Fehler: B nicht Basis von A
a = b;                     // ... und auch nicht umgekehrt.
// A Unterklasse von B:
class B {..};
class A : public B {..};   // in A muß f() redefiniert werden.

A*  a=new A();
B*  b, b1=new B();
b = a;                     // ok, B Basisklasse von A
a = b1;                    // Fehler: nicht "b1 is_a A"
```

`// A und B mit gemeinsamer Abstrakter Oberklasse X:`	
`class X {`	Abstrakte Klasse, die genau das gleiche Protokoll wie `A` und `B` hat und in der alle Methoden, die in `A` und `B` verschieden implementiert sind, undefiniert (*pure virtual*) sind.
`public:`	
`  virtual f()=0;`	eine pure virtuelle Protokoll-Methode.
`  ..};`	
`class A : public X{..};`	in A muß `f()` redefiniert werden.
`class B : public X{..};`	in B muß `f()` redefiniert werden.
`X*  xa=new A();`	
`X*  xb;`	
`X*  xb1=new B();`	
`xb = xa;`	ok, `"xa is_a X"`.
`xa = xb1;`	ok, `"xb1 is_a X"`.

3.5 Mehrfaches Erben

Trotz der Möglichkeit des Vererbens von Klassendefinitionen können bei der objektorientierten Programmierung Situationen eintreten, die die wiederholte Implementierung von gleichen Merkmalen erfordern. Folgendes Szenario veranschaulicht dieses Problem: ein `LKW` hat eine Ladefläche und kann beladen werden; ein `PKW` hat Sitzplätze, die belegt werden können; ein `PickUp` ist sowohl ein `LKW` als auch ein `PKW`. Mit den bisher kennengelernten Mechanismen muß `PickUp` entweder als Unterklasse von `LKW` oder `PKW` implementiert werden - mit der Notwendigkeit, die Erweiterung der nicht ererbten Merkmale aus der anderen Klasse manuell dazu zu programmieren.

Neben der Duplizierung von Merkmalsimplementierungen ist natürlich auch nur eine der beiden gewünschten "is_a" Beziehungen (bzw. Untertypbeziehungen) existent. Damit ist die nur "einseitige" Nutzung der Polymorphie in statisch getypten Sprachen erzwungen: `PickUp` Objekte können nur entweder polymorphen `LKW`- oder `PKW`-Variablen zugewiesen werden.

In objektorientierten Sprachen, die hier keine Hilfen anbieten, sind zwei Lösungsmöglichkeiten denkbar, die in Beispiel 3.5-1 genauer erläutert werden: (a) `LKW - PKW - PickUp` bilden eine Unterklassenhierarchie. Die Methoden von `LKW`, die in `PKW` nicht zutreffen, werden durch entsprechende Ausnahmeanweisungen redefiniert. Natürlich bildet diese Hierarchie nicht die reale Untertyphierarchie ab, vermeidet aber mehrfache Implementierungen. (b) Ein anderer Ausweg ist die Einführung einer abstrakten Klasse `Kfz` und die Verwendung einer flachen Klassenhierarchie.

Beispiel 3.5-1: *Probleme bei mehrfacher is_a Beziehung*

Problem: `PickUp` is_a `LKW` und `PKW`, aber nicht: `LKW` is_a `PKW`, `PKW` is_a `LKW`

Lösungsversuche:

(a) `Klasse PickUp` *abgeleitet aus* `PKW,`
`Klasse PKW` *abgeleitet aus* `LKW`
- Erben der `LKW`-Struktur in `PKW`
- Ausnahmebehandlung für die in `PKW` nicht zutreffenden `LKW`-Methoden

(b) `Klasse PickUp, PKW, LKW` *abgeleitet aus* `Kfz`
- keine gewünschte is_a Beziehung
- nur eingeschränktes Erben von Klassendefinitionen

Die eleganteste Lösung dieses Problems, die in einigen objektorientierten Sprachen realisiert ist, ist die Möglichkeit der Kombination von Unterklassen aus mehreren Basisklassen. Die Klasse `PickUp` erbt gleichzeitig und gleichberechtigt von `LKW` *und* `PKW` (*multiple inheritance*). Die Klassenhierarchie besteht nicht mehr aus einer Menge von Bäumen, sondern aus gerichteten azyklischen Graphen. Die entsprechende mengentheoretische Situation macht Abb. 3.5-a deutlich.

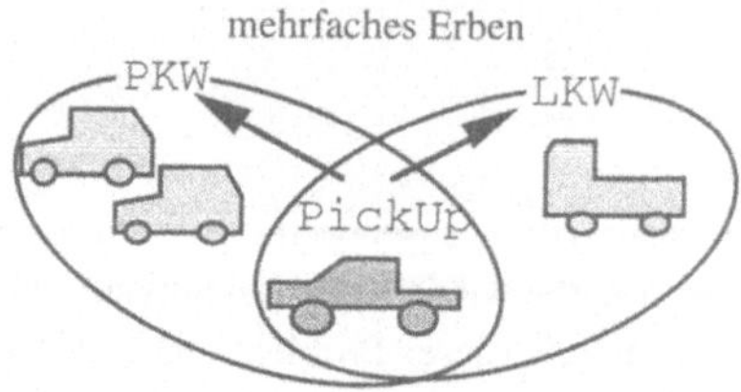

Abb. 3.5-a: Mengenzugehörigkeit der Instanzen von `PickUp` bei mehreren Basisklassen

Beispiel 3.5-2 beschreibt (unter anderem) die entsprechende Lösung des oben genannten Problems durch mehrfaches Erben.

Beispiel 3.5-2: *Mehrfaches Erben*

```
(1)   // Fortsetzung Kfz-Beispiel aus aus 3.1.1-2:
Klasse Kfz {
  Attribute wie Kennzeichen etc. }
Klasse LKW abgeleitet aus Kfz {
  Ladefläche etc. }
Klasse PKW abgeleitet aus Kfz {
  Sitzplätze etc. }
Klasse PickUp abgeleitet aus LKW und PKW {
  erbt: Ladefläche und Sitzplätze und Kennzeichen etc. }

(2)   // User-Interface Objekte:
Klasse IFObj {
      Attribute wie Größe etc. }
Klasse Text abgeleitet aus  IFObj {...}
Klasse Button abgeleitet aus  IFObj {...}
Klasse KeyButton abgeleitet aus Text und Button {...}
```

Durch mehrfaches Erben liegt neben der Komposition (Klassen werden als Wertebereiche von Attributen verwendet) ein weiterer Mechanismus zur Definition einer aus anderen Klassen *aggregierten Klasse* vor - mit durchaus ähnlichen Effekten. Die Wahl zwischen diesen beiden Mechanismen ist primär ein Design-Problem (siehe Kapitel 5), z.B.: treten Subobjekte selbständig auf (wähle Komposition)? Soll eine weitgehende "is_a" Beziehung gelten (wähle mehrfaches Erben)? Welche Zugriffsmechanismen auf Objektteile sollen gelten (Delegation an Subobjekte oder direkter Zugriff auf ererbte Attribute)? etc.. Beispiel 3.5-3 verdeutlicht beide Wege wieder an der Klasse `Kfz`.

Beispiel 3.5-3: *Aggregierte Klasse durch Mehrfaches Erben oder Komposition*

```
gegeben:
Klasse RadFahrzeug {
  Attribute wie Geschwindigkeit, anzRäder etc. }
Klasse Maschine {
  Leistung etc. }

(a) Kfz als Komposition
Klasse Kfz {
  Attribut fahrTeil von der Klasse RadFahrzeug
  und maschinenTeil von der Klasse Maschine.
  Subobjekte müssen über Nachrichten manipuliert werden.
}

(b) Kfz als mehrfacher Erbe
Klasse Kfz abgeleitet aus RadFahrzeug und Maschine {
  Alle Merkmale werden geerbt und können direkt manipuliert
  werden.
}
```

In 3.4.3 wurde die Idee der Definition einer Hierarchie von abstrakten Klassen erläutert, von der dann an geeigneten Stellen "reale" Klassen abgeleitet werden. Mit dem Mechanismus des mehrfachen Erbens kann dieser Ansatz im Sinne der Wiederverwendung von Software weiter entwickelt werden: aus einer umfangreichen Bibliothek von abstrakten Klassen, die das Verhalten elementarer Konzepte beschreiben, werden die in einer Anwendung benötigten Klassen vollständig durch mehrfaches Erben aggregiert.

Abb. 3.5-b nimmt diesen Gedanken am `Kfz`-Beispiel auf. `PassagierKabine`, `Maschine`, `RadFahrzeug` und `WarenBehälter` sind abstrakte Klassen. Die Klassen `Kfz`, `LKW`, `PKW` und `PickUp` werden nur durch mehrfaches Erben aggregiert, ohne weitere Merkmale beisteuern zu müssen. Eine solche "Klassen-Bibliothek" von elementaren Konzepten ermöglicht eine schnelle Entwicklung von Software (*rapid prototyping*) mit minimalem Codierungsaufwand.

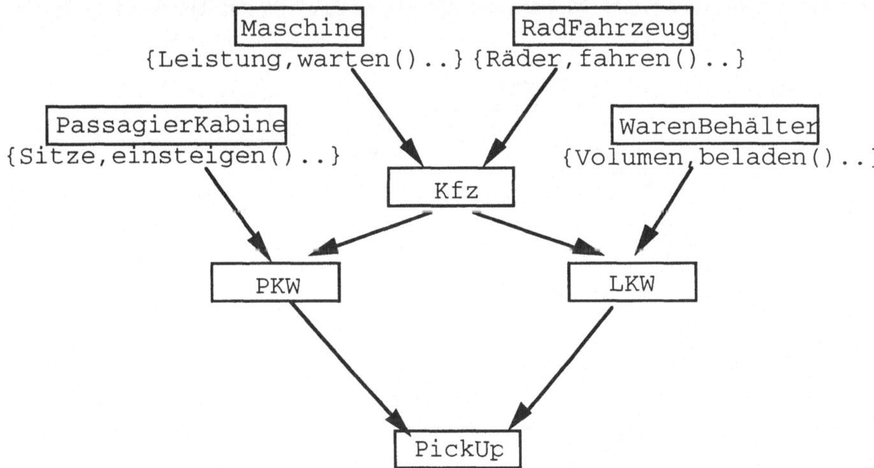

Abb. 3.5-b: Abstrakte elementare Konzepte und aggregierte Klassen durch mehrfaches Erben

Das Konstruktionsprinzip von Instanzen einer Unterklasse mit mehreren Basisklassen durch rekursiven Aufruf der Basisklassenkonstruktoren bleibt bestehen. Die Reihenfolge ihrer Anwendungen wird vom System festgelegt oder in einigen Systemen durch die Reihenfolge ihrer Aufführung in der Klassendefinition bestimmt [6].

3.5.1 Probleme beim mehrfachen Erben gleichbenannter Merkmale

Der Ansatz des Erbens aus mehreren Basisklassen ist, wie oben gezeigt, sehr offensichtlich. Problematisch wird hingegen die Auflösung von Konflikten, die durch Identifikation gleichbenannter Merkmale auftauchen.

Zwei Auffassungen stehen sich hier gegenüber, die die verschiedenen Ansätze zur Auflösung dieses Problems in den bekannten objektorientierten Sprachen wiederspiegeln: Gleichberechtigt werden alle Merkmale geerbt und bei ihrer Verwendung durch die Selektion der vererbenden Basisklasse eindeutig identifiziert. Problematisch ist dabei das unnötige Erben von Attributen, die die Struktur von Instanzen aufblähen. Dagegen steht die Auffassung, daß gleichbenannte Merkmale auch gleiches ausdrücken sollen - und dann nur einmal auftreten brauchen (in vielen Implementierungen hat hier das Merkmal der ersten untersuchten Basisklasse Vorrang). Auch die Möglichkeit, eine explizite Umbenennung der Identifikatoren im Programm vorzunehmen, ist in einigen Sprachen realisiert.

Verschärft wird der Konflikt des Erbens bzw. der Identifizierung gleichbenannter Attribute dann, wenn diese von einer indirekten Basisklasse über verschiedene Ableitungsfolgen mehrfach an eine Unterklasse vererbt werden. In Beispiel 3.5.1-1 wird jeweils ein Fall genannt, der eine dieser oben gegebenen Auffassungen begründet.

Beispiel 3.5.1-1: *Erben gleicher Merkmale, Fortsetzung von Bsp. 3.5-2*

(1) Nicht sinnvolle Duplizierung des `Kennzeichen`-Attributs aus `Kfz` in `PickUp`, da `PickUp` das `Kennzeichen` von `LKW` *und* `PKW` erben würde.

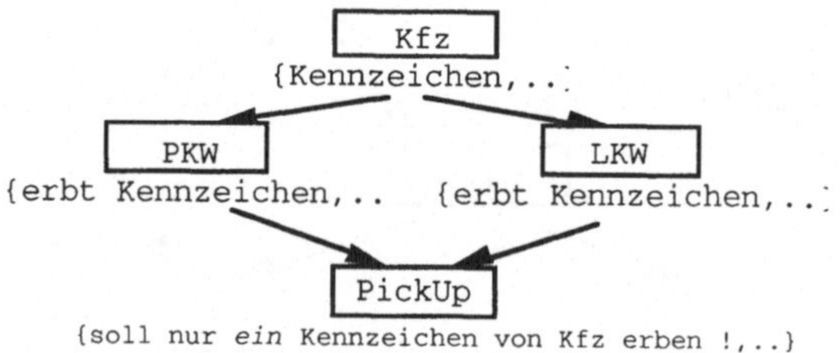

(2) Sinnvolle Duplizierung des `Größe`-Attributs für `Text`- und `Button`-Objekt in `KeyButton` getrennt, da tatsächlich eine geometrische Überlagerung der beiden Objekte in `KeyButton` auftritt.

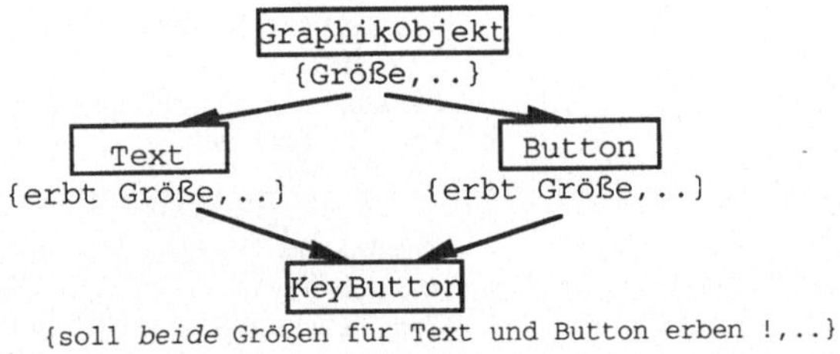

☞ ☞ ☞ C++

C20 Mehrfaches Erben von Merkmalen

In C++ werden alle Merkmale - auch gleichbenannte - gleichzeitig und gleichbereichtigt geerbt. Die Reihenfolge der Basisklassen ist in C++ nur für die Aufruf-Reihenfolge der Konstruktoren und Destruktoren wichtig (als Besonderheit siehe virtuelle Basisklasse weiter unten).

Schreibweise C20-1 *Mehrfaches Erben*

```
class NeueKlasse : dMode Klasse1, dMode Klasse2 ... {
```

`Klasse1` etc. sind Basisklassen zu `NeueKlasse`, die alle ihre Merkmale erbt (*dMode* wie in C15-1).

```
};
```

C21 Gleichbenannte Merkmale

Wenn ein Merkmal (gleiches Attribut oder Methode[7]) in zwei Basisklassen auftritt, kann es in der abgeleiteten Klasse nur durch einen (Basisklassen) Selektor eindeutig identifiziert werden (sog. *Rename*). Dies entspricht der Forderung nach Eindeutigkeit in C++. Mehrdeutigkeiten bei polymorphen Methoden entstehen dabei nicht bei der Vererbung, sondern erst durch ihren Aufruf zur Laufzeit beim dynamischen Binden. Solche Methoden können in der Unterklasse "passend" gemacht werden (durch *Redefinition*), wie folgendes Beispiel zeigt.

Beispiel C21-1 *Rename und Redefine zur Lösung von Mehrdeutigkeiten*

`class A {...; virtual f();...};`	
`class B {...; virtual f();...};`	
`class C : public A, public B {`	
`  void f();`	Methode `f()` ist Redefinition von `f()` aus `A`.
`  void g();`	Methode `g()` nimmt Implementierung von `f()` aus `B` auf.
`};`	
`// Implementierung:`	
`void C::f() {A::f();};`	Rename von ererbtem `f()` durch A-Selektor.
`void C::g() {B::f();};`	Rename von ererbtem `f()` durch B-Selektor und Umbenennung in `g`.
`// Anwendung:`	
`C  c;`	
`c.f();`	`f()`-Nachricht an `c` ist durch Redefinition von `f()` in C eindeutig.
`c.A::f();`	Gleicher Effekt durch Selektion.
`c.B::f();`	Auch `f` aus `B` ist durch Rename noch ansprechbar.

Bei der eindeutigen Identifizierung von Merkmalen folgt C++ den Regeln nach eindeutiger Benennung, ggf. unter der Verwendung von Klassen-Selektoren '*ClassName*::*Merkmal*'. Um der Eindeutigkeit Genüge zu tun, müssen alle drei folgenden Regeln beim Zugriff auf Merkmalsidentifikatoren in dieser Reihenfolge gelten:

(1) Eindeutigkeit des Identifikators (bei Methoden auch Wertebereiche). Falls das Merkmal (auch) in der Klasse definiert wurde, hat diese Bindung Priorität (siehe Beispiel "Redefine" in C21-1).

(2) Typüberprüfung ("passen aktuelle Parameter zu Parametertypen ?")

(3) Zugriffsrechte ("ist das Merkmal überhaupt sichtbar ?")

C22 Wiederholtes Erben aus einer gemeinsamen Basisklasse

Beim Erben werden alle Merkmale der Basisklasse übernommen, auch wenn ein Merkmal zweier Basisklassen von deren gemeinsamer (direkter oder indirekter) Basisklasse schon ererbt wurde.

Beispiel C22-1 *Duplizierung von ererbten Merkmalen*

```
class W{public: T  m;...;};
class A: public W {...};
class B: public W {...};
class C: public A, public B {...};

// Anwendung:
C* c=new C();
if (c->A::m != c->B::m) ...;
        ok, sie können verschieden bewertet sein
c->W::m ...;
        Fehler: m mehrdeutig.
c->A::m ...;
        ok, m eindeutig.
```

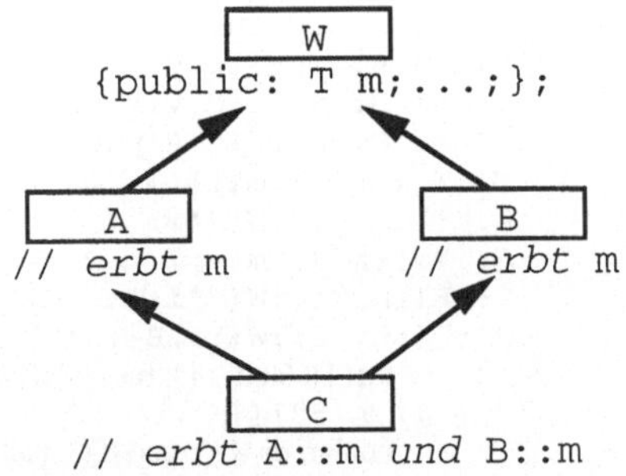

```
              W
   {public: T m;...;};
    ↗               ↖
   A                 B
// erbt m         // erbt m
    ↖               ↗
              C
   // erbt A::m und B::m
```

In Bsp. 3.5.1-1 wurde gezeigt, daß solch eine Situation des "mehrfachen Erbens gleicher Merkmale" sowohl sinnvoll als auch unsinnig sein kann. In C++ kann das oben beschriebene Problem des "mehrfachen Erbens gleicher Merkmale" durch eine bestimmte Option bei der Ableitung von einer Basisklasse vermieden werden. Dabei wird die *indirekte* "Wurzel"-Basisklasse (im Beispiel: `W`) zu einer *virtuellen Klasse* - eine Eigenschaft der *Ableitung* dieser Klasse, nicht der Klasse selbst - indem dem Basisklassennamen in der Definition der Unterklasse die Markierung `virtual` vorangestellt wird. Dadurch werden deren Merkmale mit den von `W` an andere Unterklassen vererbten Merkmalen als semantisch gleich eingestuft und bei späterem mehrfachen Erben aus ihren (virtuell abgeleiteten) Unterklassen nur *einmal* vererbt.

Eine "indirekte" Unterklasse einer solchen virtuellen Klasse `W` muß einen bestimmten `W`-Konstruktor explizit aufrufen, um stets einen gleichen `W`-Merkmalsteil in den Instanzen zu garantieren. Dieser Konstruktor wird stets *vor* den Konstruktoren für die direkten Basisklassen aufgerufen. Wenn kein Konstruktor für die virtuelle Basisklasse vor dem Konstruktorrumpf angegeben ist, wird dessen Default-Konstruktor (ohne Parameter) gewählt. Der Aufruf des `W`-Konstruktors in den direkten Unterklassen von `W` entsprechend der Konstruktionsreihenfolge nach Abb. 3.1-a wird ignoriert. Der `W`-Teil ist ja dann bereits konstruiert.

Beispiel C22-2 *virtuelles Ableiten, virtuelle Klasse*

```
class W{public: int m;...;};
        virtuell für A und B.
class A: public virtual W {..;};
class B: public virtual W {..;};
class C: public A,public B{..;};
W::W(int i):m(i){}
A::A(int i):W(2*i){}
A::A():W(3){m++;}
B::B(int i):W(5*i){m=7*i+m;}
C::C(int i):W(i),B(11*i){}
        ruft Default A() für A-Teil auf.
C::C():A(55){}
        Fehler, da W() und B() nicht definiert.

// Anwendung:
A a(1); B b(1), C c(1);
c.A::m == c.B::m;
        immer, da nur ein m (von W) in C.
cout << a.m << b.m << c.m;
        Ausgabe: 2 12 79
```

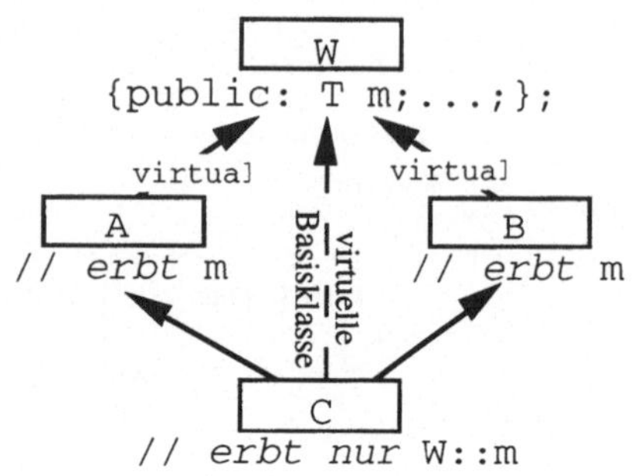

Eine Klasse kann auch für einige Unterklassen virtuell sein, für andere aber nicht. "Virtuell" ist eben eine Eigenschaft der Ableitung der direkten Unterklassen und muß auch dort schon vereinbart werden! Es genügt nicht, nachträglich eine indirekte Unterklasse (hier: C) virtuell von den Oberklassen (hier: A und B) abzuleiten.

Beispiel C22-3 *gemischtes Ableiten (virtuell und nicht-virtuell)*

```
// A,B,C,W wie oben
class D: public C,public W {..;};

// Anwendung:
D d();
d->W::m != d->C::m;
        die Werte können ungleich sein;
        d hat ein "virtuelles" und ein
        "normal geerbtes" m.
```

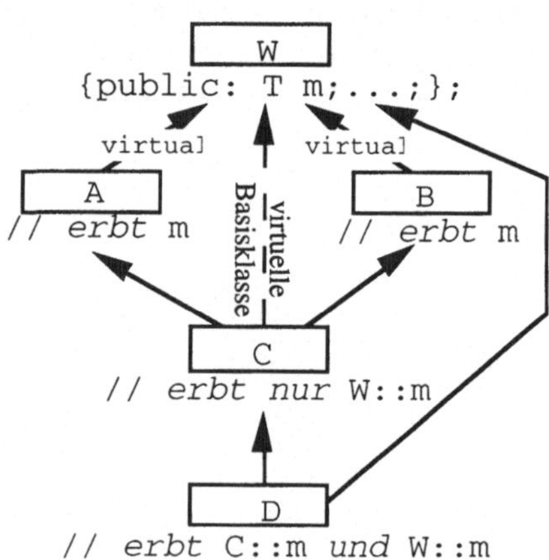

Schreibweise C22-4 *Duplizierte geerbte Merkmale und deren Unterdrückung*

Dupliziert geerbte Merkmale müssen mit dem gewünschten Basisklassen-Selektor eindeutig bestimmt werden: `obj->`*`EineDerBasisKlassen`*`::`*`merkmal`*

Das Duplizieren von Merkmalen einer indirekten Basisklasse wird durch "virtuelles Ableiten" unterdrückt:
`class `*`Unterklasse`*` : public virtual `*`Basisklasse...`*` {...;};`
Bereits von der indirekten Basisklasse muß virtuell abgeleitet werden.

3.6 Generizität

Die Vererbung ist das zentrale Konzept der Wiederverwendbarkeit in objektorientierter Software. Ein weiterer wichtiger Mechanismus zur Unterstützung von Wiederverwendbarkeit ist die sogenannte Generizität, die jedoch nicht nur in objektorientierten Programmiersprachen realisiert wurde (z.B. auch in ALGOL 68 und ADA).

Generizität in objektorientierter Software ist die Möglichkeit, parametrisierte Klassen zu definieren. Solche sogenannten *generischen Klassen* sind nicht direkt verwendbar, sondern definieren eine Schablone (*Template*) zur Definition verwendbarer Klassen.

Im allgemeinen besitzen sie *Typparameter*, die auch als *formale generische Parameter* bezeichnet werden. Instanzen einer generischen Klasse werden durch die Zuweisung von aktuellen Typen (*aktuellen generischen Parametern*) zu den formalen generischen Parametern erzeugt. Generizität ist deshalb nur in statisch getypten Programmiersprachen sinnvoll, da dynamisch getypte Sprachen keine Typparameter kennen. Obwohl eine generische Klasse für einen allgemeinen Typparameter definiert wird, kann aufgrund der Bindung zwischen dem zur Übersetzung festgelegten aktuellen und formalen generischen Parameter (durch Instanziierung) eine statische Typüberprüfung durchgeführt werden.

Es gibt objektorientierte Sprachen, die dieses Konzept zur Verfügung stellen (z.B. EIFFEL und C++).

Beispiel 3.6-1: *Generische Datenstrukturen*

Container-Datenstrukturen, wie z.B. allgemein verwendbare Listen, Binärbäume usw. sind gute Beispiele für die Anwendung von Generizität.

In der Deklaration einer generischen Klasse für Binärbäume `Binaerbaum[T]` steht der Parameter `T` für den Typ der in den Knoten zu speichernden Daten. In der Definition der Klasse kann `T` wie der Name eines definierten Typs verwendet werden. Durch die Definition einer generischen Klasse erspart sich der Programmierer den Aufwand, für jeden Datentypen ein eigenes Modul zu definieren, z.B. `IntBinaerbaum`, `RealBinaerbaum` usw. Statt dessen erzeugt er nur noch entsprechende Instanzen des generischen Moduls:
`Binaerbaum[int]`, `Binaerbaum[float]`

Generizität unterstützt also die Wiederverwendbarkeit, indem der Code einer generischen Klasse bei jeder Definition einer Instanz wiederverwendet wird.

3.6.1 Objektorientierte Simulation der Generizität

Generizität ist kein speziell objektorientiertes Konzept, sie kann aber durch Verwendung objektorientierter Konzepte weitgehend simuliert werden. Die Simulation basiert auf der Vererbung und kann in zwei verschiedenen Varianten realisiert werden. Dabei werden auch einige Mechanismen der objektorientierten Programmierung wiederholt.

Die einfachste Art der Simulation ist die *Nutzung der Polymorphie*. Betrachten wir als Beispiel die generische Container-Datenstruktur `GenListe`, die Identitäten von Instanzen der Klasse

Objekt verwaltet (siehe dazu Beispiel 3.6.1-1). Wenn nun die Klasse String aus Objekt abgeleitet ist und die Elemente in GenListe polymorph definiert sind, können sie insbesondere auch String-Identitäten als Werte aufnehmen. Der Vorteil dieser Art der Simulation ist, daß so auch heterogene Container erzeugt werden können. Im Prinzip können Instanzen aller Unterklassen von Objekt in GenListe verwaltet werden. Nachteilig ist, daß die Klassenzugehörigkeit der Elemente verloren geht. Sie können (bei statischer Typisierung) nur Nachrichten verarbeiten, die schon im Protokoll von Objekt angegeben sind. Die Ausführung spezifischerer Nachrichten liegt in der Verantwortung des Programmierers. Statisch getypte Sprachen verlangen hier vor dem Versenden einer speziellen Nachricht (im Beispiel: gibPräfix), daß der Wert seiner ursprünglichen Klasse durch den Programmierer wieder zugeordnet wird (*Downcasting*).

Beispiel 3.6.1-1: *Generizität durch Nutzung der Polymorphie*

```
Klasse Objekt {                                  Eine allgemeine Klasse.
..};
Klasse GenListe {
  Verwaltet polymorphe Verweise auf Objekt-Instanzen;
// Protokoll-Methoden:
  einfügen() von Objekt-Instanz;
  holen() des i-ten Elements liefert Objekt-Instanz;
};

Klasse String aus Objekt abgeleitet {
// Protokoll-Methoden:
  gibPräfix() liefert die ersten n Zeichen;
};

// Anwendung:
Sei genL Objekt von GenListe;
Seien str1 und str2 polymophe Variablen von String;
genL->einfügen(str1);                     fügt str1 in genL-Liste ein.
str2 = genL->holen(1);                    Programmierer muß sicherstellen, daß auch
                                          ein String geliefert wird.
str2->gibPräfix(2);                       Geht nur, wenn str2 wirklich mit String-
                                          Objekt bewertet wurde (evtl. Downcasting)!
```

Die alternative Art der Simulation von Generizität ist die Möglichkeit, eine Unterklasse der "generischen" Klasse (die diese simuliert) abzuleiten, die nicht die Untertypbeziehung erhalten muß. In dieser Klasse wird dann das Protokoll entsprechend den Bedürfnissen schärfer formuliert (Simulation durch *alternative Schnittstelle*).

In dem Beispiel von oben müssen die Elemente, die die zu verwaltenden Instanzen aufnehmen, natürlich auch polymorph sein. Eine von GenListe abgeleitete Klasse StringListe wird dann nur Methoden zum Einfügen und ausliefern von String-Instanzen anbieten. Der Container ist damit nicht mehr heterogen, aber der Programmierer ist von der Verantwortung entbunden, selber die korrekte Klassenzugehörigkeit der zurückgelieferten Objekte zu überwachen. Beispiel 3.6.1-2 gibt den Pseudo-Code dazu an.

Beispiel 3.6.1-2: *Generizität durch alternative Schnittstelle*

```
Klasse Objekt {                                  Eine allgemeine Klasse.
..};
Klasse GenListe {
  Verwaltet polymorphe Verweise auf Objekt-Instanzen;
// Protokoll-Methoden:
  einfügen() von Objekt-Instanz;
  holen() des i-ten Elements liefert Objekt-Instanz;
};

Klasse String aus Objekt abgeleitet {
// Protokoll-Methoden:
  gibPräfix() liefert die ersten n Zeichen;
};
Klasse StringListe aus GenListe ohne Protokoll abgeleitet {
// (alternative) Protokoll-Methoden:
  einfügen() von String-Instanz;
  holen() des i-ten Elements liefert String-Instanz;

// Anwendung:
Sei genStrL Objekt von StringListe;
Seien str1 und str2 Variablen von String;
genStrL->einfügen(str1);                 fügt str1 in genStrL-Liste ein.
str2 = genStrL->holen(1);                nur String kann geliefert werden.
str2->gibPräfix(2);                      immer ok.
```

3.6.2 Vergleich von Vererbung, Generizität und Überladung

In den objektorientierten Sprachen wird das Konzept der Generizität verschieden interpretiert. Häufig wird auch Generizität mit der in 3.6.1 beschriebenen Simulation gleichgesetzt. Die folgende Übersicht stellt noch einmal die dabei zur Anwendung kommenden alternativen Konzepte nebeneinander.

- *Vererbung* und *Polymorphie* ermöglicht (wie in den Beispielen demonstriert) die weitgehende *Simulation der Generizität*. Die dabei entstehende Code-Duplizierung entspricht der Instanziierung einer generischen Klasse.

- Umgekehrt ermöglicht *Generizität* jedoch *keine Simulation der Vererbung*, sondern nur eine Zusammenfassung gleichartiger Klassen. Sie ermöglicht keine Beschreibung von Typhierarchien und keine Spezialisierung und Erweiterung von Datentypen.

- *Generizität* ist ein *statisches Konzept*, das zur Übersetzungszeit verarbeitet wird. Es dient der Erzeugung von gleichartigen Klassen und hat deshalb keine Auswirkungen auf das Laufzeitverhalten von Programmen. Instanzen einer "generischen" Klasse ("konkrete" Klasse) unterscheiden sich nicht mehr von direkt definierten Klassen.

- Dagegen ist *Polymorphie*, die in statisch getypten objektorientierten Sprachen auf der *Vererbung* (innerhalb der Klassenhierarchie) basiert, ein *dynamisches Konzept*, das zur Laufzeit verarbeitet wird. Deshalb kann Vererbung nicht durch Generizität simuliert werden. Polymorphie ermöglicht den Aufruf von Methoden, für die erst zur Laufzeit entschieden wird, welche ihrer Implementierungen (aus einer abgeleiteten Klasse) aufgerufen wird (*dynamisches Binden*).

- *Überladen* ist eine *syntaktische Eigenschaft*, die es dem Programmierer erlaubt, einem Identifikator einer Funktion mehrere Bedeutungen zu geben. Da die Unterscheidung überladener Methoden anhand der aktuellen Argumenttypen erfolgt, muß der Programmierer bereits bei der Entwicklung entscheiden, welche konkrete Methode aufgerufen wird. Die Argumenttypen sind auf die in den verschiedenen Implementierungen der Funktion verwendeten Typen beschränkt und nicht mehr, wie in der Generizität, beliebig wählbar. Sie können in überladenen Funktionen nicht parametrisiert werden.

☞ ☞ ☞ C++

C23 Templates in C++

Durch Templates können parametrisierte Klassen und damit Schablonen für die Erzeugung aktueller Klassen definiert werden[8]. Ein Template besitzt eine formale Argumentliste. Der Name dieses Templates ist gleich dem Namen der deklarierten Klasse. Ein formales Template-Argument hat dabei entweder die Form einer normalen Argumentdeklaration oder die Form: `class` *`Identifier`*.

Durch die Angabe von aktuellen Template-Argumenten kann aus einem Template eine aktuelle Klasse erzeugt werden. Ein aktuelles Template-Argument muß dabei entweder ein Ausdruck oder ein vordefinierter oder benutzerdefinierter Typ- bzw. Klassenname sein. Ein Template-Name, gefolgt von einer aktuellen Template-Argumentliste wird auch als Template-Klassenname bezeichnet und kann genauso wie ein normaler Klassenname benutzt werden. Templates sind nur Schablonen zur Klassendefinition und *keine* Klassen. Deshalb können Templates nicht in der Klassenhierarchie angeordnet werden.

Schreibweise C23-1 *Template*

```
// Template-Definition:
template< formale Argumentliste > Klassendeklaration

// Anwendung:
TemplateName < aktuelle Argumentliste >
```

Beispiel C23-2 *Vector-Template*

```
// Definition eines Templates Vector:
template< class T > class Vector {
                                        T ist formaler Typ-Parameter.
  T*  vec;
  int size;
public:
  Vector(int);
  T& operator[](int);                   Rückgabe ist T-Referenz.
  int assign (T value, int pos);
  ...
  ~Vector();
};
// Implementierung:
template<class T> T& Vector<T>::operator[](int i) {
  return vec[i];
}
...

// Anwendung des Templates Vector:
class Person {...;};                    eine bestehende Klasse.
Vector<int> vI(20);                     eine int-Vektor-Instanz.
Vector<Person*> vP(30);                 eine Person*-Vektor-Instanz.
vI[17] = 25;
vP[28] = new Person("Harry");

typedef Vector<Object*> VecObj;         Definition eines Synonyms.
VecObj vObjPtr(10);                     Instanz von Vector<Object*>
                                        mit 10 Komponenten.
class intStack : public Vector<int> {...;);
                                        wie "normale" Basisklasse.
```

C24 Simulation von Generizität durch Alternative Schnittstelle

Das folgende Beispiel zeigt die Simulation der Generizität in C++ als kleine Übung von C++-Mechanismen. Als Vorlage gilt hier das Beispiel aus 3.6.1-2.

Beispiel C24-1 *Generizität durch alternative Schnittstellen*

`class Object {...;};`	Allgemeinste Klasse.
`class GenList {`	Definition der Basisklasse als "generische" Klasse.
`  struct GenLink {`	Datenstruktur der Listenelemente.
`    Object*   info;`	(polymorpher) Verweis auf das zu verwaltende Objekt.
`    GenLink*  next;`	Verweis auf nächstes Listenelement.
`  };`	
`  GenLink*   head;`	Verweis auf erstes Listenelement.
`public:`	
`  GenList();`	setze hier `head = 0`.
`  void insert (Object* obj);`	füge `obj` hinten an Liste an.
`  Object* get (int n);`	hole n-tes Element aus der Liste.
`  ~GenList();`	
`};`	
`class String : public Object {...;};`	`String` wie gehabt.
`// Definition einer "aktuellen Klasse" von GenList:`	
`class StringList : private GenList {`	
`public:`	alternatives Protokoll zu `GenListe`: Methoden aus GenListe überladen, (nicht redefinieren!):
`  void insert (String* s);`	durch `GenList::insert(s)` realisieren.
`  String* get (int n);`	realisieren durch: `return (String*)GenList::get(n);` Da nur `String` eingefügt wird, kann hier sicher Downcasting durch "C-Casting": `(String*)GenList::get(n)` angewendet werden[9].
`};`	
`// Anwendung:`	
`String* s1 = new String("xyz");`	
`StringList strL;`	
`StrL.insert (s1);`	`s1` ist intern aber `Object`-Referenz!
`s1 = StrL.get (1);`	ok, liefert `String`-Objekt wieder ab.

3.7 Zusammenfassung

Zentral in diesem Kapitel ist das *Ableiten* von Klassen (*Unterklassen*) aus gegebenen Klassen (*Oberklassen*). Dadurch werden Strukturbeschreibung und Methodenimplementierung an die Unterklasse *vererbt*. Allerdings kann die Struktur um neue Attribute erweitert, bestehende Attributwertebereiche eingeschränkt (*spezialisiert*) oder Methoden redefiniert werden. Neben der Komposition von Klassen wird durch Vererben der Grad der *Wiederverwendbarkeit* von Software erhöht. Wird auch das Protokoll und damit das von außen sichtbare Verhalten von Objekten vererbt, bleibt auch die *Untertypbeziehung* ("is_a") erhalten.

Vererbung (mit "is_a" Beziehung) zusammen mit Redefinition ermöglichen "echte" *Polymorphie* in statisch getypten Sprachen. Insbesondere können nun Objektvariablen oder Parametern Objekte aus Unterklassen zugewiesen werden, ohne daß Typisierungsfehler zur Laufzeit auftreten (*Substituierbarkeit* der Werte). Jedes Objekt der Unterklasse versteht ja alle Nachrichten der Oberklasse. Dadurch, daß ererbte Methoden in der Unterklasse redefiniert werden können, können die entsprechenden Methodenaufrufe aber erst zur Laufzeit abhängig von der Klassenzugehörigkeit des zugewiesenen Objekts ermittelt werden (*dynamisches Binden*). Dies hat zwei Effekte. Zum einen kann der selbe Objektidentifikator auf die gleiche Nachricht (auch - im Unterschied zum Überladen - mit gleichen aktuellen Parametern) verschieden reagieren. Zum anderen können Objekte neu definierter Klassen korrekt von bestehendem Code genutzt werden, ohne Typisierungsvereinbarungen zu ändern. Dies führt zu leichter *Erweiterbarkeit* von Software um neue Klassen.

Zwei weitere Mechanismen erleichtern den Entwurf neuer Klassen. Klassen können auch von mehreren Oberklassen erben (*Mehrfaches Erben*). Damit wird eine einfache Form der Klassendefinition aus elementaren Oberklassen angeboten. Der Aufwand durch zusätzlichen Code ist minimal (*rapid prototyping*). Die andere, nicht typisch objektorientierte Form der Klassendefinition ist die Verwendung von Klassenschablonen, aus denen durch Parametrisierung mit existierenden Typen neue Klassen definiert werden können. Eine häufige Anwendung dieses *generischen* Konzepts findet sich bei der Definition von Container-Klassen (z.B. `SetOf(einTyp)`).

Für den Software-Entwurf und das Projektmanagement sind Klassen interessant, die nicht vollständig implementiert werden müssen und deshalb auch keine Instanzen haben dürfen (*Abstrakte Klasse*). Mit diesen Klassen können zum einen Implementierungsteile, die in mehreren Klassen redundant auftauchen, zusammengefaßt und dann vererbt werden. Zum anderen kann ein Mindest-Protokoll, das für alle Klassen einer Gruppe verbindlich sein soll, festgelegt und an diese vererbt werden. In diesem Zusammenhang sollen auch die verschiedenen Sichtbarkeits- und *Zugriffsschutzmechanismen* erwähnt werden. Ihre Kombination der verschiedenen Sichten auf Klassen und Objekte lassen viele Varianten der Kapselung zu.

In C++ werden alle genannten Mechanismen mit Ausnahme der Spezialisierung von Wertebereichen angeboten.

---

1 In der hier motivierten Anwendung des Ableitens erzeugen wir die Klassenhierarchie stets top-down . In 3.4 wird gezeigt, daß dies nicht immer so sein muß.

2 Heterogene Container anonymisieren also die Typinformationen ihrer Elemente. Soll ein Element trotzdem einen Dienst ausführen, der nur in seiner Klasse definiert ist, muß die alte Typzugehörigkeit wieder hergestellt werden. Verschiedene Sprachen bieten dazu Operatoren an (`inspect` in SIMULA oder `typecase` in OBERON; C++ kennt hier nur Konvertierung oder Casting aus C, wobei sich aber der Programmierer über die Klassenzugehörigkeit des betroffenen Elements im klaren sein muß). Diesen Prozeß nennt man auch *Downcasting*.

3 Zu den Zeigervariablen wollen wir hier auch Referenzvariablen vom Referenztyp `Typ&` zählen, die ebenfalls durch Zeiger realisiert werden, aber die Dereferenzierung ersparen; die wird implizit beim Zugriff ausgeführt.

4 Über die Verfügbarkeit dieses Modus gibt es allerdings widersprüchliche Aussagen im Referenzmanual.

5 Erinnerung: Eine Methode erwartet als Empfänger-Objekt immer ein Objekt dieser Klasse, welches natürlich nicht konvertiert werden kann, auch wenn Konvertierungsmethoden bereitstehen (siehe dazu auch 2.4.2).

6 Zu beachten ist die Situation, in der eventuell Routinen zur Initialisierung bei der Konstruktion von Instanzen indirekter Basisklassen mehrfach ausgeführt werden und dadurch zu Fehlern führen können. In Bsp. 3.5-2 würde eine Initialisierungsroutine der Klasse `Kfz` bei der Konstruktion von `LKW`- oder `PKW`-Objekten genau einmal, durch rekursive Konstruktion eines `PickUp`-Objektes also zweimal ausgeführt werden.

7 Erinnerung: Methodengleichheit wird durch gleichen Namen und gleiche Wertebereiche der Argumente bestimmt.

8 In C++ werden neben Klassen-Templates auch Funktionen-Templates eingeführt. Da diese aber keinen Bezug mehr zu objektorientierter Software haben, werden sie hier nicht weiter betrachtet.

9 Aber Vorsicht Ausnahme: handelt es sich (hier: bei String) um eine *virtuelle* Unterklasse, so gehen bei "hin- und zurück-Casting" bestimmte Zeigerinformationen über die virtuelle Basisklasse verloren und deren Merkmale sind danach nicht mehr nutzbar ! (wird hier nicht weiter erklärt).

4. Objektorientierte Sprachen

In Kapitel 2 und 3 wurden die wesentlichen Mechanismen der objektorientierten Programmierung vorgestellt und ihre Umsetzung in C++ gezeigt. Dieses Kapitel soll helfen, andere objektorientierte Sprachen anhand der wichtigsten Mechanismen vergleichbar zu machen. Aus der Vielzahl der mittlerweile über 100 veröffentlichten objektorientierten Sprachen werden die meistgenannten Sprachen sowie Vertreter der Mischformen mit deklarativen, funktionalen und prozeduralen Sprachanteilen gewählt. Auf diese Mischformen wurde bereits in Kapitel 1 hingewiesen.

Dieses Kapitel gibt einen Überblick über wichtige objektorientierte Sprachen und Vertreter verschiedener Sprachklassen. Zunächst werden die dabei betrachteten Vergleichskriterien angegeben, auf die dann in jeder Sprache stichwortartig referenziert wird. Der Übersicht vorangestellt ist die Sprache C++, was für den Leser der entsprechenden C++ -Teile in Kapitel 2 und 3 als kurze Wiederholung gedacht ist.

4.1 Die Vergleichskriterien objektorientierter Sprachen

Seit Ende der 70er Jahre gibt es Sprachentwicklungen, die *objektorientierte Prinzipien* mehr oder weniger stark unterstützen. Dabei sind grundsätzlich zwei Entwicklungen zu beobachten:

(i) Erweiterung einer Programmiersprache um objektorientierte Konzepte (*hybride* objektorientierte Sprache). Die erste bedeutende Sprachentwicklung war SIMULA-67.

(ii) Neuentwicklung einer objektorientierten Programmiersprache (*genuine* objektorientierte Sprache). Hier gilt SMALLTALK-80 als der erste bekannte Vertreter.

Zu (i) werden im folgenden C++, SIMULA-67, OBJECTIVE-C, CLOS und PROLOG++ betrachtet. In die Gruppe (ii) fallen SMALLTALK-80 und EIFFEL. Zunächst werden jedoch die Vergleichskriterien vorgestellt, anhand derer diese Sprachen kurz charakterisiert werden können. Um für eine Anwendung eine *geeignete Sprache auszuwählen*, spielen aber neben dem Vorhandensein der vorgestellten Mechanismen noch andere Kriterien eine Rolle. Hier sind Verfügbarkeit, Entwicklungsumgebung, Vorkenntnisse in der Basissprache sowie wirtschaftliche Einflüsse wie Preis und Marktsituation zu nennen.

Folgende Fragen zu *objektorientierten Mechanismen* werden für jede der oben genannten Sprachen in den Abschnitten 4.2 bis 4.8 untersucht (als Markierungen werden die kürzeren englischen Bezeichnungen gewählt):

(oo) *object-orientation* - Hier wird die Entstehung der Sprache betrachtet. Unterschieden wird danach, ob es sich um einen genuinen oder hybriden Ansatz handelt und welche Sprache ggf. als Basissprache verwendet wurde.

(type) *typing* - Ist die Sprache statisch getypt ? Wie stehen Klassen und Typen zueinander ?

(inh) *inheritance* - Wie werden Merkmale von Basisklassen geerbt ? Können sie ggf. reimplementiert oder spezialisiert werden ? Gibt es Möglichkeiten des selektiven Erbens ?

(minh) *multiple inheritance* - Ist mehrfaches Erben möglich und wie werden Uneindeutigkeiten gelöst ?

(poly) *polymorphism* - Welche Formen der Polymorphie gibt es ? Ist spätes Binden realisiert ?

(abstr) *abstract class* - Wird der Designmechanismus der abstrakten Klasse angeboten ?

(meta) *metaclass* - Werden Metaklassen und Klassenobjekte unterstützt ?

(sec) *security* - Welche Sichtbarkeits-, Kapselungs- und Zugriffsschutzmechanismen weist die Sprache auf ?

(ref) *reference semantics* - Gilt die Referenzsemantik für Zuweisungen von Objekten ?

(gen) *genericity* - Können generische (parametrisierbare) Klassen definiert werden ?

(init) *initialization* - Wird die Initialisierung und Vernichtung von Objekten automatisch oder benutzerkontrolliert durchgeführt ? Gibt es explizite Konstruktoren ?

(garb) *garbage collection* - Bietet das Laufzeitsystem eine automatische Speicherverwaltung zur Freigabe nicht referenzierter Objekte an ?

(SONST) Hier werden interessante weitere Merkmale der Sprache aufgeführt (z.B. Parallelität, Persistenz, Ausnahmebehandlung, Module etc.).

(BSP) Ein für alle Sprachen gleiches, kleines Beispiel wird vorgestellt. Es taucht eine aus `Auto` abgeleitete Klassendefinition `LKW` mit Vereinbarungen von Attributen und Methoden auf. In der Anwendung wird eine `LKW`-Instanz mit Hilfe der Konstruktormethode erzeugt und erhält die Nachricht `beladen`. Mit diesem Beispiel wird ein wenn auch nur sehr oberflächlicher Eindruck der Syntax der Sprache vermittelt.

(LIT) Die Hauptliteraturquellen (z.B. Referenzhandbuch etc.) finden sich hier.

4.2 C++

(oo) - hybrid

C++ ist eine echte *Erweiterung* der prozeduralen Programmiersprache C, die zu *der* Entwicklungssprache in der UNIX Umgebung geworden ist. Der Entwurf wurde von dem Gedanken beseelt, möglichst wenig neue syntaktische Elemente und Schlüsselworte einzuführen. Sie wurde am AT&T Research Lab. ab 1985 entwickelt. Während C viele Möglichkeiten zur Umgehung der Typisierung hat - und damit zur hohen Fehlerhäufigkeit bei der Programmentwicklung beiträgt, bietet C++ ein Klassenkonzept (`class` neben dem Typkonstruktor `struct`) mit konsequenter Typüberprüfung. Umgehungen sind aber mit den weiter bestehenden C-Konstrukten möglich.

(type) - ja

Klassen werden (durch Compiler, Laufzeitsystem) wie benutzerdefinierte Typen behandelt.

(inh) - ja

Das ererbte Protokoll kann pauschal angenommen oder abgelehnt werden (`public` oder `private` Ableitung). Dadurch ist eine Unterscheidung zwischen Ableitungshierarchie und Typhierarchie möglich. Redefinition von ererbten Methoden ist möglich. Attribut-Wertebereiche können aber nicht redefiniert werden (z.B. auf Teilmengen spezialisieren). Reimplementierbare Methoden müssen in der Basisklasse (als `virtual`) markiert werden.

(minh) - ja

Vollständiges und gleichberechtigtes Erben aller Merkmale. Bei Namenskonflikten muß explizit selektiert werden. Es besteht die Möglichkeit zur Unterdrückung von Duplikaten mehrfach geerbter Attribute durch "virtuelles" Erben.

(poly) - ja

Realisiert bei benutzerkontrollierten Objekten. Es ist möglich, einer Objektreferenz Objekte verschiedenen Typs zuzuordnen, allerdings mit der Beschränkung auf Untertypen. Die zur Ausführung kommende Methodenimplementierung wird zur Laufzeit bestimmt (spätes Binden). Überladen von Methoden und (auch Standard-) Operatoren durch Hinzunahme der Argumenttypen zur Identifizierung von Methoden / Operatoren ist möglich. Daneben gibt es auch noch "pseudo-Polymorphie" bei Methoden durch automatische Typkonversion der Parameter.

(abstr) - ja

Mindestens eine Methode der abstrakten Klasse muß redefinierbar und nicht implementiert sein (mit leerem Rumpf).

(meta) - bedingt

Die Definition von Metaklassen ist nicht möglich. Als Merkmale eines Klassenobjekts kann man gerade die als `static` markierten Merkmale in der Klassendefinition auffassen. Ein Klassenobjekt steht global den Instanzen zur Verfügung, seine Merkmale werden durch den Klassenselektor identifiziert.

(sec) - ja

Verschiedene Mechanismen erlauben die eingeschränkte Sichtbarkeit einzelner Merkmale nach außen (`private`, `protected`, `public`). Nur-lesender Objektzugriff kann ebenfalls durch `const`-Objekte und Methoden vereinbart werden.

(ref) - nein

Standardmäßig wird die Wertsemantik aus C verwendet (für automatische Objekte). Referenzsemantik (für benutzerkontrollierte Objekte) muß explizit programmiert werden (durch Redefinition der Operatoren für Vergleich "`==`" und Zuweisung "`=`").

(gen) - ja

Typschablonen (Templates) erlauben die Definition parametrisierter Klassen. Parameter sind benutzerdefinierte Typen.

(init) - ja

Die für eine Klasse definierten Konstruktoren und Destruktoren werden explizit für anwendungskontrollierte Objekte aufgerufen (nach den Systemfunktionen `new` oder `delete`) oder bei automatischen Objekten durch das Laufzeitsystem.

(garb) - nein

Aus Effizienzgründen wurde hierauf verzichtet.

(SONST)

Klassenvereinbarung und Methodenimplementierung können getrennt werden (*.h, *.C). C++ kennt Mechanismen zum Exception-Handling. Es gibt zahlreiche Versionen mit Koroutinen oder Persistenz von Objekten.

(BSP)

```
class Lkw : public Auto {

private:
  int kennziffer;
public:
  Motor* mot;
  int ladung=10;


  Lkw(Motor* m) {mot = m; ...};
  ~Lkw() {delete mot; ...};
  beladen(int drauf) {
    ladung -= drauf;}
};

Auto* a = new Lkw(new Motor());
a->beladen(3);
```

alle sichtbaren Merkmale der Klasse `Auto` für `Lkw` auch sichtbar.

Attribute `mot` und `ladung`.

Methoden-Definitionen:
(Rümpfe auch separat ablegbar.)
Konstruktor.
Destruktor.

`beladen()` aus `Auto` redefinieren.

Anwendung:
Polymorphie von Objektreferenz `a`.
Nachricht an `a` und "spätes Binden": ausgeführte Methode `beladen()` ist aus der Klasse `Lkw`.

(LIT)

[Elli91] ist (neben [Stro91]) *das* Referenzhandbuch der Sprache vom Hauptentwickler. [Shap91] und [Lipm89] sind gute didaktische Einführungen in C++. In [Wien88] und [Wien90] werden viele Beispiele vorgestellt. Die Konzepte der objektorientierten Programmierung stehen in den genannten Werken allerdings hinter der Einführung in C++ zurück. Der Schwerpunkt in [Gorl91] liegt in der Beschreibung der bekannten C++ Klassenbibliothek des NIH (National Institute of Health, USA), die auch über das Buch kostenlos bezogen werden kann. [Bole93] gibt eine Übersicht über Erweiterungen um Parallelität in C++.

4.3 SIMULA-67

(oo) - hybrid

SIMULA-67 ist eine *Erweiterung* der prozeduralen Programmiersprache ALGOL-60 (vergleichbar mit PASCAL) und eignet sich gut für den Einsatz in der nicht-numerischen Datenverarbeitung. Entwickelt wurde die Sprache in Oslo, wobei die objektorientierten Mechanismen, insbesondere die arbeitsteilige Entwicklung von Software, unterstützt werden sollen. Es wurde konsequent auf den `RECORD`-Konstruktor (auch: `struct` etc.) verzichtet; jede Daten-Aggregation wird durch eine Klasse (`CLASS`) und/oder ein Feld (`ARRAY`) modelliert.

(type) - ja

Klassen werden (durch den Compiler und das Laufzeitsystem) wie benutzerdefinierte Typen behandelt.

(inh) - bedingt

Vollständiges Erben von Merkmalen. Reimplementieren von Attributen ist nicht möglich.

(minh) - nein

(poly) - bedingt

Es ist möglich, Objektreferenzen Objekte verschiedenen Typs (Klassen) zuzuordnen, wobei diese nur aus Unterklassen stammen dürfen. Allerdings findet beim Methodenaufruf kein (automatisches) "spätes Binden" statt. In der Methodendefinition muß der Typ des referenzierten Objekts zunächst explizit ermittelt werden (`IF` *`objRef`* `IS` *`className`*`...;` oder: `INSPECT` *`objRef`* `WHEN` *`className`* `DO...;` `WHEN` *`className2`* `DO...;` etc.). Dadurch geht *die* Voraussetzung zur leichten *Erweiterbarkeit um neue Klassen* verloren!

(abstr) - bedingt

Die Vereinbarung von `VIRTUAL` Methoden mit leerem Rumpf in Basisklassen ist möglich (vgl. C++).

(meta) - nein

(sec) - bedingt

Durch eine Klassen-Qualifikation (`QUA`) kann die Abschirmung des Objektzustands von außen aufgehoben werden.

(ref) - ja

Es gibt nur *benutzerkontrollierte* Objekt-Konstruktionen: (`objRef:-NEW className (initArguments);`)

(gen) - nein

(init) - ja

Im Klassenblock sind initialisierende Konstruktionen möglich, die bei jeder Objekterzeugung automatisch aufgerufen werden.

(garb) - ja

(SONST)

SIMULA-67 verfügt über ein Koroutinenkonzept, in dem die "quasi-parallele" Ausführung von Methoden mehrerer Objekte simuliert werden kann (`detach` unterbricht, `resume` nimmt die Ausführung an der alten Stelle wieder auf - evtl. mit veränderterten Umgebungsparametern). Die Größen von Arrays können zur Laufzeit festgelegt werden.

(BSP)

`Auto CLASS Lkw (mot,ladung);`	Initialisierungsparameter der Instanzen
`  REF(Motor) mot;`	Referenz auf Subobjekt `mot`.
`  INTEGER ladung;`	
`  BEGIN`	weitere Attribute und deren
`    ...`	Konstruktionen.
`  END;`	
	Methoden-Definitionen:
`REF(Lkw) PROCEDURE beladen(x, drauf);`	An Funktions-Syntax angelehnt.
`  REF(Lkw) x;`	das angesprochene Objekt.
`  INTEGER drauf;`	
`  x.ladung:=x.ladung - drauf;`	
`  beladen:-x;`	"Rückgabe" des Objektes.
	<u>Anwendung</u>:
`REF(Lkw)  a;`	
`a:-NEW Lkw(mot1, 10);`	Initialisierung von a.
`a:-beladen(a,3);`	a durch Nachricht manipulieren.

(LIT)

Eine Sprachbeschreibung findet sich in [Rohl73].

4.4 SMALLTALK-80

(oo) - genuin

SMALLTALK wurde Anfang der 70er im Forschungslabor von Xerox (Palo Alto, CA) entwickelt und soll (auch durch die komfortable Einbindung in die interaktive graphische Entwicklungsumgebung) eine Sprache zur einfachen Modellierung von nichtnumerischen Problembereichen sein. Die Entwicklung hat nicht nur einen starken Einfluß auf die meisten objektorientierten Sprachentwicklungen, sondern auch auf die Gestaltung von graphischen Oberflächen gehabt (z.B. Macintosh, Motif).

(type) - nein

(inh) - ja

Alle Merkmale werden ererbt. Methoden können redefiniert werden.

(minh) - nein

(poly) - ja

Es gibt "Spätes Binden" ohne Einschränkung auf Unterklasseninstanzen. Mangels Typisierung gibt es kein Überladen.

(abstr) - ja

Methoden, die erst in Unterklassen definiert werden sollen, bekommen den Rumpf `self subclassResponsibility`.

(meta) - ja

Zu jeder Klasse gibt es eine Metaklasse. Dort sind typischerweise die Erzeugungs- und Initialisierungsmethoden sowie die Merkmale des Klassenobjekts definiert.

(sec) - ja

Alle Methoden sind nach außen sichtbar, Attribute nur in den Definitionen der Unterklassen.

(ref) - ja

Es werden beide Arten für die Zuweisungssemantik unterstützt.

(gen) - nein

(init) - ja

Objekte werden durch den Aufruf von `new` explizit erzeugt. Dabei wird der in der Klasse definierte Konstruktor zur Initialisierung `initialize` aufgerufen.

(garb) - ja

Der Garbage Collector kann explizit an-/ausgeschaltet werden.

(SONST)

Nebenläufigkeit von Methodenausführungen ist möglich. Die komfortable Einbindung in das graphische Entwicklungssystem ermöglicht schnelles Prototyping. Durch "Inspektoren" können Objekte zur Fehlersuche überwacht werden. SMALLTALK kommt fast ohne Schlüsselworte aus.

(BSP)

```
Auto subclass: #Lkw
  instanceVariableNames:            ungetypte Attribute.
    'mot  ladung'
  classVariableNames: ''            hier auch Klassenvariablen.
                                    Methoden-Definition:
initialize                          Konstruktor initialisiert ladung.
  ladung <- 10                      10 ist auch ein Objekt.
beladen: drauf                      drauf ist Parameter.
  ladung <- ladung - drauf
                                    Anwendung:
|lkw1|                              temoräre Referenzvariable, ungetypt.
lkw1  <-  Lkw new.                  Erzeugen einer Lkw-Instanz.
lkw1 mot: (Motor new) ladung: 12    Zuweisung konkreter Werte.
lkw1 beladen: 3.                    Methodenaufruf mit Paramater.
```

(LIT)

Die Sprachbeschreibung von den an der Entwicklung hauptsächlich Beteiligten findet sich in [Gold89]. Eine didaktisch gelungene, kurze Einführung an einem durchgehenden Beispiel zeigt [Kach86]. [Lalo91] gilt als das beste Buch zu diesem Thema.

4.5 OBJECTIVE-C

(oo) - hybrid

Die Sprache OBJECTIVE-C wurde 1986 von Brad Cox vorgestellt und von der Stepstone Comp. entwickelt. Sie ist eine Erweiterung der Sprache C um die wesentlichen Konzepte der Sprache SMALLTALK-80 und soll die C-spezifischen Merkmale wie Effizienz und Portabilität bewahren. Hauptprinzip der Sprache ist die Unterstützung der Wiederverwendbarkeit und Erweiterbarkeit von Software durch sogenannte Software-ICs (allgemein verwendbare Module). Die Sprache wird von einem Precompiler in normalen C-Code übersetzt.

(type) - bedingt

OBJECTIVE-C besitzt das durch die Sprache C definierte Typsystem mit der Erweiterung um den vordefinierten Typ `id` für beliebige Objektreferenzen. Aufgrund des nicht existierenden Typsystems für Klassen, stellen diese auch keine benutzerdefinierten Typen dar. Das Klassenkonzept von OBJECTIVE-C ist unabhängig vom Typsystem der Sprache C (siehe auch Syntax der Klassendefinition etc.).

(inh) - ja

Alle Merkmale werden geerbt. Methoden können in abgeleiteten Klassen überschrieben (reimplementiert) werden; für Attribute ist das nicht zulässig.

(minh) - ja

(poly) ja

Da Objekte alle den gleichen Typ besitzen (kein Typsystem für Klassen) ist kein spezielles Konzept der Polymorphie notwendig. Einer Objektreferenz (immer Variable vom Typ `id`) können Objekte beliebigen Typs zugewiesen werden. Das Überladen von Methoden ist nicht möglich.

(abstr) - nein

(meta) - ja

Klassen werden als eigenständige Objekte, sogenannte *Fabrikobjekte*, betrachtet. Bei der Definition einer Klasse kann deshalb zwischen: • den Merkmalen der Klasse (Fabrikvariablen und Farbrikmethoden, insbesondere die Erzeugungsmethode) und • den Merkmalen der Instanzen dieser Klasse (Instanzvariablen und Instanzmethoden) unterschieden werden.

(sec) - ja

Die Attribute eines Objektes sind nach außen nicht sichtbar. Die Methoden eines Objektes definieren die Schnittstelle. Eine Unterscheidung der Zugriffsrechte innerhalb der Menge der Attribute bzw. Methoden ist nicht möglich.

(ref) - ja

Objekte besitzen für Zuweisung und Vergleich eine Referenzsemantik, während für die anderen Datentypen die Semantik der Sprache C gilt.

(gen) - nein

(init) - ja

OBJECTIVE-C kennt nur die benutzerkontrollierte Erzeugung und Zerstörung (falls noch kein automatischer Garbage-Kollektor existiert) von Objekten durch Aufrufe der Fabrikmethode `new` bzw. der Instanzmethode `free`.

(garb) - ja

(SONST)

Eine bedeutende Anwendung fand OBJECTIVE-C in der großen Klassenbibliothek, die mit den Maschinen der NeXT Comp. ausgeliefert werden.

(BSP)

```
= Lkw : Auto {
  id mot;                                 allgemeiner Objektreferenztyp id.
  int ladung;  }
                                          Methoden-Definitionen:
+ new:(id)m                               Fabrikmethode "Konstruktor".
  { self = [super new];
    mot = m; ...; }
- beladen:(int)drauf                      Instanzmethoden.
  { ladung -= drauf; }
-free
  { [mot free]; [super free]; return nil; }
=:
                                          Anwendung:
id lkw1 = [Lkw new:[Motor new:...]];      Konstruktion von lkw1.
[lkw1 beladen:3];                         Nachricht an lkw1.
```

(LIT)

Die Sprachbeschreibung mit einer guten Einführung in objektorientierte Programmierung findet sich in [Cox86]. Ihr Haupteinsatzgebiet auf dem NeXT-Computer zeigt [Webs89].

4.6 EIFFEL

(oo) - genuin

EIFFEL ist eine universelle objektorientierte Programmiersprache, die 1988 von Bertrand Meyer vorgestellt wurde und auf SIMULA-67 basiert. Die Sprache unterstützt einen objektorientierten Software-Entwurf, d.h. die Konstruktion von Software-Systemen als Kollektion von ADT-Implementierungen. Die wesentlichen Prinzipien von EIFFEL sind deshalb die Wiederverwendbarkeit, Erweiterbarkeit, Kompatibilität, Korrektheit und Robustheit von Software. EIFFEL gilt als eine sehr "saubere" und ausdrucksmächtige Sprache.

(type) - ja

Vordefinierte und benutzerdefinierte Klassen repäsentieren neue *Klassentypen*. Bei der Deklaration von Merkmalen kann das flexible Konzept der *Deklaration durch Assoziierung* ausgenutzt werden, um bei der Vererbung eine implizite Redefinition von Attributen oder Methoden zu erzielen. Dabei wird die Definition eines Merkmals mit dem Merkmal aus einer anderen Klasse gleichgesetzt (`compare (other: like Current) is ...`).

(inh) - ja

Die Merkmale einer Oberklasse werden an Unterklassen vererbt. In der Unterklasse können diese Merkmale

- direkt übernommen werden,
- umbenannt werden, z.B. wegen Namenskonflikten bei Mehrfachvererbung,
  `class C export ... inherit A rename f as A_f; B rename f as B_f;`
- redefiniert werden durch Spezialisierung des Typs, z.B. Unterklasse der bisherigen Klasse.

(minh) - ja

EIFFEL unterstützt die Mehrfachvererbung. Konflikte durch das Erben gleichnamiger Merkmale müssen durch Umbenennung behoben werden. EIFFEL erlaubt das wiederholte Vererben (direkt und indirekt). Dabei ist das virtuelle Erben (keine Duplizierung wiederholt geerbter Merkmale) der Default, der nur durch Umbenennung von Merkmalen umgangen werden kann.

(poly) - ja

Polymorphie wird unterstützt, indem einer Referenz auf eine Klasse auch Objekte von Unterklassen dieser Klasse zugewiesen werden können (Polymorphie in getypten objektorientierten Programmiersprachen). Das unmittelbar auf der Polymorphie basierende dynamische Binden ist der Default. Überladen von Methoden ist nicht möglich.

(abstr) - ja

EIFFEL kennt abstrakte Klassen unter dem Namen `deferred classes`. Eine Klasse ist abstrakt, wenn sie mindestens eine abstrakte (nichtimplementierte) Operation (`deferred method`) besitzt.

(meta) - nein

(sec) - ja

Die Schnittstelle einer Klasse wird in einer `export`-Klausel durch Angabe aller nach außen sichtbaren Merkmale explizit definiert. Durch *selektiven Export* können für einzelne Merkmale die Zugriffsrechte auf bestimmte Klassen eingeschränkt werden. Die Vererbung und Gewährung von Zugriffsrechten sind orthogonale Konzepte, so daß Unterklassen private Merkmale ihrer Oberklasse exportieren können und umgekehrt öffentliche Merkmale der Oberklasse in Unterklassen privat sein können.

(ref) - ja

Die Operationen Zuweisung und Vergleich besitzen Referenzsemantik für Instanzen von Objekttypen und Wertsemantik für einfache Datentypen.

(gen) - ja

Generizität wird in Form von *parametrisierten Klassen*, d.h. Klassen mit formalen generischen Typparametern unterstützt. Für Instanzen (Objekte, Variablen) dieser generischen Typparameter sind dabei nur die allgemein anwendbaren Operationen Zuweisung, Parameterübergabe und Vergleich zulässig.

(init) - ja

EIFFEL kennt nur die benutzerkontrollierte Erzeugung von Objekten durch Aufruf der vordefinierten `Create`- oder `Clone`- Methode, aber keine benutzerkontrollierte Zerstörung von Objekten (Aufgabe des Garbage-Kollektors). Stattdessen gibt es eine vordefinierte `Forget`-Methode zum Löschen von Objektreferenzen. Die `Create`-Methode belegt die Attribute eines Objektes standardmäßig mit Defaultwerten; sie kann jedoch vom Programmierer überschrieben werden.

(garb) - ja

Der Garbage-Kollektor ist als Koroutine realisiert und wird beim Unterschreiten einer Mindestmarke des verfügbaren Speicherplatzes automatisch aktiviert. Er zerstört die Objekte, auf die kein Zugriff (keine Referenz) mehr besteht und kann durch den Programmierer sowohl statisch als auch dynamisch ein- und ausgeschaltet werden.

(SONST)

Es können Vor- und Nachbedingungen von Methoden sowie Klasseninvarianten festgelegt werden. Das sind Prädikate, die den Zustand von Objekten (vor und nach Methodenausführungen bzw. stets gültig) beschreiben. Sie werden zur Laufzeit überprüft (benutzerkontrolliert) und unterstützen die Robustheit von Programmen. EIFFEL besitzt ein Konzept für das Exceptionhandling, das die Behandlung von Laufzeitfehlern und Fehler durch nicht erfüllte Prädikate erlaubt.

(BSP)

`class Lkw export Create,beladen;`	alle nach außen sichtbaren Merkmale.
`inherit  Auto`	Basisklasse.
`feature`	Liste der Merkmale.
`  mot: Motor; ladung: integer;`	Attribute.
	Methoden-Definitionen:
`  Create (m:Motor) is`	Konstruktor.
`    do mot:= m;...end; -- Create`	
`  beladen (drauf:integer) is`	Methode `beladen`.
`    do ladung:=ladung - drauf;`	
`    ...end; -- beladen`	
`end -- Lkw`	
	Anwendung:
`m:Motor; a:Auto; l:Lkw;`	Objektreferenzen.
`m.Create(...);  l.Create(m);`	Initialisierung.
`a := l;`	Polymorphie von Objektreferenzen.
`a.beladen(3);`	spätes Binden der Methode `beladen` an Realisierung in `Lkw`.

(LIT)

Die Sprachbeschreibung mit einer guten Einführung in die objektorientierten Konzepte findet sich in [Meye88].

4.7 CLOS

(oo) - hybrid

Das COMMON LISP Object System (CLOS) ist eine *Erweiterung* von COMMON LISP. Durch die Verbindung mit den funktionalen Eigenschaften von LISP ist CLOS (und andere Sprachen dieser Art) gut für die Verarbeitung von Strukturmustern geeignet, wie sie auch in KI-Anwendungen genutzt werden (siehe auch 1.2). Damit werden auch die objektorientierten Konzepte mit den Vorteilen von LISP (Daten sind Anweisungen, d.h. Möglichkeit zur Selbst-Modifizierung von Programmen) verbunden. CLOS ist eine Weiterentwicklung zweier objektorientierter Erweiterungen von LISP: NEW FLAVORS von Symbolics und COMMON LOOPS von Xerox. Die Ergänzungen zu LISP umfassen neben dem Flavor-System (die Einbettung von Klassendefinitionen usw.) die Mehrfachvererbung, deklarative Methodenkombination, ein Meta-Objekt Protokoll und Generizität bei Methoden.

(type) - bedingt

Es gibt keinen statischen Typtest, aber es gibt ein Typsystem und Typprädikate. Jede Klasse in CLOS definiert einen COMMON LISP-Typen. Jeder Wert ist Element mindestens einer CLOS -Klasse, die zur Laufzeit ermittelt werden kann. Einige Mechanismen der statischen Typisierung können damit durch den Programmierer nachgebildet werden.

(inh) - ja

Attribute (Slots) besitzen Slot-Optionen (`:allocation`, `:type`, `:initarg` etc.), für die unterschiedliche Vererbungsregeln gelten. Die Vererbung von Methoden hängt von ihrer Rolle ab. Von den `:primary`-Methoden wird genau eine, die spezifischste ererbt. Weitere Methoden können in bestimmten Rollen damit verbunden werden (`:before`-, `:after`- und `:around`-Methoden in einer Kombination).

(minh) - ja

Merkmale von Basisklassen werden alle geerbt, aber im Fall von Namenskonflikten *nicht gleichberechtigt*. Methoden werden in depth-first Reihenfolge der Basisklassenvereinbarung entsprechend der `class-precedence-list` ererbt. Der Wertebereich von gleichbenannten Attributen ist der spezialisierteste gemeinsame Obertyp der ererbten Attribute.

(poly) - ja

Als Besonderheit gibt es generische Funktionen (s.u.). Die Auswahl der Implementierung einer solchen Funktion hängt von den Typen aller Argumente ab (nicht nur des ersten "Empfänger"-Arguments). Methoden können daher nicht mehr einzelnen Klassen zugeordnet werden.

(abstr) - nein

Jede Klasse ist instanziierbar. Als Programmierkonvention gibt es allerdings die Verwendung von sog. "mixins" zum Zweck der einheitlichen Protokoll-Vereinbarung.

(meta) - ja

Es gibt ein ausgefeiltes Meta-Objekt Protokoll, über das die Semantik von CLOS operational beschrieben ist. Es steht dem Programmierer zur Verfügung, um Klassen mit anderem Verhalten zu definieren (z.B. Bearbeitung von Nachrichten, Konstruktion von Instanzen etc.).

(sec) - bedingt

CLOS stellt Sprachkonstrukte zur Verfügung, die den Zugriff auf Attribute einschränken. Allerdings gibt es Möglichkeiten, diese Mechanismen zu umgehen.

(ref) - ja

(gen) - nein

Es gibt keine generischen Klassen, aber generische Funktionen.

(init) - ja

(garb) - ja

(SONST)

Ein Modulkonzept wird durch sogenannte "Packages" realisiert.

(BSP)

```
(defclass LKW (AUTO)                          Klasse mit Basisklasse.
  ((MOT :initarg :mot                         Attribute mit Initialisierung
        :accessor LKW-MOT                     Zugriffsmethode zum Lesen/Schreiben
        :initform NIL)                        Initialisierung.
   (LADUNG :initarg :ladung
           :accessor LKW-LADUNG
           :initform 10))                     Default-Wert für LADUNG.
  (:meta-class 'STANDARD-CLASS))              optionale Angabe.
                                              Methoden-Definitionen:
(defgeneric BELADEN(kfz drauf))               Generische Methode mit 2 Parametern.
(defmethod BELADEN((kfz LKW) drauf)           Eine Implementierung:
                                              kfz ist aus LKW, drauf ist ungetypt.
  (setf (LKW-LADUNG kfz)                      Attribute neu setzen.
     -(LKW-LADUNG kfz) drauf)))
```

```
(setf LKW1 (make-instance ´LKW
      :mot (make-instance ´MOTOR)
      :ladung 5))

(BELADEN LKW1 3)
```

Anwendung:
Erzeugung von Instanz LKW1.

Attribute mit Objekten initialisieren.

Nachricht BELADEN an Objekt LKW1.

(LIT)

CLOS wurde von der ANSI als Teil von COMMON LISP standardisiert [Bobr88] (siehe auch [SIGP88]). Eine gute Einführung gibt [Keen89].

4.8 PROLOG++

(oo) - hybrid

PROLOG++ ist eine *Erweiterung* von LPA-PROLOG durch die Firma Apple Comp.. Die Sprache verbindet die nicht-prozedurale Programmierung in PROLOG mit dem mächtigen objektorientierten Modellierungsformalismus. PROLOG++ ist ein Aufsatz, der nach PROLOG übersetzt wird und entsprechend uneffizient arbeitet. Aber wie LISP werden Daten (auch Objekte, Klassenbeschreibungen) wie Code (Prädikate) behandelt - Klassen können zur Laufzeit eingeführt oder verändert werden !

(type) - nein

(inh) - ja

Überschreiben und Überladen von Methoden ist möglich.

(minh) - ja

(poly) - ja

Da PROLOG++ ungetypt ist, ist Polymorphie automatisch gegeben.

(abstr) - nein

(meta) - nein

(sec) - ja

Es gibt öffentliche, private und lokale Methoden.

(ref) - ja

(gen) - nein

(init) - ja

(garb) - ja

In PROLOG++ werden alle Variablen vom System verwaltet.

(SONST)

PROLOG++ ist eine deskriptive Sprache, in der ein Problembereich durch Prädikate und nicht durch Lösungsalgorithmen beschrieben wird (Spezifikation). Neben "passiven" Objekten können auch "Deamon"-Objekte definiert werden, die abhängig von bestimmten Objektzuständen selbständig reagieren. Es gibt graphische Entwicklungsumgebungen (z.B. MacObject).

(BSP)

`open_object lkw.`	Definition der Klasse `lkw` aus `auto`.
`super = auto.`	
`private kennziffer.`	Attribute der Klasse.
`mot.`	
`ladung = 10.`	
	Methoden der Klasse `lkw`.

`beladen (Drauf) :-`
`  Drauf>self::ladung, !,`
`  self::ladung := 10.`
	Methode (hier: Prädikat), die durch Fakten und / oder Regeln definiert ist, mit Zuweisungsnachricht an `ladung`

`beladen (Drauf) :-`
`  self::ladung :=`
`close object lkw.`
	weitere Regel des Prädikats, die angewendet wird, wenn vorhergehende Regel nicht paßt.

	<u>Anwendung</u>:
`instance<-new(lkw,a)`	`instance` ist ein build-in object mit Methode new.
`a<-beladen(3)`	Unifiziere die freie Variable `drauf` durch Regelanwendungen.

(LIT)

Die Sprache wird kurz in [Doss91] und ausführlicher in [Moss90] beschrieben. [Müll94] gibt eine Übersicht über diese Sprachklasse und stellt eine weitere Sprache vor.

4.9 Sonstige objektorientierte Sprachen

Hauptsächlich für PCs sind verschiedene objektorientierte PASCAL-Erweiterungen auf dem Markt: ACTOR (3.0) (siehe [Acto87], The Whitewater Group, Evanston, Illinois 60201 USA), das sehr effizienten Code liefern soll. OBJECT PASCAL wurde von Apple Comp. unter Mitarbeit des PASCAL-Entwicklers Wirth definiert (Apple Comp., Renton, WA, siehe [Tesl85]). TURBO-PASCAL (5.5) liegt näher an C++, hat aber nicht so mächtige objektorientierte Konzepte (siehe [Turb88]). OBERON-2 ist eine Fortentwicklung der PASCAL-Erweiterung MODULA-2 (siehe [Möss92]). Häufig wird noch ADA erwähnt, die aber nur Kapselung sowie Templates und keine Vererbung aufweist.

Objektorientierte Programmierung ist auch mit der Programmierschnittstelle von objektorientierten Datenbanksystemen möglich. Zu den meisten Systemen gibt es entsprechende Sprachen, meistens als effizientere (da besser auf die Systemeigenschaften abgestimmte) Alternative zu Wirtssprachen wie C++ oder SMALLTALK. Auch zu der für relationale Datenbanksysteme standardisierten "Ad-Hoc"-Anfragesprache SQL gibt es objektorientierte Versionen (siehe SQL3 in [Pist93] oder Object SQL in [Harr91]).

Kurzübersichten über ca. 80 objektorientierte Sprachen geben [Sand89] und [Mica88]. Abbildung 4.9-a stellt den Entwicklungsprozeß verschiedener "Hauptlinien" objektorientierter Sprachen aus prozeduralen, funktionalen und deklarativen Sprachen heraus. Über die exakten Abstammungsbeziehungen gibt es in der Literatur allerdings keine einheitliche Meinung.

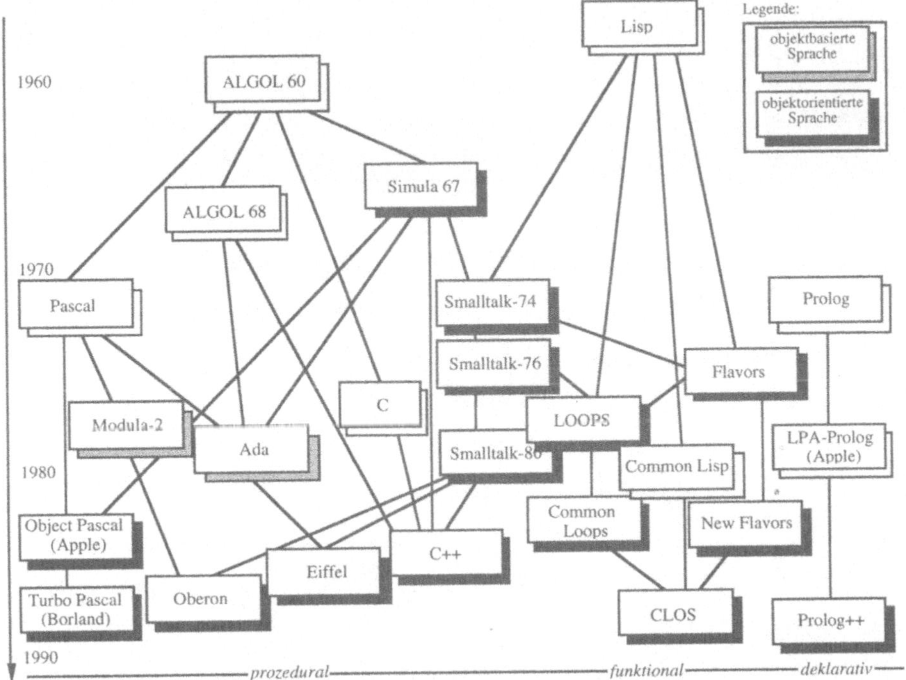

Abb. 4.9-a: Entwicklungslinien objektorientierter Sprachen

5. Entwicklung objektorientierter Software

Den Schwerpunkt dieses Kapitels bilden objektorientierte Analyse und Design (*ooA* und *ooD*). Ihr Ziel ist der Entwurf von Klassen und Objekten mit ihren Merkmalen und Beziehungen. Das Kapitel soll ein Gefühl für diesen schwer zu formalisierenden Prozeß vermitteln und helfen, dafür einen persönlichen Stil zu finden. Dazu werden einige der vielen verschiedenen Verfahren an einem Beispiel durchgängig beschrieben und einige allgemeine Faustregeln genannt. Hinweise zu graphischen Notationen und Codierungsregeln erleichtern die gleichzeitige Erstellung der Dokumentation. Ein weiterer Abschnitt beschäftigt sich mit der Qualitätsprüfung des Entwurfs und dem abschließenden Tuning. Wie auch bei traditioneller Software-Entwicklung ergibt sich ein großer Bedarf nach Werkzeugen, die den Entwicklungsprozeß in allen Phasen unterstützen (sog. CASE Werkzeuge). Der letzte Abschnitt klassifiziert diese Werkzeuge und stellt einige verfügbare Systeme kurz vor.

Techniken des Software-Engineering sind nur schwer "vom Blatt" zu glauben und richtig umzusetzen. Immer bedeutet diese Tätigkeit ja (zunächst) auch Mehraufwand. Sofortiges Verarbeiten der Gedanken in Code ist hier zunächst oft verlockender. Man muß eben erst die Erfahrung gemacht haben, sich in seinen Realisierungsplänen und im Code zu verlaufen, bevor man eine Methodik des ooA und ooD anwendet. Und erst, wenn man seine immer wirrer werdenden Aufzeichnungen darüber selber nicht mehr lesen kann (geschweige denn andere Personen im Team) und auch der Code selbst nicht eingängig ist, wird man eine graphische Notation zur Dokumentation erlernen und Grundregeln zur Code-Gestaltung akzeptieren. Wenn man dann noch seine Arbeit einer objektivierbaren Qualitätsüberprüfung unterzieht und danach erst an gekennzeichneten Stellen im System Tuning vornimmt, ist man auf dem richtigen Weg. Mit diesen Erfahrungen wird man dann auch ein Werkzeug, das Phasen dieses Prozesses unterstützt, trotz der hohen Kosten zu schätzen wissen.

Genau diese oben genannten Punkte in der angegebenen Abfolge bilden den Gegenstand dieses Kapitels.

5.1 Objektorientierte Analyse und Design

Im folgenden wird eine bei weitem nicht vollständige Übersicht über veröffentlichte Methoden zum Entwurf von objektorientierter Software gegeben[1]. Während es über die Menge der objektorientierten Konzepte und ihre Bedeutung weitgehenden Konsenz gibt, ist das für das ooA & ooD nicht der Fall. In der traditionellen Software-Entwicklung sind Datenflußanalyse, Strukturierte Analyse und funktionale Dekomposition weitgehend akzeptiert. Beim Datenbankentwurf wird Analyse und Design mittels Entity-Relationship-Diagrammen und Normalisierungsverfahren durchgeführt. In der objektorientierten Software-Entwicklung gibt es eine solche Situation nicht. Hier wurde und wird nachwievor noch viel Neues publiziert.

Zunächst unterscheidet man zwischen Analyse (*ooA*) und Design (*ooD*). In der Analyse werden die Elemente des Problembereichs identifiziert und in Beziehung gesetzt. Prinzipiell soll ein Analysemodell beschreiben, *was* ein System zu tun hat. Das Designmodell und das Programm legen dann fest, *wie* dies zu geschehen hat. Angelehnt an die Modellierungsmöglichkeiten der Programmiersprache wird eine realisierungsnähere Beschreibung gefunden, die dann während der Programmierung codiert wird. Viele sehen die Lücke zwischen der intellektuellen Wahrnehmung eines Problems und seiner Codierung bei der objektorientierten Entwicklung als relativ klein an. Dies ist eine Folge der Tatsache, daß alle drei Phasen in der Definition von Klassen und Objekten mit ihren Beziehungen resultieren, die allerdings mit unterschiedlichem Detaillierungsgrad.

Wir wollen deswegen zur Vereinfachung nicht immer die Unterscheidung zwischen ooA und ooD treffen. Weiterhin beschränken wir uns darauf, nur einige exponierte Verfahren kurz zu beschreiben und an Beispielen zu verdeutlichen. Zu weiteren Verfahren wird lediglich eine kurze Übersicht mit Literaturhinweis gegeben. Im Anschluß daran werden, unabhängig von diesen Verfahren, die Funktionalitäten einiger aus Kapitel 2 und 3 bekannten Konzepte im Licht des ooA & ooD wiederholt.

Ziel des objektorientierten Entwurfs ist letztendlich die Erweiterung eines gegebenen Basissystems (Mechanismen der Basissprache und vordefinierte Klassen einer Bibliothek) um neue, anwendungsnähere Klassen. Die Anwendung besteht dann aus der Erzeugung und Kommunikation von Instanzen dieser Klassen.

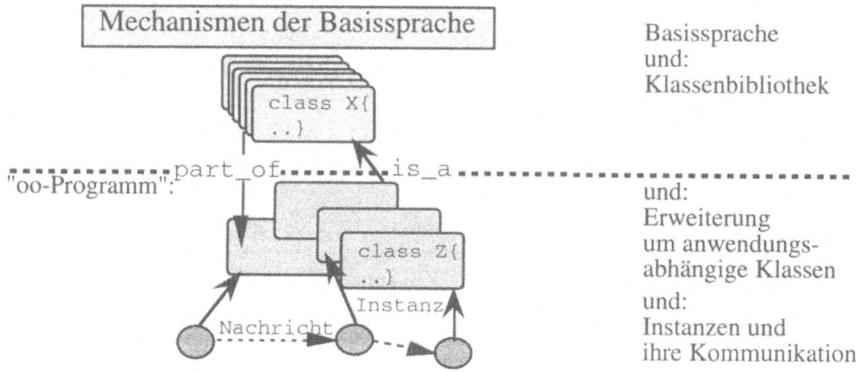

Abb. 5.1-a: Objektorientierte Programme als Erweiterung der objektorientierten Basissprache

Von der Analyse zur Realisierung gibt es aber keine strikte Abfolge. Jede folgende Phase liefert vielmehr Feedback zur vorhergehenden Phase und führt ggf. zur Wiederholung (von Teilen) dieser Phase ("Pendelabfolge"), wie Abb. 5.1-b veranschaulicht.

Damit unterstützt der objektorientierte Entwurf die Idee des sogenannten *rapid prototyping*. Die wesentlichen Konzepte einer Anwendung werden durch Klassen beschrieben, die aber noch nicht die volle Endfunktionalität haben müssen. Durch die schnelle Verfügbarkeit eines ersten Prototypen können Teile bereits getestet und vom Benutzer untersucht werden. Das Feedback fließt dann in die späteren Verfeinerungen der Klassen ein (z.B. durch Ableiten von Unterklassen mit Erweiterungen oder Redefinition von Merkmalen).

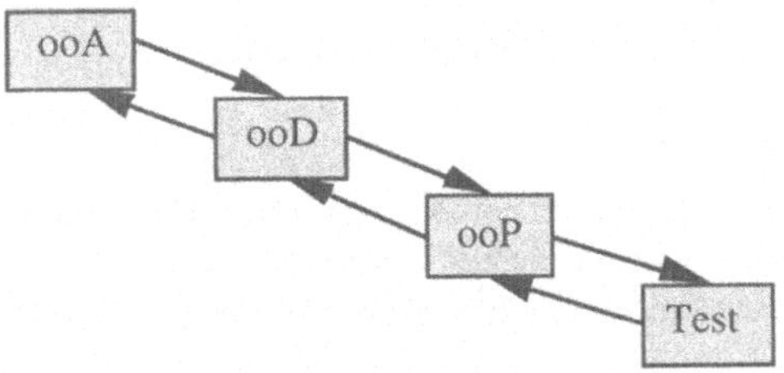

Abb. 5.1-b: Phasen des objektorientierten Entwurfs und ihr Feedback ("Pendelfolge")

Grundsätzlich werden zwei unterschiedliche Vorgehensweisen des Entwurfs identifiziert:

- Übertragung der Ergebnisse der Problemanalyse mit bekannten Methoden in eine objektorientierte Repräsentation (z.B. funktionale Dekomposition des Problembereichs oder Datenfluß-Analyse oder Analyse struktureller Zusammenhänge Mittels ER-Diagrammen[2] etc.).
- 'Reiner' objektorientierter Entwurf (im Wesentlichen der Entwurf von Klassen) als Pendelfolge.

Im folgenden soll zu beiden Vorgehensweisen ein typischer Ansatz an einem Beispiel erläutert werden. Danach wird noch ein "zwischen" beiden Ansätzen angesiedeltes Verfahren genannt.

5.1.1 Von funktionaler Dekomposition zum objektorientierten Design

Die Gewöhnung an prozedurale Sprachen verführt zu einer funktionalen Dekomposition des Problembereichs. Wie man mit dieser nicht-objektorientierten Analysestrategie zu einem objektorientierten Design und Implementierung kommen kann, zeigt z.B. [Hend91]. Das dort beschriebene Vorgehen soll hier etwas freier auf das Beispiel der Mini-Simulation von Bankgeschäften übertragen werden: *"Kunden haben Konten, die sie ändern können etc."*. Die funktionale Dekomposition ergibt (für einen Teilausschnitt):

- (*funktionale Dekomposition*) "Überweisung annehmen - als fehlerhaft zurückmelden oder weiterleiten - Konto ändern - Kunde benachrichtigen" (siehe Abb. 5.1.1-a).

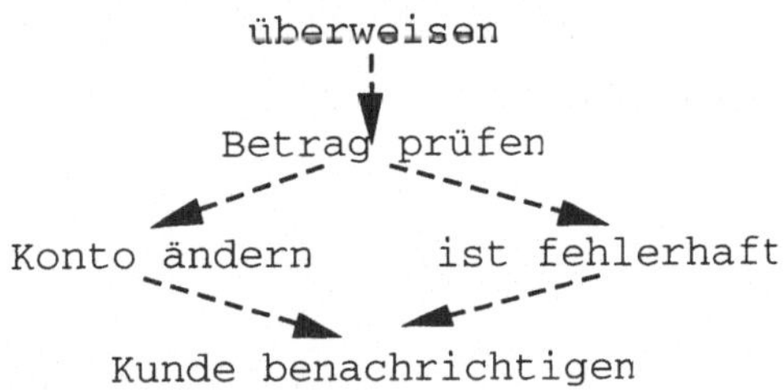

Abb. 5.1.1-a: Funktionale Dekomposition der Überweisungs-Aktivität

In objektorientierter Software werden Objekte (-Klassen) mit ihren *drei Arten der strukturellen Beziehungen* beschrieben: Komposition (durch Subobjekte), Vererbung und Klassenkunde (d.h. Benutzung von Objekten der Klasse). Insbesondere die dritte Art kann durch (klassische) funktionale Analyse (Dekomposition) identifiziert werden. Die ersten beiden Beziehungsarten für Objektklassen können teilweise gut durch ein sogenanntes ER-Diagramm bzw. EER-Diagramm[3] (extended ER) dargestellt werden. Damit erhalten wir die weitere Ebene der strukturellen Dekomposition (mehrere Methoden, z.B. [Coad91a] und [Shla88] lassen sich auf diese Art der Dekomposition zurückführen):

- (*strukturelle Dekomposition*) "Das Objekt `Kunde` hat Name, Adresse (Attribute) und `hat` (Beziehung) ein `Konto` (siehe Abb. 5.1.1-b).

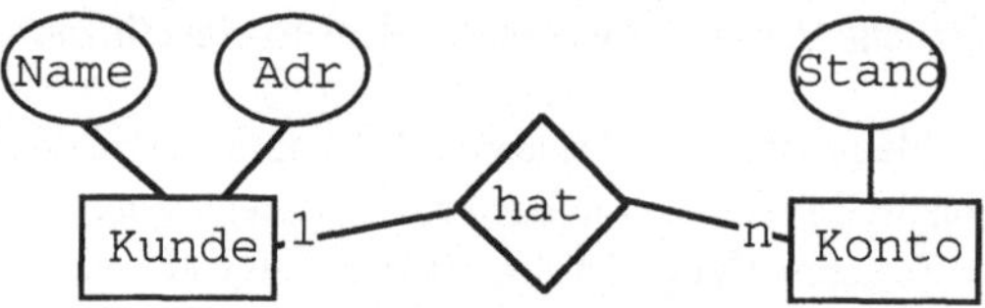

Abb. 5.1.1-b: Entity-Relationship Diagramm des Kunde-Konto-Problems

Durch die ERAM Methode (ER - Attribut - Methode) werden nun beide Beziehungsebenen kombiniert. Die oben ermittelten Funktionen führen neue Kanten in das ER-Diagramm ein, die das Verhalten von Objekten (die Methoden mit ihren Schnittstellen) modellieren.

- (*Ergänzung um Methoden und ihre Schnittstellen*) `Kunde` mit Name, Adresse und `Konto` (Attribute und Aggregat) *kann* auf `Konto` einen `Betrag` `überweisen` (Methode), der dort zu einer Kontoänderung führt. Das sind Aktivitäten, die andere Objekte einbeziehen können (eine Skizze dazu zeigt Abb 5.1.1-c).

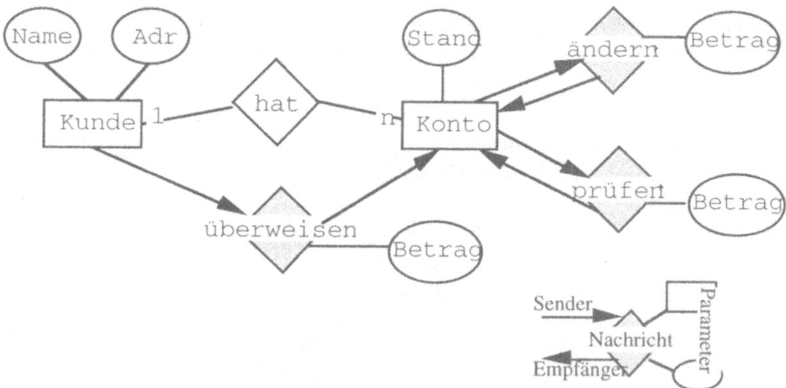

Abb. 5.1.1-c: ER-Attribut-Methode Diagramm des Kunde-Konto-Problems.

In der Design-Phase wird dann das ERAM-Modell in Klassendefinitionen übersetzt und weitere objektorientierte Mechanismen (Vererbung etc.) eingesetzt. Die Konsistenz der Ableitung von ER(AM)-Informationen kann mit Hilfe einer Menge von Regeln gut durch ein Werkzeug überwacht werden. Zum "objektorientierten" ER-Ansatz siehe [Gorm91].

Vorteilhaft an diesem "hybriden Verfahren" (stellvertretend für viele Verfahren dieser Art) ist die Möglichkeit, vertraute Methoden oder deren bereits vorhandene Ergebnisse zu übernehmen. Die Hoffnung ist dann, diese Ergebnisse weitgehend mechanisch in Klassendefinitionen überführen zu können. Das ein solches Verfahren aber nur ein Behelf sein kann, deutet die Komplexität an, die schon in diesem kleinen Beispiel zu bewältigen ist. "Reine" objektorientierte Verfahren erlauben es, sich langsam durch mehrere Detaillierungsebenen an die Gesamtkomplexität heranzuarbeiten. Das Verfahren aus 5.1.2 ist dafür ein Beispiel.

5.1.2 Objektorientiertes Design im 5-Phasen-Modell

In dem kurzen aber eingängigen Beitrag zum ooD in [Scha91] werden fünf Phasen in der Suche nach Klassen identifiziert. Diese Phasen wurden bei der Entwicklung von objektorientierter Software beobachtet und haben sich als recht günstig herausgestellt! Sie basieren darauf, daß der Prozeß der Erstellung der Klassenhierarchie kein strikter top-down-Prozeß ist, sondern ein verzahntes Vorgehen der Beschreibung der Klassen(-Merkmale): Generalisierung bestehender Klassen, Definition neuer abgeleiteter und Änderung existierender Klassen etc.. Das Pendelvorgehen kann also auch *innerhalb* des ooD gesehen werden.

Die Beispiele beziehen sich auf das klassische "Lieferanten-Problem": "Lieferanten können abgefragt und geändert werden, inventarisierte Teile werden durchgesehen, Aufträge geprüft, erledigt oder hinzufügt etc.".

(1) Definition der Klassen, die *physische Objekte* ("Daten" oder *key abstractions*) darstellen. Bsp: `Lieferant` (mit Name und Adresse), `Teil`, `Auftrag` (mit Preis und Lieferdatum).

(2) *Faktorisierung* der Klassen nach ihrem (gemeinsamen) Verhalten in abstrakte Klassen. Z.B. ist das Manipulationsverhalten auf allen "Datenbank-Objekten" gleich. Bsp: `GenericDB` (mit: Attribut `key`, Methoden `createKey`, `addKey`, `retrieveKey`, etc.)

(3) Definition von Klassen, deren Instanzen *komplexe Informationen* über die Objektumwelt bereitstellen können, d.h. *Agenten*, die andere Objekte kennen. Dies kann in Klassen durch Komposition modelliert werden (z.B. als mehrfach benutzbare Subobjekte). Bsp: in `L_Agent` (Lieferant kennt seine lieferbaren Teile), auch: in `T_Agent` (Teile kennen ihre Lieferanten - das Teil wird durch diese Aggregation ein belebtes Objekt), aber nicht `Auftrag`.

(4) Klassen für die Objekt-*Steuerungsstruktur* definieren. Bsp: `GenericTask` (mit Methode `runTask` etc.). Bsp: in `L_Update` (Auftrag erzeugen, Lieferant eintragen etc.).

In anderen Ansätzen werden Klassen aus (3) auch Informationsquellen genannt und Klassen aus (4) Informationssenken. Dort werden Informationen über Objektzustände verarbeitet, was üblicherweise eine Zustandsänderung zur Folge hat.

(5) Klassen für die *Benutzerinteraktion* (UIF: User Interface). Hier wird immer zwischen den Klassen des "Modells" (im Wesentlichen die aus (3) und (4)) und denen der "Benutzer-Sicht" getrennt, um Teile des Modells auch in anderen Umgebungen wiederverwenden zu können. Bsp: in `T_UIF` (mit passenden Methoden zur Schnittstelle von `Teil`)

Die Abb. 5.1.2-a zeigt die resultierende Klassenhierarchie. Auf die Veranschaulichung der fünf Schritte in Einzelgraphiken (wie in 5.1.1) wurde hier verzichtet.

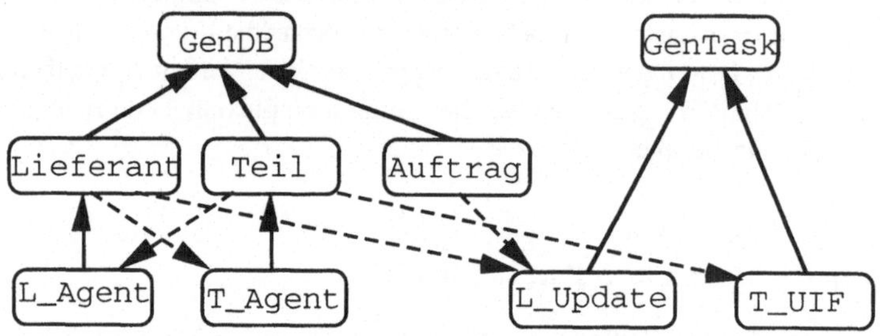

Abb. 5.1.2-a: Resultierende Klassenhierarchie nach dem 5-Phasen-Modell (durchgezogener Pfeil: Unterklasse; gestrichelter Pfeil: Komposition)

5.1.3 Entwurf mit CRC-Karten

Dieses in [Wirf90] vorgestellte objektorientierte Verfahren nimmt in gewissem Sinne eine Position zwischen beiden oben genannten Ansätzen ein. Zum einen steht die Identifizierung einer Klassenhierarchie erst am Ende des Prozesses und den durchzuführenden Aktivitäten wird eine zentrale Rolle eingeräumt. Zum anderen wird die im objektorientierten Sinne richtige Auffassung vertreten, daß jede Aktivität von einem "Agenten" ausgelöst werden muß. Der Entwurf zielt damit auf die Suche und Beschreibung dieser Agenten ab. Es macht dabei zunächst keinen Unterschied, in welcher Rolle diese Agenten gesehen werden: als generalisiertes Konzept vertreten sie eine Klasse und als Teilnehmer an einer Aktivität sind sie ein Objekt.

Agenten werden auf CRC Karten beschrieben. Diese umfassen genau den Namen (<u>C</u>lassname), die Verantwortung für bestimmte Dienste (<u>R</u>esponsibility) und die Zusammenarbeit mit anderen Agenten (<u>C</u>ollaboration). Der Name soll möglichst sinnfällig gewählt werden (siehe dazu noch 5.2.2). Die Verantwortung für die Dienste wird mittels eines aktiven Verbs beschrieben - nicht durch die Realisierung der Dienste. Die Zusammenarbeit muß alle Zulieferer aufnehmen und kann Nutzer nennen. Die Vorschrift, daß CRC-Karten ca. 10 cm * 15 cm groß sein sollen, ist eine einfache Qualitätssicherung: zuviel Verantwortung oder Zusammenarbeit ist ein Hinweis auf eine mögliche Verlagerung der Verantwortung oder sinnvolle Teilung des Agenten. Abb. 5.1.3-a zeigt eine CRC-Karte zu dem Bank-Beispiel aus 5.1.1.

Name: Kunde	Zusammearbeit:
	Konto
Verantwortung für:	
Konto abfragen *Betrag überweisen auf Konto*	

Abb. 5.1.3-a: CRC-Karte des Kunden-Agenten

Erst nach der Sammlung einer Vielzahl solcher Karten wird die Konsistenz geprüft (z.B. "paßt die Zusammenarbeit ?") und Generalisierungen oder Ableitungen gesucht.

5.1.4 Der Einsatz von objektorientierten Mechanismen im Entwurf

In diesem Abschnitt werden noch einmal die Design-Optionen (in beliebiger Reihenfolge) zusammengestellt, die in den Abschitten der Kapitel 2 und 3 ausführlich motiviert und beschrieben wurden. Die Suche nach Klassen und ihren Definitionen ist zentral und wird hier ausführlicher behandelt. Zu diesem Thema wurden Heuristiken aus mehreren Arbeiten zum ooD gesammelt.

(1) Abstrakte Klasse

- Mit Hilfe einer Abstrakten Klasse als gemeinsame Basisklasse können "ähnliche" Klassen in eine "künstliche" Klassenhierarchie eingebracht werden. Dadurch werden die Einsatzmöglichkeiten der Polymorphie, die in statisch getypten Sprachen auf die Verwendung von Instanzen aus Unterklassen beschränkt ist, erweitert (siehe 3.4.1).

- Im Projektmanagement kann durch eine Abstrakte Klasse ein Minimal-Protokoll für einen Teil der Klassenhierarchie festgelegt werden. Die Realisierung der Protokoll-Methoden obliegt dann den einzelnen Projektmitgliedern (siehe 3.4.2).

- Außer dem Protokoll können aber auch bestimmte Implementierungen, die in mehreren Klassen benötigt werden, zentral definiert und weitervererbt werden. Das Erkennen von Gemeinsamkeiten, die dann in einer gemeinsamen Basisklasse zusammengefaßt werden, nennt man Faktorisieren. Der Vorteil, Software-Teile nicht redundant in mehreren Klassen zu definieren, liegt dann auf der Hand, wenn diese Teile geändert werden müssen (siehe 3.4.3).

(2) Aggregierte Klasse durch mehrfaches Erben oder Komposition

- Klassen können auf zwei Arten aus anderen Klassen hervorgehen: durch Komposition und (mehrfaches) Erben. Die Vererbung ist häufig einfacher zu realisieren, da das Protokoll der Basisklasse übernommen werden kann. Der zusätzliche Definitionsaufwand ist gering. Rapid Prototyping wird dadurch erleichtert. Bsp.: `Auto is_a Maschine` (mit Leistung, Energie etc.) und `Auto is_a Fahrzeug` (mit Geschwindigkeit, Lademöglichkeit etc.).

- Komposition, bei der Teile von Klasseninstanzen aus anderen Klassen kommen, erfordert eine aufwendigere Definition des Protokolls. Dabei macht man sich aber genau klar, welche Sicht auf die Subobjekte im Protokoll definiert wird. Dadurch ist ein späterer Austausch der Teile leichter. Bsp: `Motor is_part Auto` und `Fahrgestell is_part Auto`, Methoden zum Beladen und Betanken etc. müssen definiert werden.

(3) Ableitung und Vererbung

- Vererbung wird erst nach dem ersten Grobentwurf betrachtet. Durch die einfache Möglichkeit, neue Klassen zu definieren, ist sie ein Mechanismus des Rapid Prototyping.

- Interna einer Klasse können in einer (abstrakten) Basisklasse versteckt werden und dann, nicht sichtbar für den (Weiter-)Entwickler, ererbt werden. Dadurch wird vermieden, daß versehentlich Abhängigkeiten von diesen Interna in Klassenkunden eingebaut werden. Es ist also ein Mechanismus des Information Hiding.

- Kritisch sollte stets die Frage beantwortet werden, ob ggf. eine Klasse geändert oder eine Unterklasse abgeleitet werden soll. Ableiten verletzt nicht alte Anwendungen der bestehenden Klasse. In Entwicklungsteams darf dies aber nicht dazu entarten, daß eine Vielzahl von Unterklassen mit gleicher Basisklasse geschaffen wird. Jedes Mitglied entwirft dort Unterklassen nach seinen Bedürfnissen, die aber oft sehr deckungsgleich sind und dann das Problem redundanter Software-Teile hervorrufen (siehe Abstrakte Klasse). Hier ist es besser, sich auf gemeinsame (Basis-)Klassen zu verständigen und diese auch zu ändern, wenn nur ihre Implementierung ausgetauscht werden soll.

- Eine weitere Frage, die bei der Vererbung gestellt werden muß, lautet: will man eine Klasse verfeinern (mit is_a-Beziehung und damit Nutzung der Polymorphie) oder nur Software wiederverwenden ? In C++ kann dies durch den Ableitungsmodus (`pulic` oder `private` ableiten) festgelegt werden.

(4) Polymorphie

- Polymorphie ist *die* Möglichkeit, Erweiterungen zu vereinfachen. Sie sollte möglichst überall verwendet werden, um Erweiterung durch neue Unterklassen und die Verwendung ihrer Instanzen zu erleichtern. Die Typisierung von Objektreferenzen (Variablen, Parameter) sollte immer so allgemein wie möglich vorgenommen werden, um solchen Referenzen Instanzen möglichst vieler Unterklassen zuweisen zu können. Evtl. müssen "künstliche", allgemeinere Typen eingeführt werden (siehe Abstrakte Klasse und 3.4.1).

(5) (Suche nach) Klassen

- Klassen spielen die zentrale Rolle in der objektorientierten Modellierung. Die Suche nach ihnen ist auch Gegenstand der Methoden des ooA und ooD (siehe 5.1.2,3,4). Auch die Punkte in 5.3.1 führen zu neuen Entwürfen von Klassendefinitionen.

Folgende Checkliste soll bei ihrer Identifizierung helfen:

- Klassen können faßbare Dinge (`Auto`, `Ware`), Rollen (`Owner`, `User`), Ereignisse (`MouseEvent`, `Timer`), Interaktionen (`LoginSession`, `OrderSession`) oder Implementierungsstrategien (`arrayList` statt `linkedList`) sein. Sie beschreiben den Wortschatz (*key abstractions*), mit dem das Problem programmiertechnisch beschrieben werden kann.

- Daneben gibt es noch die Klassen, die aus einem speziellen Entwurf resultieren (z.B. `Tabelle`, `Bildschirmmaske`, `Indexdatei`).

(6) Sichtbarkeiten zwischen Klassen und Objekten

- Es muß zwischen dem "allgemeinen" Protokoll und den Sichtbarkeiten für (Weiter-) Entwickler neuer Unterklassen unterschieden werden, soweit das die Sprache unterstützt. (in C++: `pulic` oder `protected` Merkmale). Aus Effizienzgründen kann explizit die Kapselung aufgehoben werden (durch sichtbare Attribute oder `friend`-Vereinbarungen in C++).

- Daneben gibt es noch verschiedene programmiersprachliche Möglichkeiten, Objekte und damit deren Dienste anderen Objekten zugänglich zu machen.
  Bsp.: "`Ware` wird in einem `Raum` gelagert"
  Unterscheide drei Arten, `Ware` für `Raum` sichtbar zu machen (oder umgekehrt):
  ° `Raum` im Gültigkeitsbereich von `Ware` (z.B. Objekt dort oder global definieren).
  ° `Raum` als Parameter in `Ware`-Methode (z.B. `einlagernIn(Raum)`)
  ° `Raum` ist Subobjekt von `Ware`.

(7) Delegation von Aufgaben

- Methoden nutzen Subobjekte, an die sie Aufgaben durch Nachrichten delegieren. Dadurch lassen sie sich (u.a.) durch Folgen von Delegationen an Sub-, Hilfs- oder Argument-Objekte definieren.

- Konstruktoren stützen sich auf die Konstruktoren der Basisklassen und Subobjekt-Klassen ab (siehe 3.1.2 und C4).

(8) Typkompatibilität

- Um Kompatibilität zu erreichen, können (explizit definerte oder implizit vom System angebotene) Konvertierungsoperatoren, Polymorphie oder überladene Methoden herangezogen werden (siehe 2.4.2).

(9) Klassenobjekte

- Klassenobjekte kapseln globale Daten und machen diese damit überflüssig. In C++ sind sie nur für die Klasseninstanzen vollständig sichtbar (siehe 2.3).

(10) Generische Software-Teile

- "Standard"-Leistungen, die in mehreren Klassen auftauchen, werden über generische Software-Teile (Templates oder Simulation durch Vererbung) verfügbar gemacht (zB: `ListeVon(Typ)`) (siehe 3.6).

5.1.5 Weitere Verfahren in der Literatur

Für diejenigen, die sich näher mit objektorientierter Analyse & Design beschäftigen wollen, nennt dieser Abschnitt weitere Methoden aus der Literatur mit ihren Hauptmerkmalen. Es erübrigt sich fast zu erwähnen, daß so eine Übersicht an dieser Stelle nicht vollständig sein kann, dafür aber sehr kompakt gehalten werden muß. Für zwölf weitere Methoden, die in [Cham92] vorgestellt wurden, wird lediglich die dort verwendete Tabelle als Quellenhinweis und Eigenschaftsübersicht wiedergegeben. Einige Ergänzungen wurden in Spalte 12-14 (Werkzeuge & Literatur) vorgenommen. Eine weitere Überblicksarbeit bietet [Mona92] an.

Eigenschaften:

1 = Vererbung
2 = Mehrfachvererbung
3 = Objekt-Attribute
4 = part_of
5 = Zustandsübergangsdiagramme
6 = Ereignisse [auf die Objekte reagieren]
7 = Ereignispfade
8 = Trigger [Überwachung des Update]
9 = Datenflußdiagramme
10= Parallelismus von Objekt-Aktionen (global)
11= Parallelismus (innerhalb eines Objekts)
12= Unterstützung durch ein Werkzeug
13= integrierte, abgestimmte Werkzeuge
14= Literatur

Autor	1	2	3	4	5	6	7	8	9	10	11	12	13	14
Bailin	-	-	-	+	-	+	+	?	+	?	?	-	-	[Bail89]
Coad	+	+	+	+	+	+	-	-	+	-	-	+	-	[Coad91a]
Colbert	+	+	+	+	+	-	-	?	-	+	+	+	+	[Colb89]
Edwards	-	-	-	-	-	+	+	+	-	+	?	+	+	[Edwa89]
Gibson	-	-	-	-	-	+	-	-	-	?	?	-	-	[Gibs90]
Jacobsen	+	+	+	-	+	+	+	-	+	?	?	+	+	[Jaco92]
Kurtz	+	+	-	+	+	+	+	+	-	+	+	-	-	[Kurt91]
Odell	+	+	+	+	+	+	+	+	+	+	+	+	+	[Mart92]
Page-Jones	+	+	+	-	+	+	+	-	-	-	-	-	-	[Page92]
Rumbaugh	+	+	+	+	+	+	+	-	+	+	+	+	+	[Rumb91]
Shlaer/Mellory	+	+	+	-	+	+	+	+	+	+	-	+	-	[Shla88]
Wirfs-Brock	+	+	+	+	-	-	-	-	-	?	-	-	-	[Wirf90]

Tab. 5.1.5-a: ooA-Methoden mit Eigenschaften und Literatur (nach [Cham92], mit Ergänzungen)

Drei weitere Methoden sollen hier ebenfalls nicht unerwähnt bleiben. Zu ihnen sind bereits unterstützende Software-Werkzeuge im Handel erhältlich, was für ihre (baldige?) Verbreitung spricht.

Die Methode nach Lekkos (in [Coad91a]) sieht vor der Identifizierung der Klassen, Objekte und Strukturen die Suche nach den funktionalen Anforderungen des Benutzers. Diese werden dann in einer Matrix mit den daraus folgenden Datenelementen in Beziehung gesetzt und dort auf Korrektheit und Volständigkeit geprüft.

[Coad91b] versucht, die vielen Ansätze im ooA auf fünf aufeinander aufbauende Strategien abzubilden:

• die Suche nach Klassen und Objekten,
• die Suche nach der Struktur (is_a und part_of),
• Suche nach "Subjekten" (Teilbereiche des Problems),
• Definition der Objektzustandsinformationen (Attribute),
• Definition der Objektdienste.

Dazu gibt er eine in Stichworten formulierte Checkliste an.

Sehr ausführlich geht Booch in [Booc91] auf die ooA ein. Dort wird die Suche nach Klassen, Strukturen und Verhalten an vielen Beispielen verdeutlicht. Einige der dort genannten Heuristiken flossen auch in die in Abschnitt 5.1.4 genannte Checkliste ein.

5.2 Dokumentation objektorientierter Software

Für die Dokumentation objektorientierter Software mit ihren selbständigen Objekten, Klassen und vielfältigen Beziehungen drängen sich Notationen in Form von Graphiken auf. Die meisten der gebräuchlichen Notationen gehen auch von Kästchen, Kreisen, Pfeilen mit verschiedenen Spitzen, Linien und Beschriftungen aus. Die folgenden zwei Abschnitte machen Vorschläge für notwendige Notationen sowie Hinweise zur Codierung selbst.

5.2.1 Graphische Notationen

Fast kann man davon ausgehen, daß jede ooA/D Methode ihre eigene graphische Notation hervorbringt, in der die Besonderheiten der Methode deutlicher herausgestellt werden und sie sich (auch) dadurch von anderen Methoden abgrenzt. Daher verwenden auch die in 5.4.1 vorgestellten ooA/D CASE Werkzeuge unterschiedliche graphische Darstellungen. Aber auch ohne Werkzeugunterstützung ist es notwendig, einen persönlichen "Papier"-Notationsstil für eigene ooA/D Aufzeichnungen zu entwickeln. Dies macht schon der Bedarf nach späterer Dokumentation und die Kommunikation mit dem Auftraggeber sowie innerhalb des Projektteams notwendig.

Die wohl umfassendste Notation bis hinab auf die Ebene von Zustandsübergangsdiagrammen für Objekte, Modellierung von Parallelität und Gerätezuordnungen gibt [Booc91]. Die Beispiele werden in SMALLTALK, C++, OBJECT PASCAL, CLOS und ADA angegeben. Dort, wie auch in vielen anderen Notationen (und den entsprechenden CASE-Werkzeugen), werden aber die Eigenschaften eines objektorientierten Systems in *verschiedenen* Diagrammen dargestellt: Strukturelle Zusammenhänge der Klassen, Zeitdiagramme von Objekten, Zustandsübergangsdiagramme für ihre Kommunikation etc.. Eine einheitliche Notation, die dazu wesentlich kürzer ausfällt, geben z.B. [Ackr91] an, für die sie auch Spezialisierungen und Beispiele in C++ aufführen.

Ohne die Unterstützung eines graphischen Entwicklungswerkzeugs fällt die Erstellung und Pflege einer vergleichbaren Dokumentation natürlich schwer (zu den oben genannten Notationen siehe Rational Rose bzw. PILOT in 5.4.1). Für unsere Zwecke sollte man sich deshalb auf eine "Light-Notation" beschränken, die lediglich die wichtigsten Informationen über die Struktur der objektorientierten Software wiedergibt. Das ist insbesondere die Klassenhierarchie, und die Teil-Beziehung. Von geringerer Wichtigkeit ist die Notation der Methoden. Interessant ist hierbei das Geflecht von Klassenkunden. Für bestimmte Ausschnitte des Designs kann auch die Dokumentation der Kommunikationsstruktur der Objekte bei der Bearbeitung bestimmter Nachrichten wichtig sein.

Ein Notationsvorschlag wird in den folgenden Abbildungen vorgestellt. Er stützt sich z.T. auf die Notation von [Ackr91] ab. Da die individuelle Notation sich nach den eigenen Sichtweisen entwickeln sollte, können an diesem Vorschlag natürlich noch beliebige Änderungen vorgenommen werden - lediglich mit den Nutzern der Notation muß Übereinstimmung über deren Interpretation bestehen.

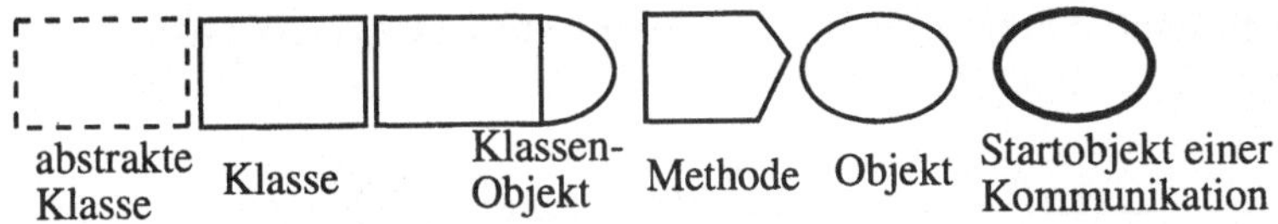

Abb. 5.2.1-a: Die Basiselemente der graphischen Notation

Damit dieser Notationsvorschlag handhabbar bleibt, gibt es neben den sechs *Basiselementen* nur vier verschiedene *Beziehungskanten*. Ausdrucksmächtigkeit wird durch zwei Maßnahmen erreicht:

(i) die Kanten können parametrisiert werden, z.B. textuelle Markierungen für exklusiv genutzte Subobjekte [u] (vgl. 2.1) oder Subobjektmengen [c] oder "\\" für die Ableitung ohne Übernahme des Protokolls (vgl. 3.1.1) und

(ii) gleiche Kanten bekommen zwischen verschiedenen Basiselementen verschiedene (aber ähnliche) Bedeutungen übertragen, z.B. bezeichnet die Ableitungs-Kante zwischen Klassen A und X eine Instanz-Beziehung zwischen Klasse A und Objekt X oder eine Klasse A nutzt eine Klasse X für die Schnittstelle, d.h. X taucht als Parametertyp in einer Methode von A auf (diese Interpretation ist dann sinnvoll, wenn die Methode nicht graphisch notiert wird).

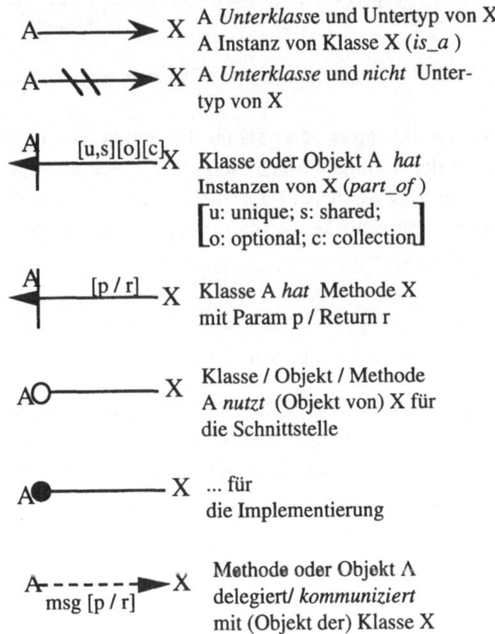

Abb. 5.2.1-b: Beziehungen zwischen Basiselementen

Das Beispiel in Abb. 5.2.1-c zeigt Klassenstruktur und Objektkommunikation des folgenden Problems: "*ich lasse bei meinem PKW einen Motorwechsel vornehmen*".

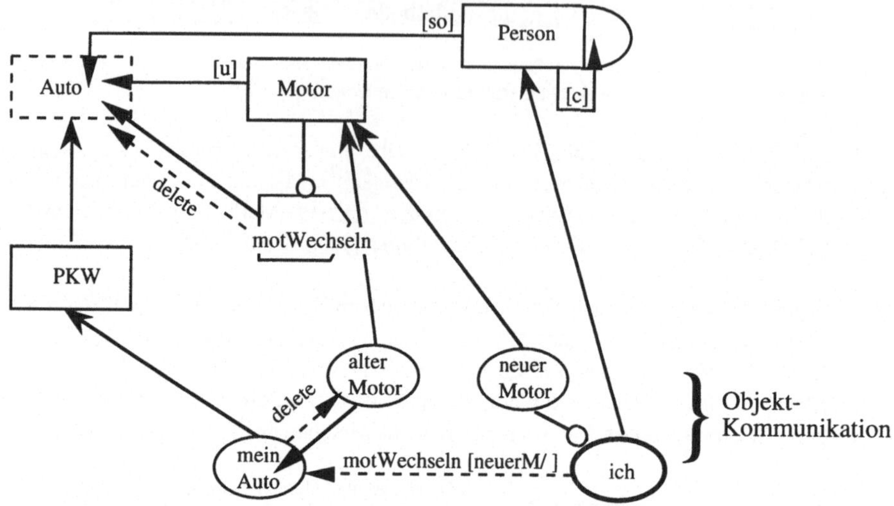

Abb. 5.2.1-c: Graphische Notation für Klassen und Objektkommunikation (Ausschnitt)

Die Notation dieses kleinen Beispiels zeigt schon die vielen Möglichkeiten der Konsistenzsicherung. So kann z.B. anhand der Methodenbeschreibung überprüft werden, ob 'neuerMotor' in der Schnittstelle (als Parameter von 'motWechseln') auftauchen darf, 'motWechseln' im Protokoll von 'PKW' liegt und 'ich' überhaupt 'meinAuto' kenne (hier: nein! - solange 'Person' nicht ein Subobjekt oder Parameterobjekt 'Auto' verfügt).

5.2.2 Hinweise zur Gestaltung des Programm-Codes

Jede Dokumentation fängt schon im Code selber an - und ist dort während der Programmierung auch am einfachsten anzubringen ! Die folgende Aufzählung ist eine lose Sammlung von Hinweisen zur Dokumentation und Gestaltung von objektorientierten Programmen. Für C-basierte Sprachen empfiehlt sich außerdem für die C-Anteile auch die Lektüre des Berichts [Cann90], in der viel Nützliches über Portabiliät und Formatierung geschrieben wird. Die C++ -Anteile sind durch *(C++)* markiert.

Bezeichner (allgemein)

Für Bezeichner sollte generell nur *eine* Sprache (z.B. Deutsch *oder* Englisch) verwendet werden. Im Englischen sind Teilwörter aber häufig kürzer, viele Begriffe der Programmierung werden dieser Sprache entnommen (z.B. file, header, string etc.) und man erspart sich Umlaute. Bezeichner sind durch aussagekräftige, auch unvollständige, dann aber "genormte" Teilwörter zusammengesetzt. Evtl. wird eine Legende angebenen (z.B. `len`: Länge, `str`: String; damit ergibt sich für "`strLen`" die

Bedeutung "Stringlänge"). Innere Teilwörter beginnen mit einem Großbuchstaben. Bezeichner sollten etwas über ihre Verwendung sagen (z.B. ist der Bezeichner `lieferStatus` für einen boolschen Wert nicht so gut geeignet wie `lieferungOK`).

Bezeichner für *Klassen* beginnen mit einem Großbuchstaben (`Auto`, `Teil` etc.), *Attribute* mit einem Kleinbuchstaben (`motor`, `telNr` etc.). Für *Methoden*, die eine Aktivität darstellen, wird ein Verb (`lieferTeil()` etc.), für Zustandsabfragen der Präfix `get` o.ä. verwendet (`getTelNr()` etc.). *Objektidentifikatoren* beginnen mit einem Kleinbuchstaben (`meinAuto` etc.). *Konstanten* (in *(C++)* auch Macros) werden durchgehend groß geschrieben. Buchstaben und Ziffern sollten so gewählt werden, daß keine Verwechselungen auftreten können (z.B. 1l, 2Z, 0O).

Protokoll (Methoden)

Alle sichtbaren Methoden (das Protokoll der Klasse) werden in der Klassendefinition kurz beschrieben. Was sind:

- In-Parameter,
- InOut Parameter,
- Out-Parameter,
- Return-Werte,
- Vorbedingungen für erfolgreiche Durchführung,
- Aktionen der Methode,
- Nachbedingungen und
- Fehlerzustände ?

Dort, wo formale Parameter in der Klassendefinition aufgeführt werden können, sollen sie auch auftauchen[4]. Das folgende Beispiel gibt eine Mini-Dokumentation einer Methode an:

```
Bool motorWechsel(Motor* substMotor);
/*** Mini-Dokumentation:
* In         : substMotor
* Out        : -
* InOut      : -
* Return     : true, wenn ok, false sonst.
* Vorbed.    : Motor-Attributwert und substMotor existieren.
* Aktion     : ersetzt Motor-Attributwert durch substMotor
* Nachbed.   : substMotor jetzt nur noch exklusiv nutzbar,
*              alter Motor-Attributwert vernichtet.
* FehlerStat: falls Return false, dann ist globale Fehlervariable5
*              errNo == MOT_NOT_EX, MOT_NOT_FIT.
\***/
```

Objektwert (Attribute)

Für die Komponenten des Objektwertes (d.h. die Attributwerte bzw. Subobjekte) wird markiert, ob es sich um exklusive (`unique`) oder mehrfach benutzbare (`shared`) Werte handelt; das sind wichtige Informationen für die Erzeugung oder Vernichtung der Objekte. Weiter wird markiert, ob der Wert immer zugewiesen sein muß oder optional (`opt`) ist, wichtig bei der Nutzung des Attributwertes. Falls vorhanden, werden gegenseitige Abhängigkeiten oder sonstige Einschränkungen auf den Attributwerten angegeben. Die Dokumentation soll in folgendem (*C++*) Beispiel wieder gezeigt werden:

```
class Kfz {
...
  Motor*    motor; /* unique */
  Person*   driver;/* shared, opt */
  int       speed; /* Condition: wenn >25 dann Alter von driver >18 */
...;};
```

Code-Management (Aufteilung des Codes auf Dateien)

Hinweise hierzu sind natürlich immer abhängig von den Möglichkeiten des verwendeten Programmiersystems. Das Folgende bezieht sich größtenteils auf C++ Code:

(i) Zur Vermeidung von häufigen Änderungen in Dateien, die die Klassendefinition enthalten (`*.h`), ist die Implementierung immer in einer getrennten Datei mit gleichem Präfix (`*.C` oder `*.cc`) abzulegen. Anwender sehen *nur* die Header-Dateien mit den in ihnen enthaltenen Dokumentationen (s.o.).

(ii) Jede Datei enthält höchstens eine Klasse (bzw. ihre Implementierung) und wird auch danach benannt (`Auto.h` etc.). Ausnahmen bilden zusätzliche Klassen, die nur *zusammen mit einer* Klasse verwendet werden. Dadurch wird getrennte Übersetzung der einzelnen Klassen erreicht. Außerdem werden nicht automatisch unbenötigte Klassen benutzt (kleinerer Objekt-Code) und der Doppeleinschluß von gleichen Klassen vermieden (keine Doppeldefinitionen). (*C++*) Um nicht von verschiedenen Klassenkunden eine Klassendefinition mehrfach einzuschließen, empfiehlt sich die Verwendung einer Präprozessoranweisung in den Header-Dateien (siehe auch in Kapitel 2 C2 und im Anhang B.3.2):

```
/* --- Auto.h --- */
#ifndef AUTO_H
#define AUTO_H

/* die Klassendefinition ... */

#endif
```

5.3 Qualitätssicherung und Tuning

Am Ende des Designprozesses steht die Überprüfung der Qualität des Entwurfs. *Danach* ist es sinnvoll, auch gewisse Entscheidungen zur Effizienzverbesserung, die die Entwurfsstruktur betreffen, vorzunehmen. Dadurch werden diese Tuning-Entscheidungen nicht in der Implementierung verborgen sondern im ooD dokumentiert. In diesem Abschnitt werden Hinweise zur Qualitätsüberprüfung und Effizienzverbesserung gegeben.

5.3.1 Gütekriterien objektorientierter Software

Natürlich gibt es für ein gegebenes Problem beliebig viele objektorientierte Modelle. Um die *Güte* des ooD abschätzen zu können, ist es sinnvoll, das Ergebnis aus drei Sichten zu betrachten:

(i) Wird der Problembereich adäquat durch das Modell abgebildet ?

Sind die Anforderungen tatsächlich erfüllt worden ? Spiegelt der Entwurf die wesentlichen Konzepte des Problems mit ihrem Verhalten und strukturellen Zusammenhängen wieder ?

(ii) Ist das System konsistent im Sinne der objektorientierten Mechanismen ?

Stimmen die Sichten von Klassenkunden mit den durch die Klassen angebotenen Protokollen überein ? Passen die Typen objektwertiger Variablen zu ihren Werten (Polymorphie) ?

Diese beiden "harten" Kriterien *muß* ein Entwurf natürlich erfüllen. Dabei ist (i) eine Frage philosophischer Qualität, die letztendlich nur der Auftraggeber (oder Problem-Sachverständige) zu ermessen hat. Die Frage (ii) kann und sollte durch Werkzeuge (z.B. Compiler) automatisch überprüft werden. Daneben muß der Entwurf aber auch Qualitäten aufweisen, die im Lebenszyklus eines Systems notwendig werden, sich aber nicht durch absolute Ja/Nein Aussagen beantworten lassen. Diese hier "sekundär" genannten Entwurfsziele werden in (iii) genannt[6]. Eine Checkliste und Sammlung von Heuristiken soll helfen, eine möglichst objektive Antwort zu bekommen. Die Hinweise beziehen sich z.T. auch auf die Realisierungsphase .

(iii) Entspricht der Entwurf den "sekundären" Entwurfszielen ?

Wird (a) Testen, (b) Portierung, (c) Verständnis, (d) Wartung & Erweiterbarkeit des Systems mit diesem Entwurf unterstützt ?

(a) Checkliste: *Testen*
- optional (!) Systemablauf in einer Log-Datei ablegen (entsprechende Ausgaben von Objekt zuständen vorsehen)
- verschiedene Fehlerzustände in einer abrufbaren Systemvariablen festhalten.
- kleine Klassenprotokolle.

(b) Checkliste: *Portierung*
- alle Systemabhängigkeiten in speziellen Klassen kapseln.

- Compileroptionen für verschiedene Systemumgebungen vorsehen.
- Leichte Parametrisierung des Systems, z.B. durch Zusammenfassen der Konstanten, Präprozessoranweisungen (in C++: `#ifdef` etc.) und Dateiverzeichnis-Strukturen.

(c) Checkliste: *Verständnis*
- Klare Datenstrukturen.
- sinnvolle Identifikatoren.
- Verzicht auf globale Software-Teile durch Verwendung von Klassenobjekten oder Agenten-Klassen.
- konstante Werte treten *nur* in den Definitionen von Konstanten auf (gilt für a)-d) !).
- Dokumentation auch in den Klassendefinitionen und in schwierigen Algorithmen.

Da der letzte Punkt (d) aus objektorientierter Sicht am interessantesten ist, fällt dazu die Checkliste etwas ausführlicher aus. Hier liegt die tatsächliche "Kunst" des Entwurfs verborgen:

(d) Checkliste: *Wartung & Erweiterbarkeit*

- Nur schwache *Verbindungen zwischen Klassen* (*Coupling*) definieren:

  Schwach ist die Verbindung nur über den Austausch von Parameter-Objekten.
  Schwach ist sie ebenfalls bei der Nutzung der Polymorphie, d.h. Instanzen der Unterklasse werden wie Instanzen der Basisklasse behandelt.

  Stark ist die Verbindung, wenn Objekte einer Klasse über globale Daten auf die Zustände von Objekten anderer Klassen Einfluß nehmen. Hier sollten besser klare Zuständigkeiten durch Instanzen von Agenten-Klassen definiert werden.
  Stark ist eine Verbindung auch dann, wenn die Kommunikation zwischen Instanzen der Klassen nur über feste Nachrichten-Sequenzen geschehen kann, (z.B. Datei sperren - öffnen - lesen - anfügen - schließen - freigeben). Solche Sequenzen sollten besser in einer Methode (z.B. Datei-anfügenMitSperre) zusammengefaßt und gekapselt angeboten werden.
  Sehr stark ist natürlich die Verbindung, wenn Zustandsvariablen von Instanzen direkt manipuliert werden können[7]. Dies sollte stets nur durch entsprechende Methoden erlaubt sein.

  Verstärkt wird die Bindung auch, wenn die Nutzung von Klassen (bzw. ihren Instanzen) untereinander zyklisch ist.

- Nur starke *Verbindungen zwischen Attributen und Methoden* einer Klasse (*Cohesion*) definieren:

  Starke Verbindung existiert z.B. dann, wenn einige Attribute nur in bestimmten Methoden benutzt werden und diese Methoden auch nur diese Attribute benutzen. Bsp.: `Auto` beschreibt nur Auto-Methoden und definiert keine zusätzlichen Attribute von Schwimmwagen, die in den Auto-Methoden nicht genutzt werden.

  Schwach ist die Verbindung zwischen Gruppen von Merkmalen, wenn eine Gruppe von Attributen nur in einer Gruppe von Methoden genutzt wird und die andere

Gruppe von Attributen nur in der anderen Gruppe von Methoden genutzt wird. Dies führt zu einer unnötig großen Klassendefinition, die auch in zwei getrennten Klassen abgelegt werden könnte.

- Ausgewogenheit der Merkmale (*Sufficiency*)

Merkmale reichen zur Beschreibung des Verhaltens gerade aus. Bsp.: `set` mit `remElement()` und `addElement()`.Es sollen aber auch keine ungenutzten Methoden angeboten werden (typisches Problem bei fehlender Absprache im Team).

Bsp.: Kommunikation zwischen `Kunde`-Objekt mit Antwort vom `Konto`-Objekt Konto-Methoden sind hier zu *schwach*. Der `Kunde` muß weitere `Konto`-spezifische Berechnungen vornehmen, die besser `Konto`-intern bleiben sollten.

Kunde:	Konto:
° wie ist der Stand	° 1000,-
° [Subtraktions-Op. für `Konto`] ("wenn ich 800,- abhebe, bin ich noch nicht im Soll)	
° setze `Konto` auf 200,-.	

besser: [Subtraktions-Operation für `Konto`] in `Konto` durchführen !
Nicht als Teil des `Konto`-Protokolls nach außen geben.

Kunde:	Konto:
° kann ich 800,- abheben?	° [Subtraktions-Op. für `Konto`] (immer noch im Soll) Ja
° hebe 800,- ab.	

- Vollständigkeit der Klassenschnittstelle (*Completeness*)

- Primitivität der Methoden im Protokoll

Damit sollen mit den Methoden auch Implementierungen effizienter Operationen möglich werden. Hier muß allerdings mit dem Ziel, die Schnittstelle klein zu halten, abgewogen werden.

- Keine Redundanzen von Funktionalitäten

Wenn die Implementierung gleicher Funktionalitäten in mehreren Klassen wiederholt wird, kommt es bei Änderungen zu dem typischen Problem, an mehreren Stellen identische Änderungen vornehmen zu müssen. In solchen Fällen ist die nachträgliche Definition einer abstrakten Klasse, die die Gemeinsamkeiten und ihre Implementierung aufnimmt, sicher besser.

5.3.2 Effizienzverbesserungen

Effizienzverbesserungen sollten am Ende des Designprozesses stehen oder sie fallen schon in die Implementierung[8]. Tatsache ist, daß solche Maßnahmen häufig im Widerspruch zur Qualität des Entwurfs stehen. Auf jeden Fall müssen sie im Design oder im Code dokumentiert sein. I.f. werden einige häufig durchgeführte Tuningtechniken beider Ebenen aufgeführt (auch C++ -Spezialitäten).

Optimierung der Objektkommunikation

Speziell in Simulationsaufgaben gibt es Situationen, in denen die Zustände der Objekte sich gegenseitig beeinflussen (allgemein: *n-body Problem*). Ein schönes Beispiel ist die Anziehung der Himmelskörper nach den Newton'schen Gesetzen. In der Realisierung hat dies zur Folge, daß im Prinzip alle Himmelskörper als selbständige Objekte permanent mit allen anderen kommunizieren, um Masse und Position auszutauschen (Abb. 5.3.2-a).

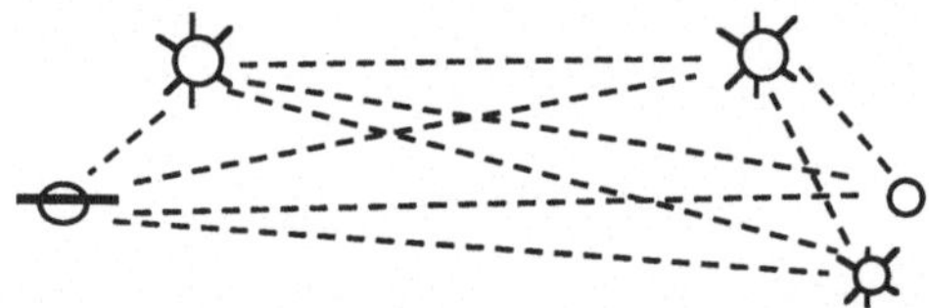

Abb. 5.3.2-a: Kommunikationsstruktur zur Berechnung der Anziehung von Himmelskörpern

Die recht umfangreiche Kommunikation läßt sich in solchen Fällen durch sogenannte Kommunikationsagenten, das sind Instanzen speziell dafür eingerichteter Klassen, erheblich vereinfachen. In unserem Beispiel melden die Himmelskörper einer Gruppe (z.B. eines Sonnensystems) ihre Daten an ihre Agenten (hier: `realm`-Objekte), die diese aggregieren und an die anderen Agenten verschicken. Die vormals eigenständigen Himmelskörper haben also bewußt einen Teil ihrer Fähigkeiten an andere Objekte abgegeben.

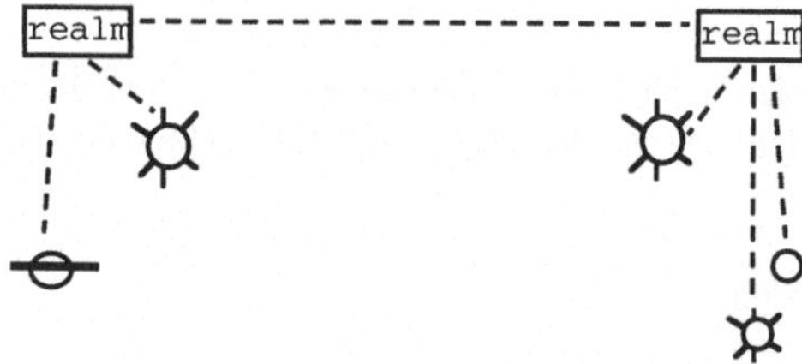

Abb. 5.3.2-b: Kommunikationsstruktur mit Kommunikationsagenten (`realm`)

Solche Hierarchiebildungen von Kommunikationen finden sich aber auch in anderen Anwendungen. In graphischen Oberflächen melden z.B. nur einige Oberflächenobjekte in bestimmten Situationen "Interesse" an bestimmten Eingaben bei Verteilerobjekten an. Beim Öffnen eines Menüs haben z.B. nur die Menüfelder Interesse an einem Maus-Klick und nicht (mehr) die dahinterliegenden Fenster.

Verzicht auf Polymorphie und dynamisches Binden

Wenn man sicher sein kann, daß Objekt-Variablen nur Objekte ihres Typs aufnehmen sollen (z.B. in homogenen Objekt-Containern), können sie in einigen Sprachen als nicht-polymorph definiert werden (in C++: als automatisch). Abschwächend kann aber auch definiert werden, daß für bestimmte Nachrichten das dynamische Binden stets abgeschaltet wird (in C++: die entsprechende Methode wird in der Klasse der polymophen Referenzvariablen *nicht* als `virtual` deklariert).

Diese Möglichkeiten, Typinformationen zu vergessen und Methoden nicht dynamisch zu binden, bringen aber in C++ nur geringe Einsparungen (ca. 4-6 Speicherreferenzen) und stehen daher in keinem Verhältnis zu der groben Verletzung der objektorientierten Prinzipien!

Macro-Expansion von Methoden

Eine weitere Möglichkeit, die speziell C++ vorsieht, ist die textuelle Ersetzung von Methodenaufrufen (die nicht dynamisch gebunden sein dürfen) durch den Methodenrumpf (Macroexpansion). Dies ist z.B. für die nicht-redefinierbaren Konstruktoren, deren Aufruf immer schon der Compiler festlegen kann, sinnvoll. Die Methodenimplementierung wird entweder durch `inline` vor dem Rückgabetyp markiert oder ihr Rumpf gleich in der Klassendefinition hinter die Methodendeklaration abgelegt. Diese "manuelle" Expansion sollte aber eigendlich einem guten Compiler überlassen bleiben!

Vererbung statt Komposition

Werden Objektteile ererbt und nicht durch Subobjekt(e) verwaltet, kann auf diese Teile direkt zugegriffen werden. Die Nachricht an und deren Bearbeitung durch das Subobjekt entfällt. Ähnliche Effekte erzielt man durch das Offenlegen der Attribute von Subobjekten (in C++ z.B. durch `public` oder `friend`-Markierung). Letzteres widerspricht aber der Datenkapselung.

5.4 Entwicklungsumgebungen

In der computerunterstützten Software-Erstellung (CASE) werden drei Gruppen von Hilfswerkzeugen unterschieden: • Werkzeuge für die Analyse und das Design, • Werkzeuge zur Unterstützung der Code-Entwicklung und Überprüfung und • Werkzeuge zur Dokumentation. Für "konventionelle" prozedurale Programmiersprachen werden schon lange entsprechende Werkzeuge in Form von Programmsystemen angeboten. Die dort angewandten Techniken beschreibt ausführlich z.B. [Mart88].

Für die objektorientierte Programmentwicklung ist das Angebot noch rar. Insbesondere an der Integration der Werkzeuge aus den drei genannten Bereichen wird noch bei vielen Anbietern gearbeitet. Integration ist in der objektorientierten Programmierung wichtig, weil dadurch erreicht werden kann, daß Ergebnisse eines Werkzeugs von den anderen Werkzeugen interpretiert werden können. Zum Beispiel können so die Klassendefinitionen des ooD unmittelbar bei der Code-Entwicklung verwendet werden; die Klassenhierarchien stehen genauso dem Dokumentationswerkzeug zur Verfügung etc.. Eine graphische Benutzerschnittstelle ist dabei selbstverständlich. Eine kleine Auswahl von Systemen mit ihren Charakteristika wird im folgenden angegeben.

5.4.1 Werkzeuge für die Analyse und das Design

Werkzeugen dieser Gruppe liegt natürlich (mindestens) eine bestimmte Methode oder Notation zugrunde, die sie bei ihrer Verwendung neben dem Grad der Integration, der unterstützten Sprache(n) und dem Preis maßgeblich charakterisieren. Eine nicht vollständige Auswahl gibt folgende Aufstellung:

• *Rational Rose* basiert auf der Notation von Booch [Booc91]. Es ermöglicht die Definition von Klassen, Objekten, Modulen und ihren Beziehungen. Code-Generierung (in C++) ist geplant. Das Werkzeug führt Konsistenzüberwachungen durch, die sich aus den Klassendefinitionen und Objektzusammenhängen ergeben. Diese Zusammenhänge bilden auch die Basis für die Generierung einer Hypertextbasierten Dokumentation. Rational, 3320 Scott Boulevard, Santa Clara, CA 95054-3197 oder [Booc91].

• *Teamwork* bietet zwei integrierbare Werkzeuge (OOA und OOD) an, die auf einer Methode basieren, die ebenfalls eine Daten-, Ablauf- und Verhaltens-Sicht eines System modelliert. Mit Hilfe der beiden integrierten Werkzeuge OOA und OOD wird nach vielfältigen Konsistenz- und Vollständigkeitstests C++ Code erzeugt. Cadre Techn. Inc., 222 Richmond St., Providence, RI 02903.

• *OMTool* basiert auf der Methode von [Rumb91]. Es unterstützt ooA, ooD und die Generierung von C++ Header-Dateien. General Electric Advanced Concepts Center, 640 Freedom Business Center, King of Prussia, PA 19406.

- *OOATool* folgt der Methode von [Coad91a] (siehe auch 5.1.5-a) und gilt (als reines ooA-Werkzeug) als leicht zu erlernen. Object Int. Inc., 8140 N.Mopac Expwy, 4-200, Austin, TX 78759.

- *Objectory Support Environment* basiert auf der Methode von [Jaco92] (siehe 5.1.5-a) und unterstützt ooA, ooD und die Generierung von C++ Code-Fragmenten. Objective Systems SF AB, Kista, Sweden.

- *Object Plus* stützt sich auf die Methode von Lekkos ab (siehe 5.1.5 und [Coad91a]). Es werden alle Phasen des Software-Entwicklungsprozesses unterstützt: Sammlung der Anforderungen, Bildung von Klassen und Objekten und ihre Beziehungen, Generierung eines Objekt-Repositories mit allen notwendigen Informationen. Am Ende steht die Erzeugung von Code (in C++, TURBO PASCAL, C oder ADA) oder die Erzeugung normalisierter Datenbank-Schemata für mehrere bekannte relationale DB-Systeme (DB2, ORACLE, dBASE etc.). Easy Spec Inc., 17629 El Camino Real, Suite 202, Houston, TX 77058 oder [Robe90].

- *Paradigm Plus* stützt sich auf wahlweise auf [Rumb91], [Booc91] und [Coad91a] ab. Es ist wahrscheinlich eine Weiterentwicklung von Object Plus (s.o., mit gleicher Adresse!). Nach der Benutzung von Editoren für Diagramme, Objekte, Nutzungs-Matrix etc. kann C++ Code generiert werden. Weiter werden verschiedene Projektmanagementmethoden unterstützt. ProtoSoft Inc., 17629 El Camino Real, Suite 202, Houston, TX 77058.

- *PILOT* basiert auf der Notation von Ackroyd und Daum [Ackr91]. Es ermöglicht die Definition von Klassen, Objekten und ihren Beziehungen sowie Code-Generierung in C++, der zum leichteren Testen auch interpretiert werden kann. Semaphore Tools, 800 Turnpike Street, Suite 200, No. Andover, MA 01845-6104 oder [Ackr91].

- *LispWorks* ist ein ooD Werkzeug für die Entwickung von Anwendungen in CLOS, es kann aber mit LISP-basiertem PROLOG gemischt werden. *LispWorks* arbeitet mit *ClassWorks*, einem Werkzeug zur Visualisierung von objektorientierter Software, zusammen. Schnittstellen zu C++ und SQL werden angeboten. Interessant ist noch der Application Interface Builder. Harlequin Ltd., Barrington Hall, Barrington, Cambridge CB2 5RG, UK.

- *ObjectMaker* basiert auf der Methode von Colbert (Siehe Tab. 5.1.5-a), bietet aber nach Herstellerangaben auch 20 andere gängige Methoden an (!). Es generiert Code in C++ oder EIFFEL. Mit dem ebenfalls erhältlichen *Meta-Tool* kann die Code-Generierung, Reverse-Engineering oder die Anpassung an andere Umgebungen eingestellt werden. Mark V Systems, 16400 Ventura Boulevard, Encino, CA 91436 oder [Colb89].

- *Ptech* basiert auf der Methode von Odell (siehe Tab. 5.1.5-a oder [Mart92]). Es unterstützt ebenfalls den gesamten Zyklus des Software-Entwurfs bis zur Code-Generierung (C++). Die Eigenschaften eines objektorientierten Systems werden in Zustandsdiagrammen und Strukturmodellen dargestellt, aus denen dann C++ Code generiert werden kann. Ptech ist um neue Methoden und graphische Notationen erweiterbar. GOPAS Software GmBH, Gollierstr. 70, D-8000 München 2.

- *GeODE V 2.0* scheint ebenfalls ein ooD Werkzeug für SMALLTALK-Entwicklungen zu sein, das eine graphische Objekt- oder Schemaentwicklung ohne Kodierung verspricht. Servio Corp., 1085 Hamilton Ave., Suite 200, San Jose, CA 95125.

5.4.2 Werkzeuge zur Code-Entwicklung und Überprüfung

Objektorientierte Programmierung vereinfacht durch ihre Unterstützung der Modularisierung das Testen und Fehlersuchen. Mit Interpretern für objektorientierte Sprachen können interaktiv Instanzen jeder einzelnen Klasse erzeugt und diesen dann Nachrichten des vereinbarten Protokolls geschickt werden. Die Fehlersuche in den Methodenimplementierungen übernehmen Debugger, die objektorientierten Quellcode zeilenweise abarbeiten und stets Auskunft über die Zustände der beteiligten Objekte geben können. Wichtig bei der objektorientierten Code-Entwicklung ist natürlich auch der online Zugriff auf die (bis dahin erstellte) Dokumentation - z.B. in Form eines "Klassen-Browser" (siehe 5.4.3).

- *Objectcenter* ermöglicht sowohl das Debuggen als auch das interaktive Interpretieren von C++ Code. CenterLine Software Inc., 10 Fawcett Street, Cambridge, MA 02138-1110, USA.

- *SynchroWorks* unterstützt die "Modularisierung" von Software-Teilen in OBERON bei der Entwicklung. Damit soll das Testen vereinfacht werden. Ein Debugger wird ebenfalls geliefert. Oberon Software Inc., One Memorial Drive, Cambridge, MA 02142, USA.

5.4.3 Werkzeuge zur Dokumentation

Das einfachste und effektivste Werkzeug zur Dokumentation objektorientierter Software ist ein Klassen-Browser, mit dem interaktiv die Klassendefinitionen entlang verschiedener Beziehungen (Vererbung, Komposition, Klassenkunde) verfolgt werden können. Ein solches Werkzeug gehört zur Standardausstattung eines CASE Systems und ist mit den übrigen Werkzeugen integriert. Dies gilt z.B. für Paradigm Plus, Rose, Objectcenter und Objectworks (in 5.4).

In Paradigm Plus, Rose und SynchroWorks werden zusätzlich Informationen über Schnittstellen und Verwendung von Klassen in sogenannten Repositories abgelegt, die auch bei der Änderung des Klassendesigns automatisch geändert werden. Repositories helfen z.B. bei der Wiederverwendung von Software-Teilen. Eine Export-Schnittstelle zu bekannten Textverarbeitungswerkzeugen (z.B. FrameMaker, Interleaf oder PostScript-basierte Werkzeuge) ist für die Weiterverarbeitung ebenfalls nützlich (z.B. bei OMTool, Rose, OOATool).

---

1 Unter objektorientierter Software ist hier nicht nur ein Programm im klassischen Sinne zu verstehen, sondern durchaus auch die Modellierung einer objektorientierten Datenbank.

2 ER = Entity-Relationship: Entitäten (~ atomare Einheiten der Datenmodellierung) mit ihren Eigenschaften (Attribute) und Beziehungen (Relationship) zu anderen Entitäten. Beziehungstypen werden durch Rauten identifiziert und benannt. Ausgehende Kanten verbinden Entitätstypen (siehe z.B. [Chen91]). Beziehungen können quantifiziert werden (Markierung an der Kante). Diese ist dann z.B. zu lesen als: "Konto hat genau 1 Kunden", "Kunde hat mehrere Konten".

3 Die Erweiterungen umfassen i.w. die Verwendung sog. Aggregationen, in denen Entity-Typen und Relationship-Typen zusammengefaßt und gemeinsam identifiziert werden können.

4 In C++ ist die Angabe der Namen der formalen Parameter optional, es genügt die Angabe der Parametertypen in der Methodendeklaration.

5 Wir unterstellen, daß `errNo` (z.B. als integer) global definiert ist, und `MOT_NOT_EX` etc. Konstanten sind.

6 B. Stroustrup dazu: *"not planning for this [life cycle] is planning for fail"*

7 C++ erlaubt diese Verletzung der Kapselung durch `public`-Attribute, oder - für eine eingeschränkte Menge von Klassennutzern - durch ihre Markierung als `friend`.

8 Nach Knuth: *"premature optimization is the root of all evil"*

Glossar Objektorientierte Programmierung

abgeleitete Klasse (derived class)
Synonym für ↑Unterklasse.

abstrakte Klasse (abstract class)
↑Klasse, die gemeinsame ↑Merkmale ihrer ↑Unterklassen festlegt, ohne alle Implementierungen zu beinhalten. Eine abstrakte Klasse enthält dazu eine oder mehrere ↑Methodendeklarationen, für die keine Implementierung angegeben wird. Von abstrakten Klassen können deshalb keine ↑Instanzen erzeugt werden. Unterklassen von abstrakten Klassen vervollständigen die Klassendefinition durch die fehlenden Implementierungen der Methoden und definieren evtl. weitere ↑Merkmale (↑Erweiterung).

Abstrakter Datentyp (abstract data type)
Beschreibung eines Datentyps durch eine Zusammenfassung von Wertebereichen und anwendbaren Operationen. Dabei werden nur syntaktische und semantische Eigenschaften, die sogenannte Signatur und Algebra eines Abstrakten Datentyps, definiert. Von der internen Datenstruktur und der Implementierung der Operationen wird abstrahiert, so daß zu einem Abstrakten Datentyp mehrere Implementierungen möglich sind, die aber alle der Signatur und Algebra genügen müssen. In ↑objektorientierten Sprachen können Abstrakte Datentypen durch ↑Klassen beschrieben werden, meistens jedoch nur unter Berücksichtigung syntaktischer Eigenschaften, wie z.B. Eindeutigkeit von Bezeichnern und Definition der Typen von ↑Attributen und Argumenten der ↑Methoden.

Abstraktion (abstraction)
Beschränkung auf die im Sinne einer Anwendung wesentlichen Eigenschaften von ↑Objekten. Bei der Abstraktion werden nur die Eigenschaften eines Objektes betrachtet, die es aus konzeptioneller Sicht von anderen Objekten unterscheidet. Dabei wird von der internen ↑Objektstruktur und der Implementierung der ↑Methoden abstrahiert.

aggregierte Klasse (aggregate class)
↑Klasse, die durch ↑Mehrfachvererbung oder ↑Komposition definiert wird und darüber hinaus keine weiteren ↑Merkmale definiert.

Anbieter (server)
Ein ↑Objekt, das seine Dienste anderen Objekten zur Verfügung stellt. Die Dienste eines Objektes werden durch sein ↑Protokoll festgelegt und durch ↑Methoden implementiert.

Attribut (attribute)
Variable zur Speicherung von objektspezifischen Daten, die genau einem ↑Objekt zugeordnet ist. Die Menge der Attribute eines Objektes definiert die ↑Objektstruktur; die Menge der aktuellen Attributwerte den ↑Objektzustand. Attribute von ↑Instanzobjekten heißen auch ↑Instanzvariablen, Attribute von ↑Klassenobjekten dementsprechend ↑Klassenvariablen.

Basisklasse (base class)
Synonym für ↑Oberklasse.

Datenkapselung (data encapsulation, information hiding)

Kapselung einer Datenstruktur und der Implementierung der auf sie anwendbaren Operationen. Eine gekapselte Datenstruktur besitzt eine Schnittstelle mit den von außen zugreifbaren Operationen. Alle Zugriffe auf die gespeicherten Daten erfolgen ausschließlich über die Operationen dieser Schnittstelle. Gekapselte Datenstrukturen werden oft als ↑Instanzen ↑Abstrakter Datentypen erzeugt. In der ↑objektorientierten Programmierung bilden die ↑Objekte die Einheiten der Datenkapselung.

Delegation (delegation)

Verarbeitung von ↑Nachrichten durch Weiterleitung an andere ↑Objekte. Die Delegation von Nachrichten wird z.B. in ↑komplexen Objekten verwendet, in dem empfangene Nachrichten an ↑Subobjekte weitergeleitet werden.

Destruktor (destructor)

↑Methode, die zuerst die ↑Attribute eines ↑Objektes und dann das Objekt selbst löscht.

dynamisches Binden (dynamic binding)

Verknüpfung einer ↑Nachricht mit der auszuführenden Methode zur Laufzeit. Dynamisches Binden wird in ↑objektorientierten Sprachen durch ↑Polymorphismus unterstützt und erfolgt beim Versenden einer Nachricht über eine ↑Objektreferenz. Dabei wird erst zur Laufzeit in Abhängigkeit vom aktuell referenzierten ↑Objekt die auszuführende ↑Methode bestimmt.

Empfänger (receiver, server)

Objekt, das eine Nachricht empfängt.

Erweiterung (enhancement)

Definition zusätzlicher ↑Merkmale in einer ↑Unterklasse. Bei der Erweiterung wird die Menge der Merkmale einer Unterklasse, die aufgrund der ↑Vererbung alle Merkmale der ↑Oberklassen enthält, um zusätzliche ↑Merkmale ergänzt. Durch die Erweiterung wird eine ↑Klasse zur ↑Spezialisierung ihrer Oberklassen.

exklusives Subobjekt (exklusiv subobject)

↑Subobjekt, das ausschließlich in einem ↑komplexen Objekt verwendet wird. Aufgrund dieser exklusiven Verwendung ist die Existenz exklusiver Subobjekte i.a. an die Existenz komplexer Objekte gebunden. Ein exkusives Subobjekt wird deshalb gemeinsam mit seinem übergeordneten komplexen Objekt erzeugt und gelöscht.

generische Klasse (generic class)

Schablone zur Erzeugung von ↑Klassen, die durch andere ↑Typen parametrisiert werden kann. Durch Angabe entsprechender Parameter wird eine generische Klasse instanziiert und eine aktuelle Klasse erzeugt.

gemeinsames Subobjekt (shared subobject)

↑Subobjekt, das gleichzeitig in mehreren ↑komplexen Objekten verwendet werden kann. Aufgrund dieser mehrfachen Verwendung ist die Existenz eines gemeinsamer Subobjektes unabhängig von der Exisitenz komplexer Objekte. Ein gemeisames Subobjekt wird deshalb unabhängig von seinen übergeordneten komplexen Objekten erzeugt und gelöscht.

getypte objektorientierte Sprache (typed object-oriented language)
↑Objektorientierte Sprache, die auf einer ↑Typisierung der Objekte basiert. In statisch getypten objektorientierten Sprachen kann die Typkonsistenz von Ausdrücken und Zuweisungen bereits bei der Übersetzung überprüft werden, während in dynamisch getypten objektorientierten Sprachen diese Überprüfung teilweise erst zur Laufzeit möglich ist. Getypte objektorientierte Sprachen besitzen einen eingeschränkten ↑Polymorhismus.

Hierarchie (hierarchy)
Partielle Ordnung von ↑Objekten oder ↑Klassen entsprechend einer zwischen ihnen definierten Beziehung. In den meisten ↑objektorientierten Sprachen werden verschiedene, orthogonale Hierarchien verwendet: die ↑Objekthierarchie, der die ↑Komposition ("part-of"-Beziehung) zugrundeliegt und die ↑Klassenhierarchie, die auf der ↑Vererbung der Implementierung basiert. In einigen Sprachen wird davon die ↑Typhierarchie unterschieden.

Identität (identity)
Eigenschaft eines ↑Objektes, die es von allen anderen Objekten unterscheidet und die nicht verändert werden kann.

Initialwert (initial value)
Wert einer ↑Instanzvariable, mit dem diese bei der Erzeugung eines neuen ↑Objektes durch den Klassenkonstruktor initialisiert wird. Er ist damit im Gegensatz zu einem ↑Standardwert nicht vom Typ der Variablen sondern von den Wertangaben der Initialisierung abhängig.

Instanz (instance)
↑Objekt einer ↑Klasse, das ↑Instanzobjekt oder ↑Klassenobjekt sein kann. Der Begriff Instanz setzt voraus, daß jedes Objekt genau einer Klasse zugeordnet ist. Durch diese Zuordnung werden die ↑Merkmale eines Objektes festgelegt.

Instanziierung (instantiation)
Erzeugen eines Objektes als ↑Instanz einer ↑Klasse. Die Instanziierung erfordert evtl. die Angabe von objektspezifischen Parametern. Sie umfaßt das Anlegen eines Speicherbereichs für die Instanz, sowie die Belegung von ↑Attributen mit ↑Default- oder ↑Initialwerten.

Instanzmethode (instance method)
↑Methode, die von einer ↑Instanz einer ↑Klasse ausgeführt werden kann. Eine Instanzmethode muß in der entsprechenden Klasse definiert oder von einer ↑Oberklasse geerbt werden. Eine Instanz kann genau die Methoden ausführen, die Instanzmethoden ihrer Klasse sind.

Instanzobjekt (instance object)
↑Instanz einer ↑Klasse, die im Gegensatz zu ↑Klassenobjekten selbst keine Instanzen erzeugen kann.

Instanzvariable (instance variable)
Variable, die einer ↑Instanz einer ↑Klasse zugeordnet ist. Eine Instanzvariable ist also ein ↑Attribut einer ↑Klasse, das bei jeder ↑Instanziierung dieser Klasse als Variable des neuen Objektes angelegt wird. Instanzvariablen besitzen die gleiche Lebensdauer wie das Objekt, dem sie zugeordnet sind. Die aktuellen Werte der Instanzvariablen eines Objekts beschreiben den ↑Objektzustand.

Klasse (class)

Zusammenfassung einer ↑Klassendefinition und der Menge der ↑Objekte, die nach diesem Schema erzeugt wurden, d.h. der Menge der ↑Instanzen. Da die Objekte einer Klasse alle die gleichen ↑Merkmale besitzen, ist ihr ↑Objektverhalten identisch. In einigen ↑objektorientierten Sprachen werden Klassen als spezielle Objekte, sogenannte ↑Klassenobjekte, betrachtet.

Klassendefinition (class definition)

Definition der ↑Merkmale von Objekten. Eine Klassendefinition beschreibt die ↑Objekte einer ↑Klasse durch ein Schema, nach dem ↑Instanzen dieser Klasse erzeugt und manipuliert werden. Dieses Schema besteht aus dem Klassennamen sowie den ↑Attributen und ↑Methoden der Klasse. Falls ↑Vererbung unterstützt wird, kann eine Klassendefinition zusätzlich die Namen der ↑Oberklassen der neuen Klasse enthalten. Außerdem können Klassendefinitionen die ↑Zugriffsrechte auf Attribute und Methoden beschreiben und damit einer Teilmenge ihrer ↑Merkmale als Schnittstelle festlegen.

Klassenhierarchie (class hierarchy, class structure)

↑Hierarchie auf der Menge der ↑Klassen entsprechend der zwischen ihnen bestehenden Vererbungsbeziehung. Eine ↑abgeleitete Klasse wird als Nachfolger ihrer ↑Oberklassen angeordnet. Klassenhierarchien sind statisch, wenn sie zur Laufzeit nicht verändert werden können. Eine Folge dieser Anordnung ist die ↑Vererbung von ↑Merkmalen an ↑Unterklassen. Klassenhierarchien werden durch azyklische gerichtete Graphen dargestellt. Bei ausschließlicher Verwendung von einfacher ↑Vererbung besitzen diese Graphen die Form einer Menge von Bäumen.

Klassenmethode (class method)

↑Methode, die nur von einem ↑Klassenobjekt und nicht von ↑Instanzobjekten ausgeführt werden kann. Klassenmethoden werden nur von ↑objektorientierten Sprachen mit ↑Klassenobjekten unterstützt. Sie können nur auf ↑Klassenvariablen und andere Klassenmethoden, jedoch nicht auf ↑Instanzvariablen und ↑Instanzmethoden ihrer ↑Klasse zugreifen.

Klassenobjekt (class object)

Für jede Klasse existiert genau ein Klassenobjekt, dessen ↑Attribute als ↑Klassenvariablen und dessen ↑Methoden dementsprechend als ↑Klassenmethoden bezeichnet werden. Klassenobjekte existieren u.a. in ↑objektorientierten Sprachen, in denen Klassen als ↑Instanzen von ↑Metaklassen betrachtet werden.

Klassenvariable (class variable)

Variable, die ein ↑Attribut eines ↑Klassenobjektes darstellt. Die aktuellen Werte von Klassenvariablen beschreiben den Zustand eines ↑Klassenobjektes. Sie sind allen ↑Instanzen der entsprechenden ↑Klasse zugänglich. Da für jede Klasse genau ein Klassenobjekt existiert, wird jede Klassenvariable nur einmal angelegt.

komplexe Klasse (complex class, composite class)

↑Klasse, für die ein oder mehrere ↑Attribute mit ↑Objekttyp definiert sind. Ein ↑Objekt einer komplexen Klasse, ein sogenanntes ↑komplexes Objekt, besteht demnach aus ein oder mehreren Objekten anderer Klassen, sogenannten ↑Subobjekten. Ein komplexes Objekt kann beliebig viele Subobjekte besitzen, da durch einen Objekttyp u.a. auch Listen, Mengen oder Arrays von Objekten eines bestimmten Typs realisiert werden können.

komplexes Objekt (complex object, composite object)
↑Instanz einer ↑komplexen Klasse.

Komponente (component object)
Synonym für ↑Subobjekt.

Komposition (composition)
Definition ↑komplexer Klassen durch die Definition von ein oder mehreren ↑Attributen mit ↑Objekttyp. In ↑objektorientierten Sprachen werden ↑komplexe Objekte als ↑Instanzen einer komplexen Klasse erzeugt. Die Teilobjekte eines komplexen Objektes werden als ↑Komponenten oder ↑Subobjekte bezeichnet.

Konstruktor (constructor)
↑Methode, die ein ↑Objekt erzeugt und / oder seine ↑Attribute initialisiert. Ein Konstruktor, der Objekte erzeugt, muß als ↑Klassenmethode definiert werden, während ein Konstruktor, der nur die Attribute eines Objektes initialisiert auch als ↑Instanzmethode definiert werden kann.

Kunde (client)
Ein ↑Objekt, das für seine Aktivitäten die Dienste eines anderen Objektes benutzt, in dem es sich dessen ↑Protokoll bedient. Auf der Klassenebene ist der Kunde eine Klasse, die eine andere Klasse zur Implementierung einer Methode nutzt.

mehrfache Oberklasse (multiple superclass)
↑Klasse, die mehrfach als ↑Oberklasse einer ↑abgeleiteten Klasse auftritt. Eine abgeleite Klasse besitzt eine mehrfache Oberklasse, wenn sie entweder direkt oder indirekt mehrfach von derselben Klasse abgeleitet wird. Im zweiten Fall besitzen mehrere Oberklassen der abgeleiteten Klasse eine gemeinsame Oberklasse. Durch mehrfache Oberklassen entsteht das Problem der ↑wiederholten Vererbung.

Mehrfachvererbung (multiple inheritance)
↑Vererbung, bei der eine ↑Klasse mehrere direkte ↑Oberklassen besitzt. Eine Klasse, die durch Mehrfachvererbung definiert wird, erbt die ↑Merkmale aller Oberklassen. Dabei können Konflikte entstehen, falls ein Merkmal in verschiedenden Oberklassen definiert ist oder eine indirekte Oberklasse als ↑mehrfache Oberklasse auftritt.

Merkmal (property)
Oberbegriff für die charakteristischen Eigenschaften eines ↑Objektes, d.h. dessen ↑Attribute und ↑Methoden.

Metaklasse (meta class)
↑Klasse, deren ↑Instanzen wiederum Klassen sind. In ↑objektorientierten Sprachen mit ↑Metaklassen werden Klassen als ↑Objekte, sogenannte ↑Klassenobjekte, betrachtet. Diese Klassenobjekte sind dann wiederum Instanzen einer Klasse, die als Metaklasse bezeichnet wird. Da Metaklassen ebenfalls als Klassenobjekte betrachtet werden können, lassen sich Metaklassen und Klassenobjekte nicht eindeutig voneinander unterscheiden. Durch das Konzept der Metaklassen kann u.a. eine dynamische Manipulation von ↑Klassendefinitionen realisiert werden.

Methode (method)

Operation, die ein ↑Objekt ausführen kann und die durch die entsprechende ↑Klassendefinition, ihren Name und ihre Argumenttypen charakterisiert wird. Die zulässigen Methoden eines Objektes werden in ↑objektorientierten Sprachen durch die Klassendefinition festgelegt. Die Methoden realisieren die Dienste eines Objektes und legen das ↑Objektverhalten sowie das ↑Protokoll fest.

Nachricht (message)

Aufforderung an ein ↑Objekt, eine bestimmte ↑Methode auszuführen. Eine Nachricht wird direkt an ein Objekt gerichtet und besitzt die Form eines Methodenaufrufs, d.h. sie beinhaltet den Namen einer Methode und evtl. notwendige aktuelle Parameter. Die durch Nachrichten bewirkten Methodenaufrufe können Ergebnisse liefern, die an den ↑Sender zurückgeschickt werden. Beim ↑statischen Binden wird die zur Laufzeit auszuführende Methode bei der Übersetzung bestimmt, während sie beim ↑dynamischen Binden erst zur Laufzeit bestimmt wird.

Oberklasse (superclass)

↑Klasse, deren ↑Attribute und ↑Methoden durch ↑Vererbung an ↑abgeleitete Klassen (↑Unterklassen) übertragen werden. In Abhängigkeit von der Anzahl der Vererbungsstufen (Anzahl der ↑Klassen zwischen einer Ober- und Unterklasse) spricht man auch von den direkten und indirekten Oberklassen einer Klasse.

Objekt (object)

Zusammenfassung einer Datenstruktur und der darauf anwendbaren ↑Methoden zu einer Einheit. Ein Objekt besitzt eine Struktur (↑Objektstruktur), einen Zustand (↑Objektzustand), ein Verhalten (↑Objektverhalten) und eine ↑Identität. In ↑objektorientierten Sprachen ist jedes Objekt ↑Instanz einer ↑Klasse, durch deren Definition (↑Klassendefinition) die ↑Merkmale des Objektes festgelegt sind. Ein Objekt kann entweder ↑Instanzobjekt oder ↑Klassenobjekt sein. Objekte bilden die Einheiten der ↑Datenkapselung in der ↑objektorientierten Programmierung.

objektbasierte Programmierung (object-based programming)

Programmierparadigma, das ↑Objekte und damit das Prinzip der ↑Datenkapselung unterstützt. Im Gegensatz zur ↑objektorientierten Programmierung unterstützt die objektbasierte Programmierung keine ↑Vererbung.

Objekthierarchie (object hierarchy, object structure)

Partielle Ordnung auf der Menge der ↑Objekte entsprechend der zwischen ihnen bestehenden Kompositionsbeziehung ("part-of"-Beziehung). ↑Komponenten werden dabei als Nachfolger des Objektes, dem sie angehören, angeordnet. Objekthierarchien werden aufbauend auf ↑komplexen Objekten gebildet und sind dynamisch, da sie zur Laufzeit durch Zuweisen, Erzeugen und Löschen von ↑Objekten verändert werden können. Sie werden durch gerichtete Graphen dargestellt.

Objektmodell (object model)

Menge der objektorientierten Mechanismen, die einer ↑objektorientierten Sprache oder einem objektorientierten Entwurf zugrundeliegen. Mögliche Kriterien zur Charakterisierung eines Objektmodells sind ↑Abstrakte Datentypen, ↑Datenkapselung, ↑Klassen, ↑Klassenobjekte, ↑Metaklassen, ↑Vererbung, ↑Komposition, ↑Typisierung, ↑Polymorphismus, ↑Persistenz und Parallelität .

objektorientierte Analyse (object-oriented analysis)
Spezialgebiet des Software-Engineering, das Verfahren für die Analyse eines zu entwickelnden Anwendungssystems beinhaltet. Die objektorientierte Analyse dient der Identifizierung elementarer ↑Objekte und ↑Klassen und beschreibt, *was* die Anwendung ausmacht.

objektorientierte Dekomposition (object-oriented decomposition)
Entwicklung eines Anwendungssystems durch Zerlegung in mehrere Teile, die durch ↑Klassen und ↑Objekte des Anwendungsgebietes modelliert werden. Die objektorientierte Dekomposition basiert auf einer Modellierung des Anwendungsgebietes durch eine Menge von über ↑Nachrichten kooperierenden Objekten und resultiert aus der Anwendung von Methoden des ↑objektorientierten Entwurfs.

objektorientierte Programmierung (object-oriented programming)
Programmierparadigma, bei dem Programme als Menge von über ↑Nachrichten kooperierenden ↑Objekten organisiert werden und jedes Objekt ↑Instanz einer ↑Klasse ist. Die Klassen eines objektorientierten Programms werden in einer ↑Klassenhierarchie angeordnet, der die ↑Vererbung als Mittel zur Wiederverwendung von Software zugrundeliegt. Außerdem wird die ↑Polymophie zur leichten Erweiterbarkeit um neue ↑Klassen genutzt.

objektorientierte Sprache (object-oriented language)
Programmiersprache, der das Paradigma der ↑objektorientierten Programmierung zugrundeliegt.

objektorientiertes Design (object-oriented design)
Spezialgebiet des Software-Engineering, das Methoden anbietet, in denen beschrieben werden kann, *wie* die Ergebnisse der ↑objektorientierten Analyse mit den Mechanismen eines ↑Objektmodells beschrieben werden kann. Der objektorientierte Entwurf umfaßt oft auch eine Notation zur Beschreibung verschiedener Sichten auf ein System, z.B. ↑Klassenhierarchien und ↑Objekthierarchien.

Objektreferenz (Object reference)
Zeiger auf ein ↑Objekt. In ↑getypten objektorientierten Sprachen ist jede Objektreferenz auf Objekte von bestimmten ↑Klassen eingeschränkt. Aufgrund von ↑Polymorphismus kann dabei eine Objektreferenz auf ↑Instanzen der ihr zugeordneten Klasse oder einer deren ↑Unterklassen zeigen.

Objektstruktur (object structure)
Datenstruktur eines ↑Objektes, die durch Menge der ↑Attribute beschrieben wird.

Objekttyp (object typ)
↑Typ, der durch eine ↑Klassendefinition festgelegt wird. In ↑getypten objektorientierten Sprachen beschreibt eine Klassendefinitionen einen benutzerdefinierten Typ, der als Objekttyp bezeichnet wird und über den Namen der ↑Klasse angesprochen werden kann. Die Interpretation dieses Namens ist dabei kontextabhängig, d.h. er kann abhängig von der Verwendung als Bezeichner für einen Typ oder eine Klasse stehen.

Objektverhalten (object behavior)
Verhalten eines ↑Objektes, d.h. Aktionen und Reaktionen eines Objektes in Form von Änderungen des ↑Objektzustandes und Versenden von ↑Nachrichten. Das Verhalten eines Objektes wird durch die Definition und Implementierung seiner ↑Methoden festgelegt.

Objektzustand (object state)
Aktuelle Wertebelegung der ↑Attribute eines ↑Objektes. Die zulässigen Zustände eines Objektes werden durch die ↑Typen der Attribute und evtl. zusätzlichen Restriktionen der Kombination der Werte verschiedener Attribute festgelegt.

parametrisierte Klasse (parametric class)
Synonym für ↑generische Klasse.

Persistenz (persistence)
Eigenschaft eines ↑Objektes, durch die seine Lebensdauer permanent und damit unabhängig von der Ausführungszeit des erzeugenden Programms wird. Persistente Objekte besitzen eine potentiell unendliche Lebensdauer und können nur durch expliziten Aufruf einer speziellen Methode, z.B. eines ↑Destruktors, wieder gelöscht werden. Sie werden deshalb in permanenten Speichersystemen, z.B. objektorientierten Datenbanksystemen, verwaltet.

Polymorphismus (polymorphism)
Vielgestaltigkeit des ↑Typs eines↑Objektes, auf das über eine ↑Objektreferenz zugegriffen wird. Aufgrund des ↑Polymorphismus kann eine Objektreferenz zur Laufzeit auf ↑Objekte verschiedener ↑Klassen zeigen. In ↑getypten Sprachen werden die Objekte auf ↑Unterklassen eingeschränkt. Beim Versenden einer ↑Nachricht über eine Objektreferenz kann erst zur Laufzeit die ↑Klasse des referenzierten Objektes bestimmt werden. ↑Dynamisches Binden ermöglicht dann die Ausführung der in der Nachricht aufgerufenen und in dieser Klasse definierten Methode. Polymorphismus und dynamisches Binden bewirken also, daß syntaktisch gleiche Nachrichten die Ausführung unterschiedlicher ↑Methoden zur Folge haben können.

Protokoll (protocol)
Menge aller ↑Nachrichten, die ein ↑Objekt von einem anderen Objekt empfangen und verarbeiten kann, d.h. die Menge der ↑Merkmale eines Objektes, auf die anderen Objekten ↑Zugriffsrechte gewährt werden.

Redefinition (redefinition)
Überschreiben von ↑Merkmalen einer ↑Unterklasse, die von einer oder mehreren anderen Klassen (↑Oberklassen) geerbt werden. Redefinition beinhaltet dabei die Ersetzung der ↑Typen von ↑Attributen und Argumenten der ↑Methoden durch ↑Subtypen, sowie das Überschreiben der Implementierung von Methoden. Durch die Redefinition geerbter Merkmale wird eine ↑Klasse zur ↑Spezialisierung ihrer Oberklassen.

Self (self, this)
Implizites Pseudoattribut, das für jedes ↑Objekt existiert und als Wert die Identität des Objektes besitzt. Mit Hilfe von Self können Objekte ↑Nachrichten an sich selbst schicken.

Sender (sender)
↑Objekt, das eine ↑Nachricht an ein anderes Objekt schickt.

spätes Binden (late binding)
Synonym für ↑dynamisches Binden.

Spezialisierung (specialization)

Definition einer neuen ↑Klasse als ↑Unterklasse einer oder mehrerer anderer Klassen (↑Oberklassen). Aufgrund der ↑Vererbung besitzt die neue Klasse alle ↑Merkmale ihrer Oberklassen. In ihrer Klassendefinition können jedoch zusätzliche Merkmale definiert (↑Erweiterung) oder geerbte Merkmale überschrieben (↑Redefinition) werden. Die neue Klasse stellt deshalb eine Spezialisierung ihrer Oberklassen dar. Eine Unterklasse muß jedoch nicht unbedingt zusätzliche Merkmale definieren oder geerbte Merkmale redefinieren, sie kann auch ausschließlich aus der Vereinigung der Merkmale ihrer Oberklassen gebildet sein (aggregierte Klasse).

Standardwert (default value)

Wert, mit dem eine neu erzeugte Datenstruktur vorbelegt wird, ohne daß der Programmierer ihn explizit angeben muß. Standardwerte sind i.a. vom Typ der zu initialisierenden Datenstruktur abhängig.

statisches Binden (static binding)

Verknüpfung einer ↑Nachricht mit der auszuführenden ↑Methode zur Übersetzungszeit. Beim Aufruf einer Methode über eine ↑Objektreferenz wird zur Übersetzungszeit die referenzierte ↑Klasse und damit die auszuführende Methode bestimmt.

Subklasse (subclass)

Synonym für ↑Unterklasse.

Subobjekt (subobject)

Teilobjekt eines ↑komplexen Objektes, d.h. der Wert eines ↑Attributes mit ↑Objekttyp. Beim ↑objektorientierten Entwurf wird zwischen ↑exklusiven und ↑gemeinsamen Subobjekten unterschieden.

Subtyp (subtype)

↑Objekttyp, der durch ↑Vererbung definiert wird. In ↑objektorientierten Sprachen, in denen die Namen der ↑Klassen auch die entsprechenden ↑Objekttypen bezeichnen, wird durch die Anordnung der Klassen in einer ↑Klassenhierarchie auch eine entsprechenden ↑Typhierarchie definiert, in der analog zum Begriff der ↑Subklasse der Begriff des Subtyps verwendet wird.

Superklasse (superclass)

Synonym für ↑Oberklasse.

Typ (type)

Zusammenfassung von Wertebereichen und der darauf anwendbaren Operationen. Ein Typ ist also statisch und unterscheidet sich dadurch von ↑Klassen, die eine dynamische Menge ihrer Instanzen umfassen. Eine ↑Klassendefinition beschreibt jedoch auch einen Typ, einen sogenannten ↑Objekttyp, so daß in ↑getypten objektorientierten Sprachen Klassennamen als benutzerdefinierte Typen verwendet werden können.

Typhierachie (type hierachy)

Die Typhierachie ordnet ↑Typen in Obertyp-Untertyp-Beziehungen an. Sie basiert darauf, daß sich Operationen auf Werten eines Untertyps genauso verhalten wie auf Werten des Obertyps. Handelt es sich um ↑Objekttypen, bedeutet das, daß die den Untertyp realisierende ↑Klasse aus der

Klasse des Obertypen durch ↑Vererbung mit Übernahme des ↑Protokolls entstanden ist. In vielen ↑objektorienitierten Sprachen wird dies stets erzwungen.

Typisierung (typing)
Unterteilung der ↑Objekte entsprechend ihrer ↑Klassenzugehörigkeit in verschiedene ↑Objekttypen. Objekte der gleichen ↑Klasse besitzen also den gleichen Objekttyp. Typisierung verhindert die inkompatible Verwendung von Objekten in Ausdrücken und Zuweisungen.

Unterklasse (subclass)
↑Klasse, deren ↑Merkmale durch ↑Vererbung aus ein oder mehreren anderen Klassen (↑Oberklassen) übernommen werden. In Abhängigkeit von der Anzahl der Vererbungsstufen (Anzahl der Klassen zwischen einer Unter- und einer Oberklasse) spricht man auch von den direkten und indirekten Unterklassen einer Klasse.

Vererbung (inheritance)
Beziehung zwischen ↑Klassen, durch die eine ↑Klasse (↑Unterklasse) die ↑Merkmale einer (einfache Vererbung) oder mehrerer (↑Mehrfachvererbung) anderer Klassen (↑Oberklassen) übernimmt. Die Vererbung definiert eine "is-a"-Beziehung zwischen den Klassen, die zu einer hierarchischen Anordnung der Klassen in einer ↑Klassenhierarchie führt. Eine Unterklasse kann dabei die von ihren Oberklassen geerbten Eigenschaften überschreiben (↑Redefinition) und erweitern (↑Erweiterung); sie wird dadurch zur ↑Spezialisierung ihrer Oberklasse. Wird bei der Vererbung das Protokoll übernommen, gilt die "is-a"-Beziehung.

virtuelle Oberklasse (virtual superclass)
↑Mehrfache Oberklasse, deren ↑Merkmale jedoch nur einmal an jede ↑abgeleitete Klasse vererbt werden. Virtuelle Oberklassen vermeiden das Problem der ↑wiederholten Vererbung, indem das mehrfache Erben ihrer Merkmale durch eine indirekte ↑Unterklasse unterdrückt wird.

wiederholte Vererbung (repeated inheritance)
Mehrfaches Erben der gleichen ↑Merkmale aufgrund einer ↑mehrfachen Oberklasse. Die ↑Merkmale einer mehrfachen Oberklasse können abhängig von der Semantik der ↑Vererbung in ↑abgeleiteten Klassen jeweils mehrfach vorhanden sein. Durch wiederholte Vererbung können Konflikte entstehen, die auf der mehrfachen Verwendung der Namen von ↑Merkmalen beruhen.

Zugriffsrecht (access rules)
Gewährleistung des Zugriffs auf bestimmte ↑Merkmale eines ↑Objektes. ↑Objektorientierte Sprachen, die Zugriffsrechte unterstützten, unterscheiden private und öffentliche (public) Merkmale. Die öffentlichen Merkmale eines Objektes bilden die nach außen sichtbare Schnittstelle, während die privaten Merkmale nur innerhalb eines Objektes zugreifbar sind. In einigen objektorientierten Sprachen können außerdem geschützte (protected) Merkmale definiert werden. Sie unterscheiden sich von privaten Merkmalen dadurch, daß in Objekten ↑abgeleiteter Klassen auf sie zugegriffen werden kann. Zugriffsrechte werden in der Klassendefinition festgelegt und können verschiedenen Stufen der ↑Datenkapselung realisieren.

Zustandsvariable (state variable)
Synonym für ↑Attribut.

Anhang

A Die C++-Realisierung zu Kapitel 1

A.1 Das Fuhrpark-Problem in C++

Im folgenden wird die C++ Realisierung des Problems aus 1.2.1. und 1.2.2 angegeben. Alle dort verwendeten Identifikatoren sind hier beibehalten worden. Lediglich die Methoden zum Erzeugen und Beseitigen von Instanzen werden in C++ anders benannt (mit: `Klasse()` bzw. `~Klasse()`). Diese Methoden werden bei der Speicherzuteilung bzw. Freigabe (ggf. nach dem Aufruf des Standard-Operators `new` bzw. vor `delete`) immer automatisch ausgeführt (siehe z.B. `Mitarbeiter.cc`). Außerdem wird der aktuelle Tag, der in 1.2 stets mit `heute` angegeben ist, als Parameter übergeben.

Die erforderlichen Kenntnisse in der Sprache C können dem Anhang B entnommen werden. Der Code sollte in der durch "`// -- Datei --`" gekennzeichneten Datei abgelegt werden. Es ist üblich, jede Klassendefinition und jede Klassenimplementierung in einer eigenen Datei abzulegen (d.h.: in der Header-Datei *Klasse* .h bzw. in *Klasse* .cc). Erläuterungen werden im folgenden direkt in den Code-Teilen angegeben. Sie unterscheiden sich von den durch "`//`" markierten C++ Kommentarzeilen durch ein anderes Schriftbild sowie Einrückung.

Ein lauffähiges Programm kann sowohl mit dem C++ Compiler von AT&T (hier: CC) oder dem von GNU (hier: g++) erzeugt werden, z.B. durch den Aufruf:

```
$ CC Kfz.cc Fahrt.cc Mitarbeiter.cc main.cc
```

Das gebundene Programm ist dann unter `a.out` aufrufbar. Alle hier aufgeführten Beispiele sind unter dem Betriebssystem UNIX lauffähig.

```
// ---------- Kfz.h ----------
#ifndef KFZ_H
#define KFZ_H

class Kfz {
private:
  char*  kennzeichen;
  int    verfuegbar;
  void wiederVerfuegbar();
public:
  Kfz(char* kennz);

  ~Kfz();
  int istVerfuegbar();
  void nichtVerfuegbar();
  void warten();
};
#endif
```

`class Kfz {`	Beginn der Klassendefinition
`char* kennzeichen;` `int verfuegbar;`	Interne Attribute
`void wiederVerfuegbar();`	Interne Methode
`public:`	Beginn des Protokolls:
`Kfz(char* kennz);`	Konstruktor für `Kfz`-Instanzen (entspricht "erzeugen" in 1.2.2)
`~Kfz();`	Destruktor (entspricht "beenden" in 1.2.2)
`int istVerfuegbar();`	Methode, die `int`-Wert liefert (ok=1)
`void nichtVerfuegbar();` `void warten();`	Methoden,die keinen Wert (d.h.`void`) liefern
`};`	Ende der Klassendefinition

```
// ---------- Kfz.cc ----------
#include "Kfz.h"

Kfz::Kfz(char* kennz) {                    Realisierung des Konstruktors
      kennzeichen = kennz;
      verfuegbar  = 1;
};

Kfz::~Kfz() {                              Realisierung des Destruktors
};

int Kfz::istVerfuegbar() {                 Realisierung weiterer Methoden
  return verfuegbar;
};

void Kfz::nichtVerfuegbar() {
  verfuegbar  = 0;
};

void Kfz::wiederVerfuegbar() {
  verfuegbar  = 1;
};

void Kfz::warten() {
  // irgendwas;
  this->wiederVerfuegbar();                Nachricht an sich selbst.
};


// ---------- Fahrt.h ----------
#ifndef FAHRT_H
#define FAHRT_H

extern class Kfz;                          Bekanntmachen des Klassenidentifikators Kfz

class Fahrt {                              Beginn der Klassendefinition
private:
  int  startTag;                           Interne Attribute.
  Kfz* fahrzeug;                           Objektwertiges Attribut, nimmt Kfz-Objekt auf.

public:                                    Beginn des Protokolls:
  Fahrt(Kfz* k, int heute);                Konstruktor für Fahrt-Instanzen.
  ~Fahrt();                                Destruktor.
  int anzTage(int heute);                  Methode, die int-Wert liefert.
};                                         Ende der Klassendefinition

#endif
```

```
// ---------- Fahrt.cc ----------
#include "Fahrt.h"
#include "Kfz.h"

Fahrt::Fahrt(Kfz* k, int heute) {          Realisierung des Konstruktors.
  fahrzeug = k;                            Attribut wird Kfz-Obj. zugewiesen.
  fahrzeug->nichtVerfuegbar();             Nachricht nichtVerfuegbar() an
                                           fahrzeug-Obj.
  startTag = heute;
};

Fahrt::~Fahrt() {                          Destruktor
  fahrzeug->warten();                      Nachricht warten() an fahrzeug-Objekt.
};

int Fahrt::anzTage(int heute) {
  if (heute < startTag) return 365+heute-startTag;
  else return heute-startTag;
};


// ---------- Mitarbeiter.h ----------
#ifndef NULL
#define NULL 0
#endif
#ifndef MITARBEITER_H
#define MITARBEITER_H

extern class Kfz;                          Bekanntmachen des Klassenidentif. Kfz
extern class Fahrt;                        Bekanntmachen des Klassenidentif. Fahrt

struct Rechnung {char* n; char* d; int t;};     Nichtgekapselte Datenstruktur

class Mitarbeiter {                        Beginn der Klassendefinition
private:
  char*  name;                             Interne Attribute
  char*  dienstStelle;
  Fahrt* dienstFahrt;                      Objektwertiges Attribut, mit Fahrt-Obj.

public:                                    Beginn des Protokolls:
  Mitarbeiter(char* n, char* d);           Konstruktor für Fahrt-Instanzen
  ~Mitarbeiter();                          Destruktor
  int antrittFahrt(Kfz* k, int heute);     Methode, die int-Wert liefert (ok=1)
  struct Rechnung* abrechneFahrt(int heute);    Methode erzeugt und liefert
                                           komplexen Wert (Zeiger auf Rechnung).
};
#endif


// ---------- Mitarbeiter.cc ----------
#include "Mitarbeiter.h"
#include "Kfz.h"
#include "Fahrt.h"
```

```
Mitarbeiter::Mitarbeiter(char* n, char* d) {
  name = n;
  dienstStelle = d;
  dienstFahrt = NULL;
};

Mitarbeiter::~Mitarbeiter() {
};

int Mitarbeiter::antrittFahrt(Kfz* k, int heute) {
  if ((dienstFahrt != NULL) || !(k->istVerfuegbar()))
    return 0;                                  Mitarbeiter ist auf Dienstfahrt
                                               oder Kfz k ist verliehen.
  else {
    dienstFahrt = new Fahrt(k, heute);         Aufruf des Fahrt-Konstruktors.
    return 1;
  }
};

struct Rechnung* Mitarbeiter::abrechneFahrt(int heute) {
  if (dienstFahrt != NULL) {
    struct Rechnung* rechnung = new struct Rechnung;
                                 Konstruktion eines komplexen Wertes.
    rechnung->n = name;
    rechnung->d = dienstStelle;
    rechnung->t = dienstFahrt->anzTage(heute);
    delete dienstFahrt;
    dienstFahrt = NULL;
    return rechnung;
  }
  else return NULL;
};
```

Noch ein Hinweis zur Ein- und Ausgabe: Natürlich können die in C bekannten Funktionen zur Ein- und Ausgabe (z.B: `printf()`) in C++ benutzt werden. Einfacher geht es aber mit den globalen Objekten `cout` und `cin`, Instanzen entsprechender I/O-Klassen, die in der Standardklassenbibliothek jedes C++ Systems vorhanden sind (in `stream.h`). Durch Anwendung der Operatoren << bzw. >> werden entsprechende Ausgabe- bzw. Eingabeanweisungen auf dem mit ihnen verbundenen Medium durchgeführt (üblicherweise das Terminal, von dem das Programm aufgerufen wurde). Die Argumente, die den Basistypen entstammen müssen (einschließlich Zeichenreihen), werden durch den Operator << bzw. >> angehängt. In diesem Beispiel treten nur in `main.cc` solche I/O-Anweisungen auf. Auskunft über weitere Details der Ein- und Ausgabe gibt Anhang D.

```
// ---------- main.cc ----------
#include <stream.h>
```

Inklusion der I/O-Objekte `cin` und `cout`

```
#include "Mitarbeiter.h"
#include "Kfz.h"
const ANZMITARBEITER = 10;
const ANZKFZ = 10;

main () {
```

Start des Hauptprogramms

```
// Mitarbeiter- und Kfz-Datenbank:
```

Erzeugung einiger Objekte ...

```
Mitarbeiter* m[ANZMITARBEITER];
Kfz*         k[ANZKFZ];
int          i;
for (i=0; i<ANZMITARBEITER; i++) m[i]=NULL;
for (i=0; i<ANZKFZ; i++) k[i]=NULL;
m[0] = new Mitarbeiter("Mueller", "Abt.1");
m[1] = new Mitarbeiter("Schmitt", "Abt.5");
k[0] = new Kfz("OL-XY-1");
k[1] = new Kfz("HB-AB-12");

// Fahrzeugpark-Management:
```

Nur Dialog-Schleife, Ein-Ausgaben und Nachrichten an Objekte.

```
int mNr, kNr, tagNr;
char aktion;
struct Rechnung* rechnung;
aktion = ' ';
while (aktion != 'q') {
```

Beginn der Benutzerinteraktion: Aktion einlesen, dann Daten einlesen ...

```
  cout << "Dienstreise: Start=s / Ende=e / Quit=q : ";
  cin  >> aktion;
```

liest einen `char` ein

```
  switch (aktion) {
    case 's':
      cout << "Nr.Mitarbeiter / Nr.Kfz / Nr.Tag: ";
      cin >>  mNr >> kNr >> tagNr;
```

liest Index für `Mitarbeiter`- und `Kfz`-Objekt sowie aktuellen Tag ein.

```
      if ((m[mNr] == NULL) || (k[kNr] == NULL))
        cout<<"kein solcher Mitarbeiter oder Kfz"<< endl;
      else
        if (m[mNr]->antrittFahrt(k[kNr], tagNr)) cout << "ok"<< endl;
```

Nachricht an `Mitarbeiter`-Objekt.

```
        else cout << "Kfz nicht verfuegbar "<< endl;
      break;
    case 'e':
      cout << "Nr.Mitarbeiter / Nr.Tag: ";
      cin >>  mNr >> tagNr;
```

liest Index für `Mitarbeiter`- Objekt sowie aktuellen Tag ein.

```
      if (m[mNr] == NULL)
        cout << "Mitarbeiter existiert nicht" << endl;
      else
        if (rechnung = m[mNr]->abrechneFahrt(tagNr))
          cout << rechnung->n<< rechnung->d<< rechnung->t<<endl;
```

"Versand" der Rechnung an Dienststelle.

```
        else cout <<"alle Fahrten schon abgerechnet "<< endl;
      break;
    default:  break;
```

bei sonstiger Eingabe (z.B. 'q') - Ende.

```
  }
 }
}
```

A.2 Das Verleihfirma-Problem in C++

Im folgenden wird die C++ Realisierung des Problems aus 1.2.3 angegeben. Alle dort verwendeten Identifikatoren sind hier beibehalten worden (Ausnahmen wie in A.1). Die Erläuterungen sind ebenfalls wie in A.1 zu verstehen. Um die hier interessierende Wiederverwendbarkeit der Klassen `Fahrt` und `Kfz` in möglichst wenig neuen Code zu verpacken, wurde auf verschiedene Konsistenzsicherungen beim Vertragsabschluß (z.B. ist das Kfz verfügbar etc.) und der Implementierung neuer Methoden für `LKW` und `PKW` sowie deren Verwendung verzichtet. Das gesamte Programm ist erzeugbar durch den Aufruf:

```
$ CC Kfz.cc Fahrt.cc Vertrag.cc Person.cc PKW.cc LKW.cc main.cc
```

Das gebundene Programm ist dann unter `a.out` aufrufbar. Die Klassen `Kfz` und `Fahrt` werden mit ihren Dateien, wie in A.1 angegeben, wiederverwendet und nicht noch einmal aufgeführt.

```
// ---------- Person.h ----------
#ifndef PERSON_H
#define PERSON_H

class Person{                        Beginn der Klassendefinition
  char*  name;
public:
  Person(char* n);                   Konstruktor
  ~Person();                         Destruktor
  char* personName();                Rückgabe des name-Attributwertes.
};
#endif
```

```
// ---------- Person.cc ----------
#include "Person.h"

Person::Person(char* n) {
  name = n;
};

Person::~Person() {
};

char* Person::personName() {
  return name;
};
```

```
// ---------- Vertrag.h ----------
#ifndef VERTRAG_H
#define VERTRAG_H

extern class Kfz;
extern class Fahrt;
extern class Person;
```

Bekanntmachen einiger benötigter Klassen.

```
class Vertrag {
  Person*  kunde;
  Fahrt*   fahrt;
```

Beginn der Klassendefinition

Horizontale Wiederverwendung von `Fahrt`. Wert von `fahrt` wird Subobjekt von `Vertrag`.

```
public:
  Vertrag (Kfz* k, Person* p, int heute);
  ~Vertrag();
  void  abrechnen (int heute);
};
#endif


// ---------- Vertrag.cc ----------
#include <stream.h>
#include "Vertrag.h"
#include "Kfz.h"
#include "Fahrt.h"
#include "Person.h"

Vertrag::Vertrag(Kfz* k, Person* p, int heute) {
  kunde = p;
  fahrt = new Fahrt(k, heute);
};
```

kein Test auf Verfügbarkeit von `k`.

```
Vertrag::~Vertrag() {
  delete fahrt;
};

void Vertrag::abrechnen (int heute) {
  cout << "Rechnung an:"
       << kunde->personName()
       << " / Tage:"
       << fahrt->anzTage(heute) << endl;
};
```

Versand der Rechnung simulieren.

```
// ---------- LKW.h ----------
#ifndef LKW_H
#define LKW_H

#include "Kfz.h"

class LKW : public Kfz {

  int  ladeflaeche;
  int  ladeflaecheBelegt;

public:

  LKW(char* kennz, int l);
  ~LKW();
  int beladen(int ladung);
};
#endif
```

Vertikale Wiederverwendung von `Kfz`. Alle Merkmale von `Kfz` werden ererbt und stehen in LKW-Objekten zur Verfügung.

`int ladeflaeche;` — Neues Attribut: Ladefläche in Metern.

`int ladeflaecheBelegt;` — Neues Attribut: belegte Meter der Ladefläche

`public:` — Gesamtes Protokoll von `Kfz` hier implizit ! auch: `istVerfügbar()`, `warten()` etc.

`int beladen(int ladung);` — Zusätzliche `LKW`-spezifische Methode.

```
// ---------- LKW.cc ----------
#include "LKW.h"
#include "Kfz.h"

LKW::LKW(char* kennz, int l) : Kfz(kennz) {

  ladeflaeche = l;
  ladeflaecheBelegt = 0;
};

LKW::~LKW() {
};

int LKW::beladen(int ladung) {
  if (ladeflaecheBelegt+ladung <= ladeflaeche) {
    ladeflaecheBelegt += ladung;
    return 1;
  }
  else return 0;
};

void LKW::warten() {
  ladeflaecheBelegt = 0;
  Kfz::warten();
};
```

`LKW::LKW(char* kennz, int l) : Kfz(kennz) {` — Der `Kfz`-Teil des `LKW`-Objekts wird mit dem Wert von `kennz` konstruiert. Danach Initialisierung der spezifischen Attribute.

`int LKW::beladen(int ladung) {` — Rückgabe: Kein Platz mehr = 0, ok =1

`void LKW::warten() {` — Redefinition von `warten()` aus `Kfz`. Die Ladefläche wird zusätzlich geräumt.

```
// ---------- PKW.h ----------
#ifndef PKW_H
#define PKW_H

#include "Kfz.h"

class PKW : public Kfz {                 Vertikale Wiederverwendung von Kfz.
                                         Alle Merkmale von Kfz werden ererbt und
                                         stehen in PKW-Objekten zur Verfügung.
  int  sitzplaetze;                      Neues Attribut: Anzahl der Plätze
  int  sitzplaetzeBelegt;                Neues Attribut: Anzahl der belegten Plätze

public:                                  Gesamtes Protokoll von Kfz hier implizit !
                                         auch: istVerfügbar(), warten() etc.
  PKW(char* kennz, int s);
  ~PKW();
  int einsteigen(int anzPersonen);       Zusätzliche PKW-spezifische Methode.
};
#endif


// ---------- PKW.cc ----------
#include "PKW.h"
#include "Kfz.h"

PKW::PKW(char* kennz, int s) : Kfz(kennz) {
                                         Der Kfz-Teil des PKW-Objekts wird mit dem
                                         Wert von kennz konstruiert. Danach Initiali
                                         sierung der spezifischen Attribute.
  sitzplaetze = s;
  sitzplaetzeBelegt = 0;
};

PKW::~PKW() {
};

int PKW::einsteigen(int anzPersonen) {   Rückgabe: Kein Platz mehr = 0, ok =1
  if (sitzplaetzeBelegt+anzPersonen <= sitzplaetze) {
    sitzplaetzeBelegt += anzPersonen;
    return 1;
  }
  else return 0;
};


// ---------- main.cc ----------

#include <stream.h>                      Inklusion der I/O-Objekte cin und cout.
#include "Vertrag.h"
#include "Kfz.h"                         aber LKW.h und PKW.h erst in A.3 nutzen !
#include "Person.h"

const ANZPERSON  = 10;
const ANZKFZ     = 10;
const ANZVERTRAG = 10;
```

```
main () {                                    Start des Hauptprogramms.

// Personen- und Kfz-DB:                     Erzeugen einiger Objekte ...

Person*   p[ANZPERSON];
Kfz*      k[ANZKFZ];
Vertrag*  v[ANZVERTRAG];
int       i;

for (i=0; i<ANZPERSON; i++) p[i]  =NULL;
for (i=0; i<ANZKFZ; i++)    k[i]  =NULL;
for (i=0; i<ANZVERTRAG; i++) v[i] =NULL;

p[0] = new Person("Mueller");
p[1] = new Person("Schmitt");
k[0] = new Kfz("OL-XY-1");                   PKWs und LKWs sollen erst in A.3
k[1] = new Kfz("HB-AB-12");                  betrachtet werden. Die entsprechenden Klas-
                                             senvereinbarungen sind hier noch ungenutzt.
// Fahrzeugpark-Management:

int pNr, kNr, vNr, tagNr;
int maxVNr = 0;                              Fortlaufende Vertragsnummer, wird nur
                                             einmal vergeben.
char aktion;
aktion = ' ';

while (aktion != 'q') {                      Beginn der Benutzerinteraktion:
                                             Aktion einlesen, dann Daten einlesen ...
  cout << "Aktionen: Start=s / Ende=e / Quit=q: ";
  cin  >> aktion;
  switch (aktion) {
    case 's':
      cout << "Nr.Person / Nr.Kfz / Nr.Tag: ";
      cin >>  pNr>> kNr>> tagNr;
      if ((p[pNr] == NULL) || (k[kNr] == NULL))
        cout << "Person oder Kfz existiert nicht" << endl;
      else {
        v[maxVNr] = new Vertrag(k[kNr], p[pNr], tagNr);
        cout << "Vertragsnummer: " << maxVNr << endl;
        maxVNr++;
      };
      break;

    case 'e':
      cout << "Nr.Vertrag / Nr.Tag: ";
      cin >>  vNr>> tagNr;
      if (v[vNr] == NULL)
        cout << "Vertrag existiert nicht" << endl;
      else {
        v[vNr]->abrechnen(tagNr);            "Versand" der Rechnung an Vertragskunden.
        delete v[vNr];                       Vertrag erledigt.
        v[vNr] = NULL;
      };
      break;
    default:  break;                         bei sonstiger Eingabe (z.B. 'q') - Ende.
  }
 }
}
```

A.3 Erweiterung des Verleihfirma-Problems in C++

Im folgenden wird die C++ Realisierung des Problems aus 1.2.4 angegeben. Die in A.1 und A.2 gemachten Aussagen zu den Identifikatoren gelten hier entsprechend. Um in C++ ererbte Methoden in abgeleiteten Klassen zu redefinieren, müssen diese Methoden bereits in der Basisklasse durch `virtual` markiert werden. Die entsprechende Zeile in `Kfz.h` wird im folgenden gezeigt: `virtual void warten();` statt: `void warten();` Das gesamte Programm ist erzeugbar durch den Aufruf:

```
$ CC Kfz.cc Fahrt.cc Vertrag.cc Person.cc PKW.cc LKW.cc main.cc
```

Das gebundene Programm ist dann unter `a.out` aufrufbar. Die hier nicht angegebenen Klassen finden sich in A.2 und A.1. Neben den in A.2 gezeigten Erweiterung um neue Klassen soll in den Anwendungen (hier: `Fahrt`-Objekte und Erzeugung von `Kfz`-Objekten in `main.cc`) gezeigt werden, daß alter Code nicht geändert werden muß! Dazu werden Teile dieses Codes hier noch mal kommentiert wiederholt.

```
// ---------- Fahrt.cc ----------
#include "Fahrt.h"
#include "Kfz.h"

Fahrt::Fahrt(Kfz* k, int heute) {
  fahrzeug = k;

  fahrzeug->nichtVerfuegbar();


  startTag = heute;
};
```

Auch hier keine Änderung des Code !

Realisierung des Konstruktors. `fahrzeug` und `k` sind polymorph und können `LKW`- und `PKW`-Werte annehmen. Nachricht `nichtVerfuegbar()` an `fahrzeug`-Obj. Diese Methode wird auch von `LKW`- und `PKW`-Objekten verstanden.

```
Fahrt::~Fahrt() {
  fahrzeug->warten();


};
```

Destruktor
Nachricht `warten()` an `fahrzeug`-Obj. je nach `fahrzeug`-Typ werden verschiedene Methoden ausgeführt !

```
// ---------- main.cc ----------

#include "PKW.h"
#include "LKW.h"
...
Kfz*      k[ANZKFZ];

...
k[0] = new PKW("OL-XY-1",5);
k[1] = new LKW("HB-AB-12",11);

// Fahrzeugpark-Management:
...
```

Hier nur Änderungen (zu A.2) zur Benutzung der `LKW`s und `PKW`s

Bleibt erhalten! Die `k`-Elemente sind aber polymorph und können auch z.B. `LKW`- und `PKW`-Werte aufnehmen.
Zuweisung eines `PKW`-Objektes als Wertes
Zuweisung eines `LKW`-Objektes als Wertes

An der Anwendung von `k` müssen keine Änderungen vorgenommen werden !

B Grundlagen der Sprache C

C++ entstand durch Integration objektorientierter Konzepte, wie Datenkapselung, Vererbung und Polymorphie, in die Sprache C. In diesem Teil des Anhangs werden die imperativen Grundkonzepte von C beschrieben. Es ist vor allem für MODULA-2 und PASCAL-Programmierer gedacht, die ohne den Umweg über C nun C++ erlernen wollen. Natürlich kann das Kapitel auch von C-Programmierern als kleiner Auffrischungskurs genutzt werden.

Höhere prozedurale Sprachen kann man zum großen Teil durch die zur Verfügung stehenden Basistypen und Konstruktoren zur Definition benutzerdefinierter Typen, sowie Kontrollstrukturen charakterisieren. Im folgenden werden die Basistypen und Typkonstruktoren von C++ (auf den imperativen Sprachkern beschränkt, d.h. im Wesentlichen die C-Anteile ohne Klassendefinitionen), sowie die Kontrollstrukturen vorgestellt. Dies reicht vollkommen für das objektorientierte Programmieren in C++ aus. Für eine vollständige Beschreibung, z.B. Gültigkeitsbereich und Lebensdauer von Bezeichnern, Sprachkonstrukte zur Modularisierung, Ausnahmebehandlung, Schnittstellen zum Betriebssystem, Ein-Ausgabe und anderes, sei auf die einschlägige Literatur (z.B. [Kern83]) verwiesen.

B.1 Basistypen und Typkonstruktoren in C

B.1.1 Basistypen

C++ stellt lediglich Basistypen zur Repräsentation von ganzen Zahlen und von rationalen Zahlen zur Verfügung. Zusätzlich besteht die Möglichkeit, die Größe, bzw. die Genauigkeit der Zahlendarstellung sowie bei ganzen Zahlen das Vorzeichen zu spezifizieren. Basistypen sind:

	`char`	ganze Zahlen
`(short | long)`	`int`	ganze Zahlen
	`float`	rationale Zahlen
`(long)`	`float`	rationale Zahlen

Zusätzlich kann den Ganzzahltypen ein `unsigned` bzw. `signed` vorausgehen, um eine vorzeichenlose[1] bzw. vorzeichenbehaftete Zahl zu definieren. C und C++ (und damit vor allem auch die Basistypen) wurden von ihren Entwicklern ausdrücklich auf effiziente Hardware-Ausnutzung hin definiert. Um rechnerspezifische Eigenschaften ausnutzen zu können, ist die Größe (Anzahl Bits zur Repräsentation) der Basistypen nur zum Teil wertemäßig exakt definiert. Für die Typen `char`, `short int` und `long int` kann deshalb nur von einer *Mindestgröße* von 8, 16 und 32 Bits ausgegangen werden. Für `int`-Zahlen ist garantiert, daß `long int` nicht kleiner als `int` und `int` nicht kleiner als `short int` sind. Das gleiche gilt für `float`, `double` und `long double`.

---

1 Interpretation im nächsten Abschnitt.

Darüber hinausgehende Annahmen über Zahlengrößen sollten nicht gemacht werden, da sie die Portabilität (zwischen Rechnern, aber auch zwischen verschiedenen Compilern) erschweren[2].

Die für MODULA-2-Programmierer erstaunlichsten Spracheigenschaften sind die Verwendung des Typs `char`, die Bedeutung einer `unsigned`-Definition sowie das Nichtvorhandensein des Typs BOOLEAN. Eine `char`-Variable ist eine Ganzzahl-Variable für "kleine Zahlen", und nicht (zumindest nicht ausschließlich) eine Zeichen-Variable. Es ist jedoch garantiert, daß ein Zeichen im jeweiligen Zeichen-Code in eine `char`-Variable paßt. Der `unsigned`-Zusatz sagt *nicht* aus, daß das entsprechende Objekt positiv ist, sondern daß Arithmetik modulo 2^n (und nicht 2^{n-1}) ausgeführt wird. Zulässige typkompatible Definitionen sind z.B.:

```
char a = 'a';
char b = 55;
unsigned int c = 123;
unsigned int d = -5;          wird in Ausdrücken als -5 interpretiert, bei
                              der Ausgabe als große positive Zahl.
```

Dabei kann das Symbol vom Zuweisungsoperator '=' auch als Initialisierung in der Variablendefinition benutzt werden. Entsprechend werden Konstanten (nur in C++) mit

```
const Typ name = wert;        Typ ist optional
```

vereinbart. Sie dürfen nur in ihrer Definition initialisiert werden.

Weitere *Typnamen* benutzerdefinierter Typen (siehe B.1.3) können durch `typedef` deklariert werden.

```
typedef Typkonstruktion TypName;   TypName ist nun ein Synonym der
                                   Konstruktionsvorschrift (sind kompatibel).
TypName varX;                      varX ist vom Typ TypName.
```

B.1.2 Implizite und explizite Typkonvertierung

Ein C++-Compiler führt bei der Auswertung von Zuweisungen und Ausdrücken (im Gegensatz etwa zu MODULA-2) implizit Typkonvertierungen durch. Die einzelnen Regeln zur Typkonvertierung würden den Rahmen dieser kurzen Einführung sprengen. Als Faustregel kann man davon ausgehen, daß in Zuweisungen der rechte Ausdruck korrekt in den Typ der (linken) Variablen konvertiert wird, falls der Typ der rechten Seite nicht mehr Platz beansprucht als der Typ der Variablen. In arithmetischen Ausdrücken werden Operanden immer zum "größeren" Operanden hin konvertiert, z.B.:

```
int i;
float x = x + i;              i -> float
double xx = x + i;            i -> float, dann (x+i) -> double
```

---

2 Die für einen bestimmten Compiler auf verschiedenen Rechnern geltenden Größendefinitionen kann man der Standard-Include-Datei <limits.h> entnehmen. Wir werden diese allerdings hier nicht benutzen.

Nach den impliziten Typkonvertierungsregeln korrekt, aber unserer Meinung nach zu vermeiden sind Konstrukte wie:

`char ch = i;`	`int`-Bereich ist größer als `char`-Bereich, also wird abgeschnitten.
`i = xx;`	Runden auf eine ganze Zahl; ist aber kritisch, falls Exponent von `xx` zu groß für eine `int`-Zahl ist.

Mit Vorsicht ist die explizite Typkonvertierung (Casting) zu benutzen. Dabei wird der Wert einer Variablen unter einem anderen Typen interpretiert - mit den oben beschriebenen Effekten[3]. Zwei Notationen sind möglich:

`varX = (Typ) varY;`	`Typ` kann auch Konstruktionsvorschrift (z.B. `char*`) sein.
`varX = TypName (varY);`	funktionale Notation; hier keine Konstruktionsvorschrift erlaubt.

B.1.3 Typkonstruktoren

Zu den benutzerdefinierten Datentypen, d.h. den durch Typkonstruktoren definierbaren Typen, gehören Array-, Record-, Zeiger- und Referenz-Typen. Auch eine Funktion hat einen bestimmten Typ. Funktionstypen unterscheiden sich jedoch in ihrer Verwendung von den anderen Typen. Es ist z.B. nicht möglich, eine Variable von einem Funktionstyp zu deklarieren, wohl aber eine Zeigervariable.

B.1.3.1 Arrays

Arrays werden durch Anhängen der Array-Größe in eckigen Klammern definiert:

`int ein_int;`	eine `int`-Variable
`int ein_int_array[10];`	Array mit 10 `ints`
`typedef int ArrayTyp[5];`	Neuer Typname eingeführt
`ArrayTyp auch_array;`	Array mit 5 `ints`
`float feld[2][3];`	zwei Arrays mit je 3 `floats`

Zu beachten ist, daß das erste Array-Element durch 0, das letzte durch n-1, falls n die Array-Größe ist, indiziert wird, der Programmierer also keine obere und untere Grenze zur Indizierung angeben kann:

`ein_int_array[0] = 32785;`	erstes Element setzen
`ein_int_array[9] = 58732;`	letztes Element setzen
`ein_int_array[10] = 3333;`	Fehler, Zugriff auf nicht existierendes Element
`feld[1][2] = 2.178;`	letztes Element im zweiten Array setzen

Die Größe eines Arrays ist zur Laufzeit nicht bekannt. Ein Zugriff auf ein nicht existierendes Array-Element wie im obigen Beispiel, kann also zur Laufzeit nicht erkannt werden und führt zu

---

3 Das Casting von Objekten auf andere Objektklassen resultiert dann entsprechend in einem anderen Objektverhalten !

undefinierten Ergebnissen. Die Erkennung der Indizierung eines Arrays mit Konstanten, die außerhalb der Array-Grenzen liegen, kann durch einen Compiler durchgeführt werden, wird von C++-Compilern aber nicht (im Gegensatz zu MODULA-2) durchgeführt. Bei der Definition eines Arrays kann gleich eine Initialisierung vorgenommen werden:

```
int array[] = {1,2,3,4,5};              automatische Erkennung der Groesse nur bei
                                        eindimensionalen Arrays.
int int_matrix[2][3] = {                zweidimensionale Initialisierung.
  { 1, 2, 3},
  { 4, 5, 6}
};
char name1[5] = {'F', 'r', 'i', 't', 'z'};
char name2[]  = "Hugo";                 automatische Erkennung der Groesse.

                                        Zuweisungen nach der Initialisierung sind
                                        nur elementweise möglich:
name1[2] = 'a';                         "Fratz"
name1 = "Heino";                        Fehler, ganzes Array nicht zuweisbar.
```

Eine besondere Stellung nehmen `char`-Arrays ein, da sie den Datentyp String repräsentieren. Alle Standard-Bibliotheksfunktionen[4] gehen davon aus, daß Strings eine Folge von Charaktern mit dem Endezeichen `'\0'` (`char`-Konstante mit Wert 0) sind. Für das Array `name2` wird automatisch Platz für fünf Character angelegt, da es mit einem String initialisiert wird,wobei der letzte `'\0'` ist. Für `name1` gilt dies nicht. `char`-Arrays von der Art `name1` sollten also nicht als Strings (z.B. mit Bibliothekfunktionen) verwendet werden.

Arrays können nicht zugewiesen werden. Arrays als Funktionsargumente bzw. Ergebnisse werden implizit immer als Zeiger (siehe Abschnitt A.1.3.3) übergeben bzw. zurückgeliefert.

B.1.3.2 Records

Records, in C auch Strukturen genannt, werden mit Hilfe des Schlüsselwortes `struct` definiert:

```
const NameLen = 20;
struct person {
  char vorname[NameLen];
  char nachname[NameLen];
  int alter;
};
```

und mit Hilfe des Punktoperators "." im Programmtext angesprochen.

```
struct person irgendjemand;                   "struct" in C++ nicht nötig.
irgendjemand.alter = irgendjemand.alter+1;    Schon wieder ein Jahr älter.
```

Records können (einer Record-Variablen) zugewiesen und als Funktionsargumente und -ergebnis übergeben werden.

Zur effizienten Ausnutzung von Speicherplatz kennt C++ Variantenrecords (Unions) und Bit-Strings (Fields), auf die hier nicht näher eingegangen wird.

---

4 Siehe dazu z.B. die header-Datei `string.h`.

B.1.3.3 Zeiger und Referenzen

Die Definition eines Zeigertypen geschieht durch den "*"-Konstruktor (in PASCAL bekannt als POINTER OF). Das gleiche Symbol dient als Symbol des Dereferenzierungsoperators.

```
int* int_zeiger;                 int_zeiger vom Typ"Zeiger auf int"
int a = *int_zeiger;             a bekommt den Wert der int-Variablen
                                 zugewiesen, auf die int_zeiger zeigt
T1* var1;
T2* var2;                        T1 und T2 irgendein Typ.
var1 = (T1*) var2;               Casting von Zeigern immer möglich.
```

Die Adresse (des Datenbereiches im Hauptspeicher) eines Bezeichners erhält man mit dem &-Operator (Address-Operator). Adressen können wie Zeigerwerte benutzt werden:

```
int a = 5;
int b;
int* int_zeiger_a = &a;              zeigt auf 'a'
int* int_zeiger_b = int_zeiger_a;    zeigt auch auf 'a'
b = *int_zeiger_b;                   'b' = 5
```

Auf Arrays kann auch über Zeiger zugegriffen werden. Der Array-Name kann wie ein Zeiger auf das erste Array-Element benutzt werden. Im folgenden Beispiel sind deshalb die beiden Anweisungen äquivalent.

```
int arr[10];
int* ptr;
char* day[] = {"mon", "tue", "wend"}; auch Array von char-Zeigern (mit Strings
                                      initialisierbar).
ptr = arr;                            zeigt auf erstes Array-Element
ptr = &arr[0]                         dito
```

Zeigt nun ptr auf das Array, so kann alternativ über Array-Indizierung oder Zeigerarithmetik ein Array-Element benutzt werden.

```
int b, i;
b = arr[i];                           b bekommt den Wert des (i+1)-ten Elements
b = *(ptr + i);                       dito
```

Operatoren zur Zeigerarithmetik sind + und - mit zusätzlichem int-Operanden. Für das häufig verwendete Anweisungsmuster ptr=ptr+1 ist die Abkürzung ptr++ definiert (Analog gibt es auch einen Dekrementoperator, --. Beide sind auch für char- und int-Zahlen definiert). Das Ergebnis eines arithmetischen Ausdrucks eines Zeigers mit einer Zahl ist wieder ein Zeiger vom gleichen Typ. Es ist gewährleistet, daß Zeigermanipulationen korrekt bzgl. der Größe des Basistyps ausgeführt werden, d.h. ptr++ zeigt auf das nächste Feld, nicht auf das nächste Byte.

Eine Referenz ist ein Synonym für einen Variablenbezeichner. Das Hauptanwendungsgebiet für Referenzen ist die Möglichkeit der Funktionsparameterübergabe durch *call by reference*, die in C nicht möglich ist (aber in C++ durch die Verwendung von Referenztypen Typ& als Parametertypen). Eine Referenzvariable wird durch das &-Zeichen definiert:

```
int zahl = 5;
int& ref = zahl;                    ref ist vom int-Referenztyp und Synonym
                                    fuer zahl
ref++;                              zahl = 6
```

Die obige Verwendung einer Referenz ist unserer Meinung nach schlechter Programmierstil, da durch einen Seiteneffekt die Variable zahl manipuliert wird, ohne daß man durch lokale Programmanalyse (nämlich der Anweisung `ref++`) dies erkennen könnte. Eine sinnvolle Verwendung von Referenzen werden im nächsten Abschnitt gezeigt.

B.1.3.4 Funktionen

Ein weiterer, bisher noch nicht eingeführter Basistyp, ist der Typ `void`, der jedoch nur in Verbindung mit Zeigern und Funktionen benutzt werden kann. Ein `void`-Zeiger zeigt auf keinen bestimmten, und damit auf jeden beliebigen Typ (bzw. Objekt beliebigen Typs), wenn eine Typkonvertierung vorgenommen wird. Diese explizite Typkonvertierung (Casting) kann leicht zu Fehlern führen und sollte daher vermieden werden. Durch gute objektorientierte Modellierung kann der Bedarf zu solchen Konvertierungen praktisch vollständig verhindert werden. Eine `void`-Funktion entspricht einer Prozedur, d.h. die Funktion hat keinen Rückgabewert. Daneben kann der Rückgabewert von Funktionen aber auch ignoriert und damit der Funktions*ausdruck* als Prozedur*anweisung* benutzt werden.

```
void inc1(int toincr) {toincr++};      call by value, Inkrementierung bleibt lokal.
void inc2(int& toincr) {toincr++};     call by reference, akt.Parameter ist verändert
int quadrat(int arg) {return arg * arg; }
float quadrat(float arg) {return arg * arg; }
```

Der Unterschied von Call by Value und Call by Reference bei `inc1` und `inc2` sollte klar sein. Die beiden `quadrat`-Funktionsdefinitionen unterscheiden sich durch ihre Typisierung. Das Überladen von Funktionsnamen ist in C++ erlaubt, der Compiler nimmt bei einem Aufruf automatisch die am besten passende Funktion.

```
int a = 1;
int b = 1;
inc1(a);                               a=1
inc2(b);                               b=2
a = quadrat(b);                        quadrat: int -> int
float y = 3.1415, x = quadrat(y);      quadrat: float -> float
```

Eine Sonderrolle nimmt die Funktion `main()` ein. Sie legt gerade das "Hauptprogramm" fest und darf entsprechend nur einmal definiert werden. Die Argumente, die vom Benutzer oder der Anwendung übergeben werden, sind in dem Array `argv` als Strings abgelegt. Ihre Anzahl findet sich in der `int`-Variablen `argc` (dabei ist `argv[0]` stets der Name des Programms). `argv` ist also ein Array von `char*` Werten mit `argc` Elementen (von `0` bis `argc-1`).

```
main(int argc, char** argv) {
  if (argc>1) machWasMit(argv[1]);     es wurden Parameter übergeben.
}
```

Wie bereits angedeutet können Variablen vom Typ "Zeiger auf Funktionstyp" deklariert werden: `int (*funcptr) (char *)`. Dabei ist `funcptr` ein Zeiger auf eine Funktion, die einen String als Argument verlangt und eine `int`-Zahl zurückliefert.

B.1.3.5 Aufzählungstypen

Eine Sonderstellung in C++ nimmt der Aufzählungstyp ein, da er eigentlich eine Sammlung von Konstantendefinitionen darstellt. Ein Aufzählungstyp wird durch `enum` und eine Aufzählung der Werte definiert:

```
enum richtung { nord, sued, west, ost };
```

Dies ist äquivalent zu:

```
const int nort = 0;
const int sued = 1;
const int west = 2;
const int ost  = 3;
```

B.2 Kontrollstrukturen und Operatoren

B.2.1 Blockstruktur

Anweisungen werden durch "`;`" beendet und können in einem Block (in `{` ... `}`) zusammengefaßt werden. Am Anfang solcher Blöcke können Deklarationen und Definitionen von Typen und Variablen vorgenommen werden (in C++ nicht nur am Anfang). Gültigkeit ihrer Identifikatoren und Lebensdauer des zugeordneten Speichers sind auf den Block beschränkt. Die vor der `main`-"Hauptfunktion" deklarierten oder definierten Teile sind global zu allen anderen Softwareteilen.

Eine Deklaration ist die Bekanntmachung eines Identifikators, der in anderen Softwareteilen definiert wird. Um das Anlegen von Speicherplatz für Variablenidentifikatoren zu verhindern (weil die Variable in einem anderen Softwareteil definiert ist und erst nach der Compilierung dazugebunden wird) ist die `extern`-Markierung zu benutzen:[5]

```
extern int varX;                    varX ist int und wird woanders definiert.
```

B.2.2 Die Zuweisung

Der Zuweisungsoperator "`=`" wurde schon vorher eingeführt. Interessant ist hier, daß die Zuweisungsanweisung auch als Ausdruck verwendet werden kann - die den zugewiesenen Wert liefert. Außerdem ist er implizit in den Operatoren zur De- und Inkrementierung enthalten (`i=i+1` entspricht `i++`, wobei der alte Wert von `i` abgeliefert wird, oder `++i`, wobei der inkrementierte Wert der Wert des Ausdrucks ist).

B.2.3 Bedingte Anweisungen

Die beiden `if`-Konstrukte sind

```
if (expression )  statement
if (expression )  statement  else statement
```

Zu beachten ist, daß die Klammern zum Konstrukt gehören, d.h. nicht optional sind. Dasselbe gilt auch für die im nächsten Abschnitt vorzustellenden Schleifenkonstrukte.

Da es in C++ keinen Boole'schen Datentyp gibt, werden Ausdrücke auf `int` abgebildet. Der Wert 0 ist dabei das logische *Falsch*; alle Werte ungleich 0 entsprechen *Wahr*. Einen benutzerdefinierten Datentyp `Bool` könnte man durch "`typedef enum {FALSE=0, TRUE=1} Bool;`" definieren. Vergleichsoperationen (`==` (gleich), `!=` (ungleich), <, <=, >, >=) liefern eine 1, falls der Vergleich wahr ist, sonst 0. Komplexe Ausdrücke mit den Operatoren `&&` (AND) und `||` (OR) werden, wie in MODULA, von links nach rechts solange ausgewertet, bis der Wert des

---

5 Bei der Einbindung von C-Teilen in C++ Programme (z.B. C-Funktionen) müssen diese in: `extern "C" {` *Deklarationen* `}` eingeschlossen werden.

Gesamtausdrucks eindeutig bestimmt ist. Die Syntax des `switch`-Statements sieht folgendermaßen aus:

```
switch (expression ) {
  case  const-expr :  statement
  ...
  default :  statement
}
```

Dabei können beliebig viele `case`-Labels und maximal ein `default`-Label benutzt werden. Bei der Ausführung der Anweisung wird *expression* ausgewertet und, falls ein `case` mit identischem Wert vorhanden ist, an dieser Stelle mit der Programmausführung fortgefahren. Meist wird kein Fortfahren an dieser Stelle, sondern die alleinige Ausführung der entsprechenden Anweisung erwünscht sein. In diesem Fall ist die Anweisung mit einem `break` abzuschließen. Ist kein passendes `case` vorhanden, wird in das `default`-Label eingesprungen. Falls auch dies nicht vorhanden ist, wird das `switch`-Statement verlassen.

B.2.4 Schleifen

Die Schleifenkonstrukte von C++ sind:

```
while (expression ) statement
do statement while (expression ) ;
for ( init-stat ; bool_expr1 ; incr_expr2 )  statement
```

Die `while`- und `do-while`-Konstrukte ähneln den `WHILE-DO` und `REPEAT-UNTIL`-Konstrukten von MODULA-2. Das `for`-Konstrukt bedarf einer genaueren Erklärung: Das *init-statement* wird einmal vor Beginn der Schleife ausgeführt und dient somit der Initialisierung. In C++ bietet sich hier die Möglichkeit der Definition einer Schleifenvariablen an, die in C am Anfang des Blockes definiert sein muß. Der Ausdruck *expr1* ist der Abbruchtest, der vor jeder Iteration ausgeführt wird. *expr2* wird nach der Iteration ausgeführt und wird als Inkrement/Dekrement-Anweisung der Laufvariablen benutzt. Typische `for`-Schleifen sehen folgendermaßen aus:

```
int i;
for (i=0; i < Grenze; i++ ) {          in C++ auch: for (int i=0; ...
  irgendWasMit( i);
}
```

Oder auch mit `struct IntList {int i; IntList* next;} *eineListe;` und mit der Annahme, daß der letzte Zeiger der Liste mit 0 besetzt ist, wie folgt:

```
IntList* p;
for (p=eineListe; p; p=p->next ) {    in C++ auch: for (IntList* p=...
  irgendWasMit( p);
}
```

Innerhalb der Schleifenkonstrukte ist das `continue`-Statement erlaubt, das einen Sprung (nicht das Verlassen) an das Ende der innersten Schleife bewirkt.

Nicht verschwiegen werden soll, daß es in C ein `goto` und *SprungMarke* : gibt.

B.2.5 Übersicht über Operatoren und Anweisungen

Die Tabellen B.2.5-a und B.2.5-b stellen die in C verwendbaren Operatoren mit kurzer Erklärung ihrer Verwendung dar, aufgeteilt in Gruppen mit fallender Präzedenz. Kursiv geschriebene Teile sind wieder durch Entsprechendes zu ersetzen: *var* - Variablenidentifikator; *member* - Feld einer Struktur; *pointer* - Zeigerausdruck; *expr* - Ausdruck; *exprList* - durch Kommata getrennte Ausdrücke; *type* - Typname (mit Ausnahmen); *lval* - Ausdruck[6], der einen beschreibbaren Speicherbereich liefert (also z.B. Variablen, aber keine Funktionen- oder Array-Namen oder `const`-Konstanten).

`.`	Feld Selektion	`var.member`
`->`	Feld Selektion	`var->member` (auch `.*`)
`[]`	Indexierung	`pointer[expr]`
`()`	Funktionsaufruf	`expr (exprList)`
`()`	Wertkonstruktion (C++)	`type (exprList)`
`sizeof`	Variablengröße	`sizeof expr`
`sizeof`	Typgröße	`sizeof (type)`
`++`	Inkrement (vor- oder nach-)	`++lval` oder `lval++`
`--`	Dekrement	`--lval` oder `lval--`
`~`	(Logisches) Komplement	`~expr`
`!`	Negation	`! expr`
`- +`	unäres minus bzw. plus	`- expr` bzw. `+expr`
`&`	Adressoperator	`&lval`
`*`	Dereferenzierung	`*expr`
`new`	Speicheralloziierung	`new type`
`delete`	Speicherfreigabe	`delete pointer`
`delete[]`	Freigabe für Array	`delete[] pointer`
`()`	Casting	`(type) expr`
`*`	Multiplikation	`expr * expr`
`/`	Division	`expr / expr`
`%`	Modulo	`expr % expr`
`+ -`	Addition, Subtraktion	`expr + expr` etc.

Tab. B.2.5-a: Operatoren in C (in Präzedenz-Gruppen)

Die Tabelle B.2.5-b ist die Fortsetzung, wieder in Gruppen mit fallender Präzedenz unterteilt. Einige interessante Operatoren sollen hier herausgehoben werden: Der bedingten Ausdruck (? :) liefert als Wert den Wert von exprA, falls expr wahr (d.h. $\neq 0$) ist, sonst den Wert von exprB; die üblichen arithmetischen und bitweisen Operationen lassen sich mit der Zuweisung verbinden (z.B. mit der Bedeutung: `a=a+4` gleich `a+=4`). Auch Ausdrücke lassen sich als Sequenz (von Links nach Rechts ausgewertet) schreiben, z.B. nach `b=(a=2,a+1)` hat `b` den Wert `3`.

---

6 Der Name `lvalue` leitet sich aus der Zuweisungsanweisung exprA = exprB ab, in der die *linke* exprA ein lvalue-Ausdruck (`l` wie links) sein muß.

<< >>	Bit-Shift links / rechts	*expr* << *expr* etc.
< <= > >=	kleiner / oder gleich etc.	*expr* < *expr* etc.
== !=	gleich / ungleich	*expr* == *expr* etc.
& ^ |	bitweise UND /XOR / OR	*expr* & *expr* etc.
&& ||	logisches UND / OR	*expr* && *expr* etc.
? :	bedingter Ausdruck	*expr* ? *exprA* : *exprB*
=	Zuweisung	*lval* = *expr*
*= /= %= += -=	arithm.Op. und Zuweisung	*lval* *=*expr* etc.
<<= >>= &= |= ^=	Bit-Op. und Zuweisung	*lval* <<= *expr* etc.
,	Ausrucksseqenz	*expr* , *expr*

Tab. B.2.5-b: Operatoren in C (in Präzedenz-Gruppen) - *Fortsetzung*

Die Anweisungen in C werden in Tabelle B.2.5-c zusammengefaßt. Eine *expropt* kann optional verwendet werden. Eine *constExpr* liefert eine Konstante (z.B. 'a' oder 2+9).

declaration	Deklaration eines Identifikators
{ *statementList* }	Blockanweisung
expropt ;	(Zuweisungs-)Ausdruck oder leer

if (*expr*) *statement*
if (*expr*) *statement* else *statement*
switch (*expr*) *statement*
	bedingte Anweisungen

case *constExpr* : *statement* default : *statement* break;	Bedingung für switch statement Default-Anweisung Abbruch für switch statement

while (*expr*) *statement*
do *statement* while (*expr*);
for (*initStat* *expropt*;
expropt; *expropt*) *statement*
	expr Eingangsbedingung
	expr Wiederholungsbedingung
	initStat mit lokalen Variablen

continue;	Sprung ans Ende der Schleife
return *expropt*;	Funktionsabbruch mit Rückgabe
goto *identifier* ; *identifier* : *statement*	Sprung Sprung-Ziel

Tab. B.2.5-c: Anweisungen in C (nach Funktionsgruppen)

B.3 Sonstiges zu C

B.3.1 Ein- und Ausgabefunktionen der Standardbibliothek

Jede Programmtext-Datei, die Standard-Routinen der Ein-Ausgabe über das Standard-Ein-Ausgabemedium (das Terminal) nutzt, muß die Zeile: `#include <stdio.h>` beinhalten. Dadurch werden unter anderem die wichtigen Funktionen `printf()` zur formatierten Ausgabe und `scanf()` zur formatierten Eingabe verfügbar gemacht. Ihre Parameter haben die Form: (*control*, *arg1* , *arg2*, ...), die im folgenden kurz erläutert werden:

control ist eine in ' " ' eingeschlossene Zeichenreihe, die neben dem auszugebenden Text je eine Formatierungsbeschreibung zu den folgenden Argumenten *arg1*, *arg2*, ... beinhaltet. Die Beschreibungen beginnen jeweils mit einem ' `%`', optional gefolgt von einer Zahl, die die Anzahl der minimal auszugebenden oder maximal einzulesenden Zeichen festlegt (die eingelesenen Werte werden durch beliebig viele *Whitespace* (`blank`, `tab`, `newLine`, `formfeed`, `carriage-return` getrennt). Das folgende Zeichen gibt den *Typ* des entsprechenden Arguments an. Die Typzeichen sind:

Typ `d` - Dezimalzahl, `o` - Oktalzahl, `x` - Hexadezimalzahl, `u` - Dezimalzahl ohne Vorzeichen, `c` - Charakter, `s` - String (Zeichenreihe), `e` - Realzahl mit Exponentdarstellung, `f` - Realzahl mit Kommadarstellung, `g` - die kürzeste Darstellung einer Realzahl.

arg kann bei `printf()` eine Konstante, Ausdruck oder Variable sein, bei `scanf()` nimmt es den durch Whitespace(s) getrennten Wert auf. Deswegen wird hier jeweils ein Zeiger auf einen entsprechenden Speicherbereich erwartet.

Beispiel: Ein-Ausgabe in einem C-Programm

```
printf("Ausgabe von: %d.ist ein.%5s!\n",13,"int");     '\n' ist newLine.
$Ausgabe von: 13.ist ein.   int!                       erzeugte Ausgabe.

int i; char cArray[5]; char* cPtr; cPtr = new char[7];
scanf("%2d %s %s", &i, cArray, cPtr);                  cArray ist schon ein Zeiger.
$123 hallo du da                     diese Eingabe erzeugt die Zuweisungen:
                                     i=12,cArray=hallo,cPtr=du
                                     Achtung: in cArray kein Platz mehr für das
                                     Stringende-Zeichen '\0'.
```

B.3.2 Direktiven für den C-Präprozessor

Der C- als auch der C++-Compiler rufen vor der Übersetzung den Präprozessor auf, der Änderungen im Programmtext vornimmt. Diesen Präprozessor kann man mit bestimmten *Direktiven* steuern, die immer mit '`#`' am Anfang einer Zeile beginnen. Die wichtigsten sind:

`#include "Datei"` oder `<Datei>` kopiert den in *Datei* stehenden Text an diese Stelle. Eine in <> eingeschlossene *Datei* wird in den Standardverzeichnissen gesucht. Typischerweise ist *Datei* eine sog. Header-Datei, die Typ- und Konstanten-Definitionen sowie Variablen- und Funktions-Deklarationen enthält.

`#define Identifikator Wert` definiert einen *Identifikator*, optional mit *Wert*.

`#ifdef Identifikator` prüft die Existenz des *Identifikator*. Falls er nicht existiert, wird der Programmtext bis zum folgenden `#else` oder `#endif` ignoriert. Soll die Nicht-Existenz geprüft werden, wird entsprechend `#ifndef` verwendet.

Mit Hilfe dieser bedingten Übersetzung können z.B. Testausgaben eingebaut werden:

```
#ifdef DEBUG
  printf( /*einige Parameter und Variablen */);
#endif
```

... die nur bei der Definition des DEBUG-Macros übersetzt werden, z.B. durch:

`$ cc -c -DDEBUG datei.c` Option `-D` definiert das folgende Macro DEBUG.

Der Präprozessor ignoriert alle Textteile, die in `/*bla */` eingeschlossen sind (keine Schachtelung!). In C++ kommentiert ein `//bla` den Rest der Zeile aus.

B.3.3 Einige C-bezogene Besonderheiten in C++

C-Funktionen und andere C-typische Teile, die in C++ Code verwendet werden sollen, müssen mit `extern "C"{DeklarationDerFunktionOderDaten;...;}` vor ihrer ersten Verwendung deklariert werden (z.B. in einer Header-Datei).

In C werden Funktionen ohne Argumente, nur mit dem Rückgabetyp deklariert (z.B.: `int f();`), in C++ aber mit Argumenttypen und optional auch mit formalen Parameterbezeichnern (z.B.: `int f(int i, char*);`). Dies gilt auch für Methodendeklarationen in Klassen.

C Die Syntax von C++

Im folgenden wird die vollständige Syntax von C++ (Version 2.0) in der englischen Originalform (nach der Referenz in [Stro91]) wiedergegeben.

Keywords

```
class-name:
        identifier

enum-name:
        identifier

typedef-name:
        identifier
```

Expressions

```
expression:
        assignment-expression
        expression , assignment-expression

assignment-expression:
        conditional-expression
        unary-expression assignment-operator assignment-expression

assignment-operator: one of
        =  *=  /=  %=  +=  -=  >>=  <<=  &=  ^=  |=

conditional-expression:
        logical-or-expression
        logical-or-expression ? expression : conditional-expression

logical-or-expression:
        logical-and-expression
        logical-or-expression || logical-and-expression

logical-and-expression:
        inclusive-or-expression
        logical-and-expression && inclusive-or-expression

inclusive-or-expression:
        exclusive-or-expression
        inclusive-or-expression | exclusive-or-expression

exclusive-or-expression:
        and-expression
        exclusive-or-expression ^ and-expression

and-expression:
        equality-expression
        and-expression & equality-expression
        equality-expression:
        relational-expression
        equality-expression == relational-expression
        equaltiy-expression != relational-expression
```

```
relational-expression:
        shift-expression
        relational-expression < shift-expression
        relational-expression > shift-expression
        relational-expression <= shift-expression
        relational-expression >= shift-expression

shift-expression:
        additive-expression
        shift-expression << additive-expression
        shift-expression >> additive-expression

additive-expression:
        multiplicative-expression
        additive-expression + multiplicative-expression
        additive-expression - multiplicative-expression

multiplicative-expression:
        pm-expression
        multiplicate-expression * pm-expression
        multiplicate-expression / pm-expression
        multiplicate-expression % pm-expression

pm-expression:
        cast-expression
        pm-expression .* cast-expression
        pm-expression ->* cast-expression

cast-expression:
        unary-expression
        ( type-name ) cast-expression

unary-expression:
        postfix-expression
        ++ unary-expression
        -- unary-expression
        unary-operator cast-expression
        sizeof unary-expression
        sizeof ( type-name )
        allocation-expression
        deallocation-expression

unary-operator: one of
        *  &  +  -  !  ~

allocation-expression:
        ::opt new placementopt  new-type-name new-initializeropt
        ::opt  new placementopt  ( type-name ) new-initializeropt

placement:
        ( expression-list )

new-type-name:
        type-specifier-list new-declaratoropt

new-declarator:
        * cv-qualifier-listopt  new-declaratoropt
        complete-class-name :: *cv-qualifier-listopt  new-declaratoropt
        new-declaratoropt  [ expression ]

new-initializer:
        ( initializer-listopt )
```

deallocation-expression:
    ::$_{opt}$ delete *cast-expression*
    ::$_{opt}$ delete [ ] *cast-expression*

postfix-expression:
    primary-expression
    postfix-expression [*expression*]
    postfix-expression (*expression-list*$_{opt}$)
    simple-type-name (*expression-list*$_{opt}$)
    postfix-expression . *name*
    postfix-expression -> *name*
    postfix-expression ++
    postfix-expression --

expression-list:
    assignment-expression
    expression-list , *assignment-expression*

primary-expression:
    literal
    this
    :: *identifier*
    :: *operator-function-name*
    :: *qualified-name*
    (*expression*)
    name

name:
    identifier
    operator-function-name
    conversion-function-name
    ~ *class-name*
    qualified-name

qualified-name:
    qualified-class-name :: *name*

literal:
    integer-constant
    character-constant
    floating-constant
    string-literal

Declarations

declaration:
    decl-specifiers$_{opt}$ *declarator-list*$_{opt}$;
    asm-declaration
    function-definition
    template-declaration
    linkage-specification

decl-specifier:
    storage-class-specifier
    type-specifier
    fct-specifier
    friend
    typedef

decl-specifiers:
    decl-specifiers$_{opt}$ *decl-specifier*

```
storage-class-specifier:
        auto
        register
        static
        extern

fct-specifier:
        inline
        virtual

type-specifier:
        simple-type-name
        class-specifier
        enum-specifier
        elaborated-type-specifier
        const
        volatile

simple-type-name:
        complete-class-name
        qualified-type-name
        char
        short
        int
        long
        signed
        unsigned
        float
        double
        void

elaborated-type-specifier:
        class-key identifier
        class-key class-name
        enum enum-name

class-key:
        class
        struct
        union

qualified-type-name:
        typedef-name
        class-name :: qualified-type-name

complete-class-name:
        qualified-class-name
        :: qualified-class-name

qualified-class-name:
        class-name
        class-name :: qualified-class-name

enum-specifier:
        enum identifier_opt  { enum-list_opt }

enum-list:
        enumerator
        enum-list , enumerator

enumerator:
        identifier
        identifier = constant-expression
```

```
constant-expression:
        conditional-expression

linkage-specification:
        extern string-literal { declaration-list_opt }
        extern string-literal declaration

declaration-list:
        declaration
        declaration-list declaration

asm-declaration:
        asm ( string-literal ) ;
```

Declarators

```
declarator-list:
        init-declarator
        declarator-list , init-declarator

init-declarator:
        declarator initializer_opt

declarator:
        dname
        ptr-operator declarator
        declarator ( argument-declaration-list ) cv-qualifier-list_opt
        declarator [ constant-expression_opt ]
        ( declarator )

ptr-operator:
        * cv-qualifier-list_opt
        & cv-qualifier-list_opt
        complete-class-name :: * cv-qualifier-list_opt

cv-qualifier-list:
        dv-qualifier cv-qualifier-list

cv-qualifier:
        const
        volatile

dname:
        name
        class-name
        ~ class-name
        typedef-name
        qualified type name

type-name:
        type-specifier-list abstract-declarator_opt

type-specifier-list:
        type-specifier type-specifier-list_opt

abstract-declarator:
        ptr-operator abstract-declarator_opt
        abstract-declarator_opt  ( argument-declaration-list )
        cv-qualifier-list_opt
        abstract-declarator_opt  [ constant-expression_opt ]
        ( abstract-declarator )
```

argument-declaration-list:
  arg-declaration-list$_{opt}$ ...$_{opt}$
  arg-declaration-list , ...

arg-declaration-list:
  argument-declaration
  arg-declaration-list , *argument-declaration*

argument-declaration:
  decl-specifiers declarator
  decl-specifiers declarator = *expression*
  decl-specifiers abstract-declarator$_{opt}$
  decl-specifiers abstract-declarator$_{opt}$ = *expression*

function-definition:
  decl-specifiers$_{opt}$ *declarator ctor-initializer*$_{opt}$ *fct-body*

fct-body:
  compound-statement

initializer:
  = *expression*
  = { *initializer-list* ,$_{opt}$ }
  (*expression-list*)

initializer-list:
  expression
  initializer-list, expression
  { *initializer-list* ,$_{opt}$ }

Class Declarations

class-specifier:
  class-head { *member-list*$_{opt}$ }

class-head:
  class-key identifier$_{opt}$ *base-spec*$_{opt}$
  class-key class-name base-spec$_{opt}$

member-list:
  member-declaration member-list$_{opt}$
  access-specifier : *member-list*$_{opt}$

member-declaration:
  decl-specifiers$_{opt}$ *member-declarator-list*$_{opt}$;
  function-definition ;$_{opt}$
  qualified-name ;

member-declarator-list:
  member-declarator
  member-declarator-list , *member-declarator*

member-declarator:
  declarator pure-specifier$_{opt}$
  identifier$_{opt}$: *constant-expression*

pure-specifier:
  = 0

base-spec:
  : *base-list*

```
base-list:
        base-specifier
        base-list , base-specifier

base-specifier:
        complete-class-name
        virtual access-specifier_opt complete-class-name
        acces-specifier virtual_opt complete-class-name

acess-specifier:
        private
        protected
        public

conversion-function-name:
        operator conversion-type-name

conversion-type-name:
        type-specifier-list ptr-operator_opt

ctor-initializer:
        : mem-initializer-list

mem-initializer-list:
        mem-initializer
        mem-initializer, mem-initializer-list

mem-initializer:
        complete-class-name ( expression-list_opt )
        identifier ( expression-list_opt )

operator-function-name:
        operator operator

operator: one of
        new delete
        + - * / % ^ & | ~
        ! = < > += -= *= /= %=
        ^= &= |= << >> >>= <<= == !=
        <= >= && || ++ -- , -> *->
        () []
```

Statements

```
statement:
        labeled-statement
        expression-statement
        compund-statement
        selection-statement
        iteration-statement
        jump-statement
        declaration-statement

labeled-statement:
        identifier : statement
        case constant-expression : statement
        default : statement

expression-statement:
        expression_opt ;

compound-statement:
        { statement-list_opt }
```

statement-list:
  statement
  statement-list statement

selection-statement:
  if (*expression*) *statement*
  if (*expression*) *statement* else *statement*
  switch (*expression*) *statement*

iteration-statement:
  while (*expression*) *statement*
  do *statement* while (*expression*) ;
  for (*for-init-statement* $expression_{opt}$; $expression_{opt}$) *statement*

for-init-statement:
  expression-statement
  declaration-statement

jump-statement:
  break ;
  continue ;
  return $expression_{opt}$;
  goto *identifie* ;

declaration-statement:
  declaration

Preprocessor

  #define *identifier token-string*
  #define *identifier* (*identifier* , ... , *identifier*) *token-string*
  #include " *filename* "
  #include < *filename* >
  #line *constant* " *filename* "$_{opt}$
  #undef *identifier*

conditional:
  if-part $elif\text{-}parts_{opt}$ $else\text{-}part_{opt}$ *endif-line*

if-part:
  if-line text

if-line:
  # if *constant-expression*
  # ifdef *identifier*
  # ifndef *identifier*

elif-parts:
  elif-line text
  elif-parts elif-line text

elif-line:
  # elif *constant-expression*

else-part:
  else-line text

else-line:
  # else

endif-line:
  # endif

Templates

```
template-declaration:
        template < template-argument-list > declaration

template-argument-list:
        template-argument
        template-argument-list , template argument

template-argument:
        type-argument
        argument-declaration

type-argument:
        class identifier

template-class-name:
        template-name < template-arg-list >

template-arg-list:
        template-arg
        template-arg-list , template-arg

template-arg:
        expression
        type-name
```

Exception Handling

```
try-block:
        try compound-statement handler-list

handler-list:
        handler handler-list_opt

handler:
        catch ( exception-declaration ) compound-statement

exeception-declaration:
        type-specifier-list declarator
        type-specifier-list abstract-declarator
        type-specifier-list
        ...

throw-expression:
        throw expression_opt

exception-specification:
        throw ( type-list_opt )

type-list:
        type-name
        type-list , type-name
```

D Ein-/Ausgabe in C++

D.1 Standard-Ein-/Ausgabe

In C++ werden für die Ein- und Ausgabe mit dem Standard-I/O-Medium (typischerweise das Terminal) zwei Klassen `istream` und `ostream` angeboten. Ihre Klassendefinition zusammen mit einigen anderen nützlichen Dingen findet sich in der Header-Datei <iostream.h> (eine Teilmenge davon auch in <stream.h>). Mit den Klassendefinitionen stehen auch drei globale Objekte zur Verfügung (`cin` von `istream`, `cout` und `cerr` von `ostream`), die die I/O-Dienste bereitstellen und den Kontakt mit den drei Standard-I/O-Dateien STDIN (für Eingaben), STDOUT (für Ausgaben) und STDERR (speziell für Ausgaben von Fehlermeldungen) halten.

Die Klasse `ostream` bietet einen Ausgabeoperator ('<<') an. Erhalten `cout` oder `cerr` diese Nachricht, so geben sie das Operatorargument auf STDOUT bzw. STDERR aus. Der Wert des Arguments kann von einem der eingebauten Typen sein (`char`, `char*` für Zeichenreihen, `short int`, `int`, `long`, `double` und Zeigerwerte `void*`). Der Operator ist in `ostream` also 7-fach überladen. Alle diese Operator-Methoden liefern `ostream&` zurück. Damit kann dem Rückgabewert erneut die '<<'-Nachricht geschickt werden, wodurch eine Schachtelung von '<<'-Aufrufen möglich wird.

Beispiel: *Aufruf des Operators* '<<' *von* `ostream`

```
#include <iostream.h>
main() {
  int   x = 8;
  char* s = "x = ";
  cerr << s << x << '_';
  ((cerr.operator<<(s)).operator<<(x)).operator<<('\n');
  cerr << "Adr. von x: " << &x << endl;          // endl='\n'=Newline
}
```

Liefert die Ausgabe:

```
$ x = 8_x = 8
$ Adr. von x: 0x7ffa1120
```

Die Klasse `istream` definiert die entsprechende Operator-Methode '>>', deren Argumente natürlich Variablen mit bereitstehenden Speicherbereichen sein müssen, in die dann der eingelesene Wert durch `cin` abgelegt wird (`char&`, `char*`, `short&`, `int&`, `long&`, `double&`, `float&`). Rückgabewert ist entsprechend `istream&`. Werte sind (wie bei der `scanf()`-Funktion in C) durch mindestens einen sogenannten *Whitespace* (`blank`, `tab`, `newline`, `formfeed`, `carriage-return`) getrennt. Werte, die nicht zum Typ des Arguments passen, werden übersprungen. Sollen alle Zeichen gelesen werden, kann die Methode: `istream& get(char& c)` oder `istream& get(char* s,int n,char='\n')` (nur bis Begrenzungszeichen, aber maximal `n` Zeichen in `s` einlesen) genutzt werden.

Beispiel: *Aufruf des Operators* '>>' *von* `istream`

```
#include <iostream.h>
main() {
  int   x;
  char[10] s;
  cin>>s>>x;
}
```

Liefert bei der Eingabe von:
`$ Wert von X ist 5`
... die Belegung `s="Wert", x=5`
aber bei:
`$ eineGanzLangeEingabe 5`
... einen Systemabbruch;
sicherer ist hier die Verwendung von `cin.get(s,10,' ')`

Wie können nun Objekte benutzerdefinierter Klassen aus- bzw. eingegeben werden? Durch den Mechanismus des Überladens von '<<' und '>>' ist dies elegant möglich. Es muß lediglich eine Operator-Funktion

```
ostream& operator<<(ostream& os, NeueKlasse obj) {
  return os << irgendwelcheTeileVon_obj ...;
};
```

definiert werden (für `istream&` natürlich entsprechend). Damit diese Methode auf die Attribute von `obj` leichten Zugriff erhält, sollte sie in der Klassendefinition von `NeueKlasse` mit:

```
friend ostream& operator<<(ostream&, NeueKlasse)
```

deklariert werden.

Beispiel: *Definition eines Ausgabe-Operators* '<<' *für die Klasse* `Kfz`

```
class Kfz {
  char*   kennzeichen;
  Person* besitzer;
  friend ostream& operator<<(ostream&, Kfz);
...
};
ostream& operator<<(ostream& os, Kfz k) {
  return os<<"["<<k.kennzeichen<<"] Halter:"<< besitzer->gibName();
}

// Anwendung:
Kfz meinAuto(einPaarKonstruktorInfos,z.B."OL-D-1");
cout << meinAuto << endl;
```

Ausgabe:
`$ [OL-D-1] Halter: Eirund`

Die Ein-/Ausgabe in C++ kennt (wie C) verschiedene Möglichkeiten der Formatierung. Dazu sei auf die Methoden der Klasse `ios` in der genannten Header-Datei hingewiesen.

D.2 Datei-Ein-/Ausgabe

Zur Ein- und Ausgabe über Dateien bietet C++ die Klassen `ofstream` und `ifstream` in `<fstream.h>` an. Ein "Datei-Objekt" wird einfach, je nach Verwendung, als Instanz einer dieser Klassen erzeugt, wobei dem Konstruktor der Dateiname (und weitere optionale Parameter über den Öffnungsmodus) mitgeteilt wird. Das Objekt kann dann durch die `get(char&)` bzw. `put(char)` Methoden bearbeitet werden, bis das lesende Datei-Objekt falsch liefert. Dann sollte das Dateiende erreicht sein und die Nachricht `eof()` wahr liefern.

Beispiel: *Programm kopiert Datei "Meins" in Datei "Deins"*

```
#include <fstream.h>
#include <libc.h>

main () {
  ifstream vonDatei(  "Meins");
  ofstream nachDatei( "Deins");
  if (!vonDatei || !nachDatei) {
    cerr << "Fehler: beim Öffnen\n";
    exit(1);
  }
  char c;
  while (vonDatei.get(ch)) nachDatei.put(ch);
  if (!vonDatei.eof() || nachDatei.bad())
    cerr << "Fehler: beim Übertragen\n";
  // evtl. noch durch .close() explizit schliessen,
  // macht der Destruktor aber automatisch.
}
```

E Aufgaben und Lösungen

In den Aufgabenteilen werden kleine Übungen zu den in den Kapiteln 2 und 3 vorgestellten Konzepten von C++ sowie dem Entwurfsprozeß in Kapitel 5 angeboten. Neben dem "Mitprogrammieren" der C++ Beispiele dieser Kapitel bieten diese kleinen Aufgaben die Möglichkeit, den Stoff zu vertiefen und die notwendige Routine zu erlangen. Die Aufgaben beziehen sich auf die C++ Teile (in "[ ]" angegeben) und die sie umgebenden Abschnitte.

Bei den Aufgaben wird schrittweise die Simulation eines Biotops mit programmiertechnisch einfachen Mitteln realisiert. In der Anwendung kann das Biotop dann definiert und beobachtet werden. Durch die Zusammensetzung der Arten kann z.B. an einer möglichst stabilen Nahrungskette experimentiert werden. Ein vereinfachtes Gesamtmodell des Problems sieht wie folgt aus:

> *"Ein Teich beinhaltet Wasserpflanzen sowie verschiedene Arten von Fischen. Pflanzen wachsen und vermehren sich unhabhängig von ihrer Umwelt. Fische benötigen für die Vermehrung Artgenossen und für ihre Ernährung kleinere, artfremde Fische oder Pflanzen. Um Artgenossen oder Beute zu finden, können sie sich im Teich bewegen."*

Die Aufgaben bauen aufeinander auf und geben Gelegenheit, in diesem Rahmen auch eine mehrere Klassen umfassende Lösung zu realisieren. Das Ziel dieser Aufgabe ist es, das Zusammenspiel möglichst aller Mechanismen von C++ an einem sinnvollen Problem - das auch interessant sein soll - nachzuvollziehen. Das die so entwickelten Lösungen nicht immer die elegantesten sein müssen, versteht sich von selbst. Mit der Hinzunahme weiterer objektorientierter Mechanismen werden die Lösungen der Erweiterungsaufgaben in E2 aber immer einfacher.

Zu allen Aufgaben werden abgestufte Lösungshinweise ("*Tip*") und/oder Lösungen (Klassendefinitionen und Methodenimplementierungen, z.T. mit Hauptprogramm) in C++ angegeben, sodaß hier ein späterer Einstieg in jede Teilaufgabe möglich ist. Die Klassendefinitionen und Methodenimplementierungen sollen stets in getrennten Dateien abgelegt und getestet werden. Um das korrekte Binden und natürlich auch ihre Funktion nachzuweisen, sollte zu jeder Klasse stets ein kleines Hauptprogramm entwickelt werden. Darin werden einige Instanzen erzeugt, ihr Protokoll getestet und Rückgabewerte und Zustandsdaten ausgegeben[1]. Für die ersten Aufgaben ist die vollständige Lösung noch recht umfangreich. Durch die Möglichkeit, Klassen durch Vererbung zu definieren, genügen später schon kleine Änderungen (insbesondere ab Aufgabe 12) .

---

1 z.B. durch Verwendung der Präprozessor-Option: `#ifdef DEBUG /*Ausgaben...*/ #endif` Nur wenn das Macro `DEBUG` definiert ist, wird der eingeschlossene Code übersetzt (s. Anhang D).

E.1 Aufgaben zu Kapitel 2

Die in diesen 10 Aufgaben beschriebene Simulation kann in einem objekt*basierten* System mit den Mechanismen aus Kapitel 2 realisiert werden.

Aufgabe 1: `Fisch`-*Klasse mit eingeschränktem Verhalten* (Klassendefinition [C1, C2])

Definieren Sie eine Klasse `Fisch`, deren Instanzen nach bestimmten Zeitabschnitten altern, fressen, wachsen und sich vermehren und fortbewegen. Sie sterben bei Erreichen ihres Höchstalters. Jeder Fisch hat als weiteres Merkmal eine artspezifische Kennung (z.B. "f" für Forelle), mit der er sich gegenüber anderen Fischen identifiziert. Zu realisieren sind außerdem die Protokoll-Methoden `gibGröße()`, `gibArt()` und `istGestorben()`. Für die Realisierung der Methoden `fressen()`, `vermehren()` und `fortbewegen()` genügt hier zunächst der leere Rumpf.

Aufgabe 2: *Die* `FischMenge`-*Klasse* (Subobjekte, Nachrichten [C3, C4])

Definieren Sie eine Klasse `FischMenge`, deren Instanzen Referenzen auf Fischinstanzen aufnehmen. Eine Instanz soll die Nachrichten: `dazu(Fisch*)`, `weg(Fisch*)`, `int istIn(Fisch*)`, `Fisch* holErsten()`, `Fisch* holNächsten()` und `int anzahl()` verstehen.

Aufgabe 3: *Manipulation von* `Position` *im Teich* (Initialisierung und Zuweisung [C5])

Der Aufenthaltsort eines Fisches ist durch den Teich sowie die 2-dimensionalen Koordinaten x und y eindeutig bestimmt. Definieren Sie eine Klasse `Position`, deren Instanzen diese Ortsbeschreibungen darstellen. Instanzen können abgefragt und in eine zufällig ermittelte Himmelsrichtung geändert werden. Sie können auf zwei verschiedene Arten konstruiert werden: durch Angabe der Teichreferenz und der x und y Koordinaten oder mit Hilfe einer bereits erzeugten `Position`-Instanz (Initialisierungskonstruktor). Definieren Sie auch den Zuweisungsoperator '='.

Tip: Machen Sie die Klasse `Teich` durch die Deklaration: `class Teich;` der Klasse `Position` bekannt.

Tip: Die Himmelsrichtungen werden in einem Aufzählungstyp gekapselt. Bilden Sie die Werte der Zufallsfunktion (z.B. selbstgemacht oder mit der Standard-C-Funktion `extern "C"{rand();}`) auf diese ab.

Aufgabe 4: *Fortbewegung von* `Fisch`-*Objekten* (Subobjekte und Initialisierung [C4])

Ändern Sie die `Fisch`-Klasse so, daß ein Fisch seinen Aufenthaltsort bei der Konstruktion mitgeteilt bekommt. Die Position kann zufällig durch die Methode `fortbewegen()` gewechselt werden.

Tip: Führen Sie eine neue, exklusive Zustandsvariable `position` für `Fisch` ein. Konstruieren Sie ihren Wert vor dem Rumpf durch Angabe von x-y-Koordinaten und einem Teich oder durch Initialisierung mit einem übergebenen `Position`-Objekt.

Aufgabe 5: *Globaler "Zeittakt" aller* `Fisch`*-Objekte* (Klassenobjekte und -Daten [C6])

Ein "übergeordnetes" Objekt kennt alle existierenden Fische und überwacht ihren Lebenszyklus (fressen-vermehren-altern und ggf. -sterben), der jeweils von Außen ausgelöst wird. Realisieren Sie diesen Mechanismus durch ein `Fisch`-Klassenobjekt.

Tip: Verwenden Sie `FischMenge` als Klassenattribut. Die Lebensfunktionen werden in der `public`-Methode `lebensZyklus()` zusammengefaßt und iterativ auf alle Fische angewendet.

Tip: Beachten sie, daß jede neue `Fisch`-Instanz in das `FischMenge`-Attribut des Klassenobjekts eingetragen werden muß. Entsprechendes gilt für die Destruktion.

Aufgabe 6: *Operatoren in der* `FischMenge`*-Klasse* (Überladene Operatoren [C7, C8])

Die Klasse `FischMenge` aus Aufgabe 2 soll verändert werden: die Methode `dazu()` und `weg()` werden durch die Operatoren `operator+=` bzw. `operator-=` ersetzt. Die Methoden `hol..()` sollen ganz wegfallen. Stattdessen soll eine Klasse `MengenIterator` definiert werden, die diese Aufgabe übernimmt. Ihre Instanzen bekommen bei der Erzeugung das Mengenobjekt mitgeteilt, auf dem sie operieren sollen und "merken sich" jeweils das aktuelle Element der Menge. Der Operator "`()`" wird in `MengenIterator` überladen, um den Zeiger auf das aktuelle Element weiterzusetzen und dieses dann zurückzuliefern. Ändern Sie entsprechend `Fisch`.

Tip: Beispiel für die Iteration:

```
FischMenge eineMenge;
MengenIterator next(eineMenge); // next ist "akt.Zeiger"
Fisch* fisch;
while (fisch = next()) { /* tu was mit fisch */ };
```

Aufgabe 7: *Die* `Teich`*-Klasse* (Klassendefinition, Subobjekte [C1, C4])

Das `Teich`-Objekt ist der Gegenstand der Simulation. Es nimmt alle Lebewesen des Biotops an den ihnen zugeteilten Positionen auf. Definieren Sie eine Klasse `Teich` mit 2-dimensionaler Gestalt und die für jede Instanz spezifische maximale x- und y-Ausdehnung, wobei an jeder Position eine (auch leere) Menge von Fischen auftaucht. Das `Teich`-Objekt soll (zunächst) folgende Nachrichten verstehen:
`einsetzen(Fisch& fNeu)` an eine in `fNeu` definierte Position, `entfernen(Fisch& fAlt)`, um Geburt, Tod und Bewegung festzuhalten. Außerdem soll noch `gibFischMenge(int x,int y)` sowie `gibMaxX()` und `gibMaxY()` (die individuellen Grenzen des Teiches) angeboten werden.
Realisieren Sie nun auch `Fisch::fortbewegen()` durch Entfernen, Ändern der Position und wieder Einsetzen des benachrichtigten Fisches.

Tip: Zur Vereinfachung kann hingenommen werden, daß die maximale Ausdehnung aller Teichobjekte kleiner als die Konstanten `SuperX` und `SuperY` ist. Ein Teich ist dann als Array `FischMenge* quad[SuperX][SuperY]` definierbar.

Tip: Beispiel für das Einsetzen eines Fisches:

```
Teich teich(20,10);
teich.einsetzen( *new Fisch('f', 3,8,&teich));
```

Aufgabe 8: *Bewegungen nur bis zum* `Teich`-*Rand* (Zugriff auf Merkmale [C3])

Alle Positionen in einem bestimmten Teich unterliegen individuellen Grenzen (d.h. `(0,0)` bis `(maxX,maxY)`). Ergänzen Sie die Implementierung von `aendern()` in `Position` so, daß die für den Teich geltende Ausdehnung eingehalten wird (z.B. indem bei Randüberschreitung `aendern()` wiederholt wird). Auf Nachfrage gibt ein `Position`-Objekt auch Auskunft über alle Fische an dieser Position im Teich. Ergänzen Sie die Klasse `Position` entsprechend.

Aufgabe 9: *Ausgabe des* `Teich`-*Zustands im Hauptprogramm* [Anhang D]

Ergänzen Sie Teich um eine Methode `ausgabe()`, die an allen seinen Positionen die Anzahl der Fische feststellt und ansprechend ausgibt. Testen Sie diese Ausgabe in einem Hauptprogramm, in dem einige Fische zunächst an verschiedenen Stellen in ein `Teich`-Objekt eingesetzt werden. Der Zustand des Teiches wird jeweils nach einigen Lebenszyklen ausgegeben.

Tip: Ein Lebenszyklus ist gerade die entsprechende Nachricht an das `Fisch`-Klassenobjekt.
Tip: Schreiben Sie genau alle Anzahlen (ggf. Leerzeichen bei 0) mit gleicher y-Koordinate in eine Zeile, z.B. durch ein Symbol ('~' für Wasser) getrennt.

Aufgabe 10: `fressen()`, `vermehren()` *mit* `fortbewegen()` *bei* `Fisch`-*Objekten*

Definieren Sie nun `fressen()`, wobei nur andersartige kleinere Fische gefressen werden. Falls an gleicher Position kein Opfer angetroffen wird, führt der Fisch einige Male die `fortbewegen()`-Methode aus. Ein Fisch kann in einem Zyklus nur begrenzt viele Bewegungen durchführen.
Realisieren Sie die Methode `vermehren()` ähnlich: Nur Artgenossen einer Mindestgröße ("Reife") in gleicher Position kommen in Frage (das Geschlecht spiele hier mal keine Rolle!). Gegebenenfalls bewegt sich der Fisch auf der Suche weiter fort. Nachkommen werden an derselben Position im Teich abgelegt.
Machen Sie sich hier auch den Zusammenhang zwischen Diensten und der Zustandsdatenstruktur des Objekts klar.

Tip: Verwenden Sie `gibArt()`, `gibGröße()` bei der Opfer- und Partnersuche.
Tip: Der wachsende Hunger beim erfolglosen `fressen()` kann durch eine entsprechende Zustandsvariable festgehalten werden. Findet ein Fisch Opfer, baut er den Hunger entsprechend seiner Größe wieder ab. Erreicht er seine spezifische Hungergrenze, stirbt er.
Tip: Für jede Gattung gibt es eine spezifische Anzahl von Nachkommen, einen festen Vermehrungszyklus und den aktuellen Fortschritt in diesem Zyklus. Diese Informationen können in drei Zustandsvariablen abgelegt werden.
Tip: Bei jeder Opfer- oder Partnersuche kann ein Fisch nur eine begrenzte Anzahl von Fortbewegungen durchführen (neue Zustandsvariable).

E.2 Aufgaben zu Kapitel 3

Die Aufgaben in diesem Abschnitt machen die Mechanismen in einem objekt*orientierten* System deutlich. Da wir hier noch auf ein sorgfältiges objektorientiertes Design verzichten müssen (die entsprechenden Design-Methoden können erst *nach* den objektorientierten Mechanismen verstanden werden), müssen verschiedene bereits definierte Klassenstrukturen z.T. geändert werden.

Aufgabe 11: *Die Klasse* `Pflanze` *der Wasserpflanzen* (Motivation zu E2)

An jeder Position im Teich kann auch eine Wasserpflanze stehen. Sie wächst und altert wie Fische. Sie vermehrt sich ungeschlechtlich, indem z.B. Ableger in zufällige Nachbarpositionen wachsen, falls diese noch nicht bewachsen sind. Ein `Pflanze`-Klassenobjekt steuert wie bei den Fischen die Lebenszyklen der existierenden Pflanzen (vermehren - altern - und ggf. sterben). Es kennt die Menge aller existierenden Pflanzen. Definieren Sie eine Klasse `Pflanze` und `PflanzenMenge` mit dem beschriebenen Verhalten.

Tip: Die Implementierung einschließlich des Klassenobjekts ist fast identisch mit dem von `Fisch`. Lediglich `fressen()` und `fortbewegen()` entfällt und `vermehren()` ist neu zu definieren. Entsprechendes gilt für `PflanzenMenge`.

Aufgabe 12: *Die Klasse* `Lebewesen` *als Basisklasse zu* `Fisch` *und* `Pflanze` (Wiederverwendung von Software [C11, C12])

Fische und Wasserpflanzen teilen viele Merkmale: sie wachsen, altern, vermehren sich und sterben. Außerdem kommen sie an verschiedenen Positionen im Teich vor. Es liegt daher nahe, diese gemeinsamen Merkmale von einer gemeinsamen Basisklasse `Lebewesen` zu erben. Definieren Sie diese Klasse mit den Attributen und Methoden, die in beiden Klassen gleich implementiert werden (altern, wachsen und gib... sowie viele Attribute) und nehmen Sie die entsprechenden Änderungen bzw. Auslassungen in `Pflanze` und `Fisch` vor. Machen Sie sich diese Art der Klassenkonstruktion durch "Faktorisieren" von gemeinsamen Eigenschaften klar ("bottom-up"-Konstruktion).

Tip: Im Hinblick auf die folgenden Aufgaben kann die Ableitung im `public`-Modus erfolgen, die Attribute in `Lebewesen` sollten als `protected` deklariert werden.

Aufgabe 13.a: *Redefinition von* `Lebewesen`*-Methoden* (Spezialisierung und Redefinition [C13])

Ergänzen Sie `Lebewesen` nun auch um die Methoden, die in `Pflanze` und `Fisch` im Protokoll auftauchen, aber dort nicht identisch implementiert sind (z.B. `vermehren()`, `istGestorben()`). Nehmen Sie auch eine neue Methode `lebe(){}` in `Lebewesen` auf, die in `Pflanze` und `Fisch` dann durch die Hintereinanderausführung der Lebensfunktionen implementiert wird (entsprechend der Folge in `lebensZyklus()`).

Tip: Beachten Sie die `virtual`-Deklaration im Protokoll, wenn Methoden in Unterklassen redefinierbar sein sollen.

Aufgabe 13.b: `TeichMitPflanze` *als Unterklasse mit "mehr Merkmalen"* (Spezialisierung und Redefinition [C13], [3.2.1] und [3.2.2])

In einem Teich sollen nun auch Pflanzen vorkommen. Ändern Sie Teich oder leiten Sie eine Unterklasse aus Teich mit der erweiterten Datenstruktur ab. Ergänzen Sie das Protokoll entsprechend (bzgl. Konstruktor, `einsetzen(Pflanze&)`, `entfernen(Pflanze&)`, `gibPflanze(int,int)`) und redefinieren Sie `ausgabe()`. Nehmen Sie auch die notwendigen Änderungen im Hauptprogramm um die Pflanzungen im Teich und die entsprechende Nachricht an das `Pflanze`-Klassenobjekt vor. Ergänzen bzw. überladen Sie auch entsprechend die Attribute und Methoden der Klasse `Position` (um `gibPflanze()`). Machen Sie sich beim Ableiten die Einsparungen durch diese Art der Wiederverwendung im Gegensatz zum "Kopieren" (aus Aufgabe 11) klar. Die neue Klasse wird nun "top-down" konstruiert (im Gegensatz zum Faktorisieren in Aufgabe 12).

Tip: Im Teich gibt es damit an jeder Koordinate eine `FischMenge` *und* eine `Pflanze`, was z.B. durch ein zusätzliches 2-dimensionales `Pflanze`-Array mit gleicher Ausdehnung wie das `FischMengen`-Array realisiert werden kann.
Tip: In der `ausgabe()` kann statt des Wasserzeichens `'~'` die Art der Pflanze ausgegeben werden, wenn an dieser Position eine wächst.
Tip: Um das erweiterte Protokoll von `TeichMitPflanze` nutzen zu können, muß die `Teich`-Referenz in `Position` auch auf eine solche Instanz verweisen. Um dies zu erreichen, kann man ebenfalls eine entsprechende Unterklasse `PosMitPflanze` von `Position` mit dem gewünschten Attribut ableiten. Dies zieht dann auch eine neue Unterklasse als Spezialisierung von `Lebewesen` mit diesem `PosMitPflanze`-Attribut nach sich. Auf diese Weise kann man nachträgliche Erweiterungen des Protokolls weitergeben - leider manchmal etwas umständlich. Eine andere Möglichkeit besteht darin, den von `Position::gibTeich()` gelieferten `Teich` dort, wo es notwendig ist, als `TeichMitPflanze` zu interpretieren (*Downcasting*). An ein solches Objekt können dann natürlich die speziellen Nachrichten geschickt werden. Die Verantwortung für die Korrektheit der Änderung der Klassenzugehörigkeit liegt dann aber beim Programmierer. Pragmatischer ist hier die Änderung der Klasse `Position` oder `Teich` selbst (vgl. dazu auch die Hinweise in 5.1.4 (3)). In den Lösungen wurde letztgenannter Weg beschritten!

Aufgabe 14: `LebewesenMenge` *als heterogener Objektcontainer für Fische und Pflanzen* (Redefinition und Polymorphie [C13])

Um Fische und Pflanzen gemeinsam von einem "übergeordneten" Objekt takten zu lassen, definieren Sie ein entsprechendes `Lebewesen`-Klassenobjekt, bei dem sich alle Fische und Pflanzen an- bzw. abmelden. Dazu definieren Sie eine Klasse `LebewesenMenge` als heterogenen Fisch-/Pflanzen-Kontainer und benutzen Sie diesen entsprechend wie in `Fisch` und `Pflanze`. Entfernen Sie die `static`-Merkmale in `Fisch` und `Pflanze` und senden Sie die Nachricht `lebensZyklus()` im Hauptprogramm an `Lebewesen`. Die Methode `lebensZyklus()` ruft dann für jedes existierende Lebewesen die `lebe()`-Methode auf, die in Aufgabe 13.a für Fische und Pflanzen artspezifisch definiert wurde. Machen Sie sich den Effekt der Polymorphie klar.

Tip: Der zur Lösung genutzte Code muß durch diese Änderungen hin zu einem objektorientierten System immer kompakter werden (!?). Große, bisher redundant vorhandene Code-Teile entfallen. Die Klasse `PflanzenMenge` wird nicht mehr benötigt. Auch auf die Klasse `FischMenge` (ein "homogener" Container) kann verzichtet werden (welche Änderungen in `Teich`, `Position` und `Fisch` sind notwendig ?).

Aufgabe 15: *Sichtbarkeiten und Effizienz* (Zugriffsrechte [C14, C15, C16, C17])

Überprüfen Sie die Zugriffsrechte in den bestehenden Klassen. Wo sind `private` oder `protected` Merkmale, evtl. mit nur-lesendem Zugriff (`const`) sinnvoll ? Wo kann `friend` zur Effizienzverbesserung eingesetzt werden.

Aufgabe 16: *Die Abstrakte Klasse* `Lebewesen` *und* `Fisch` (Abstrakte Klassen [C19)

Definieren Sie `Lebewesen` und `Fisch` als Abstrakte Klassen. Wo liegt der Nutzen für die Polymorphie und Wiederverwendung. Für welche Methoden ist eine "pure virtual"-Vereinbarung sinnvoll ?

Aufgabe 17: *Weitere Fischarten* (Abgeleitete Klassen [C11, C13])

Leiten Sie `Pflanzenfresser` und `Fischfresser` von `Fisch` ab. Machen Sie sich den Nutzen von `Fisch` auch als Verhaltensspezifikation für alle Unterarten klar.

Tip: `Pflanzenfresser` fressen `Pflanze` beliebigen Alters. Ihr Gewicht hat aber darauf und auf ihren Hunger Einfluß (z.B. essen kleine Fische nur kleine Pflanzen oder zwei Gewichtsstufen der Pflanze mindern eine Hungerstufe etc.).
Tip: Die Methode `vermehren()` unterscheidet sich in den genannten Klassen nur dadurch, daß dabei Instanzen verschiedener Klassen erzeugt werden. Definieren Sie deshalb diese Methode in `Fisch`. Dort ruft sie wiederholt eine interne Methode `erzeugeNachwuchs()` auf, die in den Unterklassen redefiniert wird.

Aufgabe 18: *Die Klasse* `Allesfresser` *als Aggregation* (Mehrfaches Erben [C20])

Definieren Sie eine Klasse `Allesfresser` durch Mehrfaches Erben. Wie läßt sich `fressen()` besonders leicht durch die Methoden der Basisklassen realisieren ? Wo sind virtuelle Basisklassen angebracht und welche Probleme ergeben sich dadurch ?

Aufgabe 19: *Ausgabe des* `Teich`-*Zustands* [Anhang D]

Ändern Sie die Ausgabefunktion in `Teich` entsprechend der unterschiedlichen Arten ab. Geben Sie zu jeder Fischart ihre Anzahl an einer Position sowie das Auftreten einer Pflanze aus.

Tip: Ausgabe-Beispiel: `~Wf2p1..~.p2....~` bedeutet: erstes Feld mit Wasserpflanze, 2 Fischfresser und 1 Pflanzenfresser; zweites Feld mit 2 Pflanzenfresser. Es ist hier sicher sinnvoll, sich auf eine maximale Anzahl von ausgebbaren Arten pro Feld zu beschränken.

Aufgabe 20: *Neue Arten mit anderem Verhalten* (Erweiterung des Klassenverbandes [C11])

Definieren Sie neue Arten von Pflanzen und Fischen, die sich in ihrer Vermehrung, Wachstum, Bewegung, Freßgewohnheiten etc. unterscheiden.

Tip: Definieren Sie einen Raubfisch, der größer als andere Fischfresser ist und der weitere Strecken auf der Suche nach Beute zurücklegen kann.

Aufgabe 21: *Verwendung von* `PflanzenMengen` (Generizität [C23, C24])

An einer Position sollen nun auch mehrere Pflanzen (evtl. mit Begrenzungen der Summe aller Größen oder Arten) gedeihen. Definieren Sie dazu die neue Klasse `PflanzenMenge`, die, wie auch `FischMenge`, als "Instanz" der Generischen Klasse `Menge` entsteht (durch Simulation oder Template) und nehmen Sie die entsprechenden Änderungen vor.

Tip: Nutzen Sie die Beispiele aus 3.6 mit `Lebewesen-Fisch` und `Lebewesen-Pflanze` statt wie dort mit `Objekt-String`.

Aufgabe 22: *Explizite Art-Überprüfungen* (Grenzen der Polymorphie in C++ [C13])

Stellen Sie sich Fischarten vor, die nur Fische oder Pflanzen von bestimmten Gattungen fressen. Wie würden Sie solche Gattungs-Überprüfungen realisieren ? Machen Sie sich die Probleme bei der Einführung neuer Gattungen klar.

Tip: Durch Polymorphie werden Typinformationen "anonymisiert".

E.3 Aufgaben zu Kapitel 5

Da die Aufgaben (und Lösungen) aus E.1 und E.2 das Design des Biotop-Problems schon festgelegt haben, können die Aufgaben zu Kapitel 5 diesen Entwurf nur noch *nachträglich* rechtfertigen, dokumentieren und qualifizieren. Dabei wird Stoff aus den Kapiteln 5.1, 5.2 und 5.3 eingeübt.

Aufgabe 23: *Beschreibung der* `Fisch`*-Methode* `fortbewegen()` (Funktionale Dekomposition [5.1.1]).

Skizzieren Sie in einem Flußdiagramm den Ablauf der `fortbewegen()`-Methode in `Fisch`. Objekte welcher Klassen treten auf ?

Tip: Gehen Sie von der Lösung der Aufgabe 10 aus.

Aufgabe 24: *Beschreibung der Klassenbeziehungen* (ER-Entwurf [5.1.1])

Modellieren Sie die Klassenbeziehungen zwischen den Klassen `FischMenge`, `Fisch`, `Position`, `TeichMitPflanze` und `Pflanze` mittels ER-Diagramm. Wie läßt sich die `fortbewegen()`-Nachricht (ggf. mit den darin aufgerufenen Nachrichten) in der ER-AM Erweiterung einbetten.

Tip: Gehen Sie von der Lösung der Aufgabe 13 aus.

Aufgabe 25: *ooD für das komplette Biotop-Problem* (5-Phasen-Methode [5.1.2])

Wie kann man die Klassen des Biotop-Entwurfs aus E.2 den Entwicklungsschritten der 5-Phasen-Methodik zuordnen ? In welcher Reihenfolge (der Phasen) wurden die Klassen identifiziert und modifiziert ?

Tip: Zu Phase (4): Was ist der zentrale Prozess und wodurch wurde er gesteuert ? Gibt es hierzu eine spezielle Klasse oder nur ein spezielles "Objekt"? Wie wurde dort in Phase (5) vorgegangen. Läßt sich eine mit der Methodik konforme Lösung finden ?

Tip: Die Anwendungen der Phasen können weitgehend an der Reihenfolge der Aufgaben abgelesen werden.

Aufgabe 26: *Dokumentation der Biotop-Klassenstruktur* (Notation nach [5.2.1])

Skizzieren Sie weitgehend die Klassenstruktur des Biotops in seiner Realisierung nach Aufgabe 18 mit Hilfe der Notation aus [5.2.1]. Erklären Sie sich auch die angegebene Lösung (evtl. nach dem Verständnis der Lösung zu Aufgabe 13 oder 18).

Aufgabe 27: *Dokumentation eines Ausschnitts der Kommunikationsstruktur* ([5.2.1])

Skizzieren Sie die Kommunikationsstruktur, die bei der Verarbeitung der Nachricht `fortbewegen()` durch ein `FischFresser`-Objekt entsteht. Welche weiteren Objekte,

Methoden und Beziehungen müssen in der Notation aus Aufgabe 26 dargestellt werden ? (vgl. auch Aufgabe 23).

Aufgabe 28: Gestaltung des Codes der Klasse Lebewesen (Richtlinien nach [5.2.2])

Überprüfen Sie ihre Realisierung der Klasse `Lebewesen` aus Aufgabe 12 (oder `Fisch` aus Aufgabe 1 oder Position aus Aufgabe 3)) auf die Codierungsrichtlinien aus [5.2.2] und erfüllen Sie sie (mindestens!) für diese Klasse vollständig. Stellen Sie evtl. eine Legende für Namenskürzel auf (z.B. `max`: maximal).

Aufgabe 29: Qualitätsprüfung der Klassen (Coupling in [5.3.1])

Nennen Sie jeweils ein Klassenpaar für (relativ) starkes und schwaches Coupling und begründen Sie diese Auswahl. Überprüfen Sie die Kriterien einzeln.

Aufgabe 30: Optimierung der Kommunikation (Kommunikationsagenten aus [5.3.2])

Zeigen sie, ob und wenn ja, an welchen Stellen in der Musterlösung Optimierungen der Kommunikationsstruktur vorgenommen wurden.

Tip: Wo wird (warum) Information redundant gehalten, d.h. welche Objekte oder Relationen können durch gegebene rekonstruiert werden ? Betrachten Sie auch die Lösung von Aufgabe 24: welche Instanzen sind dort aufgrund welcher initialen Werte von welchem Objekt konstruierbar.

E.4 Lösungen

Lösungen der Biotop-Aufgaben, z.T. aufeinander aufbauend.

Lösung zu 1:

```
/* ---- Fisch.h ---- */
#ifndef FISCH
#define FISCH

class Fisch {
private:
  int  MAX_ALTER;
  int  alter;  // akt.Alter
  int  groesse;// Geburtsgröße
  char art;
public:
  Fisch(char art);
  ~Fisch();

  void altern();
  void fressen();
  void vermehren();
  void wachsen();
  void fortbewegen();

  int  istGestorben();
  char gibArt();
  int  gibGroesse();
};
#endif


/* ----  Fisch.C ---- */
#include "Fisch.h"

Fisch::Fisch(char art) {
  MAX_ALTER = 20;
  alter     = 0;
  groesse   = 1;
  this->art = art;
}

Fisch::~Fisch() {
}

void Fisch::altern() {
  wachsen();
  alter++;
}

int Fisch::istGestorben() {
  return (alter > MAX_ALTER);
}

void Fisch::wachsen() {
  groesse++;
}

char Fisch::gibArt() {
  return art;
}

int Fisch::gibGroesse() {
  return groesse;
}

void Fisch::fressen() {
}

void Fisch::vermehren() {
}

void Fisch::fortbewegen() {
}


/* -- Testprogramm: biotop.C ---- */
#include <stream.h>
#include "Fisch.h"

main() {
  Fisch* f;
  f = new Fisch('F');
  cout<<"Fisch:"<<f->gibArt()<<endl;
  // evtl. weitere Ausgaben ...
}
```

Lösung zu 2:

```
/* ----  FischMenge.h ---- */
#ifndef FISCHMENGE
#define FISCHMENGE

extern class Fisch;
extern class MengenElement;
// in Fisch.C definiert, da nur dort
// genutzt !
```

```
class FischMenge {
private:
  int   anzahl_an_elementen;
  MengenElement *erstes_element;
  MengenElement *aktuelles_element;
public:
  FischMenge();
  ~FischMenge();

  void dazu(Fisch* fisch);
  void weg(Fisch* fisch);

  int istIn(Fisch* fisch);
  Fisch* holErsten();
  Fisch* holNaechsten();
  int anzahl();
};
#endif


/* ----  FischMenge.C ---- */
#include "FischMenge.h"

class MengenElement {
// einer doppelt verketteten Liste
public:
  // Attr. werden von FischMenge und
  // in Aufg.6 von MengenIterator
  // genutzt; die Klasse ist aber
  // auch nur dort bekannt
  MengenElement *vorgaenger;
  MengenElement *nachfolger;
  Fisch         *fisch;
};

FischMenge::FischMenge() {
  anzahl_an_elementen = 0;
  erstes_element      = 0;
  aktuelles_element   = 0;
}

FischMenge::~FischMenge() {
  while (erstes_element != 0) {
    MengenElement *element
      = erstes_element;
    erstes_element
      = element->nachfolger;
    delete element;
} }

  void FischMenge::dazu(Fisch* fisch){
  // freien Platz suchen oder vorne anfügen.
    anzahl_an_elementen++;
    MengenElement *element=erstes_element;
    while (element != 0) {
      if (element->fisch == 0) {
        element->fisch = fisch;
        return; // fertig
      } else
        element = element->nachfolger;
    // sonst: vorne anfügen
    element = erstes_element;
    erstes_element = new MengenElement;
    erstes_element->vorgaenger = 0;
    erstes_element->nachfolger = element;
    erstes_element->fisch = fisch;
  } }

void FischMenge::weg(Fisch* fisch) {
// nur fisch entfernen, nicht element!
  MengenElement *element=erstes_element;
  while (element != 0) {
    if (element->fisch == fisch) {
      anzahl_an_elementen--;
      element->fisch = 0;
        // element wird nicht zerstört!
      return;
    } else
        element = element->nachfolger;
} }

int FischMenge::istIn(Fisch* fisch) {
  MengenElement *element
    = erstes_element;
  while (element != 0) {
    if (element->fisch == fisch) {
      return 1;
    }
    element = element->nachfolger;
  }
  return 0;
}

Fisch* FischMenge::holErsten() {
  if (erstes_element == 0) {
    aktuelles_element = 0;
    return 0;
  } else {
    Fisch *fisch
      = aktuelles_element->fisch;
    aktuelles_element
      = erstes_element->nachfolger;
    if (fisch == 0)
      fisch = this->holNaechsten();
    return fisch;
} }
```

```
Fisch* FischMenge::holNaechsten() {
  // Achtung: Ein Loeschen des akt.
  // Elements kann zu Fehler fuehren
  while (element != 0) {
    if (element->fisch != 0) {
      Fisch* fisch = element->fisch;
      element = element->nachfolger;
      return fisch;
    } else
      element = element->nachfolger;
  }
  return 0;
}

int FischMenge::anzahl() {
  return anzahl_an_elementen;
}
```

Lösung zu 3:

```
/* ----  Zufall.h ---- */

// selbstgemachte Generierung: eine
// Instanz der Klasse Zufall liefert
// auf die Nachricht 'gibZahl' eine
// Zufallszahl in gegebenen Grenzen.

#ifndef ZUFALL
#define ZUFALL

class Zufall {
private:
  int zahl1, zahl2;
  int untere_grenze, obere_grenze;
public:
  Zufall(
    int kleinste_zahl, groesste_zahl,
    initialisierung_zahl);
  int gibZahl();
};
#endif


/* ----  Zufall.C ---- */
#include "Zufall.h"

Zufall::Zufall(int kleinste, int groesste,
int wert) {
  zahl1 = (11 * wert + 18) % 25;
  zahl2 = (24 * wert + 23) % 1307;
  untere_grenze = kleinste;
  obere_grenze = groesste;
}

int Zufall::gibZahl() {
  zahl1 = (11 * zahl1 + 18) % 25;
  zahl2 = (24 * zahl2 + 23) % 1307;
  return ((zahl1 + zahl2 * 25) %
   (obere_grenze - untere_grenze+1)
  ) + untere_grenze;
}


/* ----  Position.h ---- */
#ifndef POSITION
#define POSITION

typedef enum {
  Nord, NordWest, West, SuedWest,
  Sued, SuedOst,  Ost, NordOst
} Himmelsrichtung;

extern class Teich;

class Position {
private:
  int x;
  int y;
  Teich *teich;
public:
  Position(
    int x, int y, Teich *teich);
  Position(Position &position);

  Position& operator=(
    Position &position);
  void aendern();

  int gibXKoordinate();
  int gibYKoordinate();
  Teich* gibTeich();
};
#endif

/* ----  Position.C ---- */
#include "Position.h"
#include "Zufall.h"

Position::Position(
  int x, int y, Teich *t) {
  teich = t;
  this->x = x;
  this->y = y;
}

Position::Position(Position &pos) {
  teich = pos.teich;
  x = pos.x;
  y = pos.y;
}

Position& Position::operator=(Position &pos)
{
  teich = pos.teich;
  x = pos.x;
  y = pos.y;
  return *this;
}
```

```
void Position::aendern() {
  static Zufall zufall(
    Nord, NordOst, 4711);
  Himmelsrichtung richtung
    = zufall.gibZahl();
  switch (richtung) {
    case Nord:      y -= 1; break;
    case West:      x += 1; break;
    case Sued:      y += 1; break;
    case Ost:       x -= 1; break;
    case NordWest:  y -= 1;
                    x += 1;
                    break;
    case SuedWest:  y += 1;
                    x += 1;
                    break;
    case SuedOst:   y += 1;
                    x -= 1;
                    break;
    case NordOst:   y -= 1;
                    x -= 1;
                    break;
} }

int Position::gibXKoordinate() {
  return x;
}

int Position::gibYKoordinate() {
  return y;
}

Teich* Position::gibTeich() {
  return teich;
}
```

Lösung zu 4:

```
/* ----  Fisch.h ---- */
#ifndef FISCH
#define FISCH

#include "Position.h"

class Fisch {
private:
  int  MAX_ALTER;
  int  alter;
  int  groesse;
  char art;
  Position position;    // neu
public:
  Fisch(char art,
    Position position); // neu
  Fisch(char art, int x, int y,
    Teich *teich);      // neu
  ~Fisch();

  void altern();
  void fressen();
  void vermehren();
  void wachsen();
  void fortbewegen();     // neu

  int  istGestorben();

  int gibArt();
  int gibGroesse();
  Position gibPosition(); // neu

};
#endif
```

```
/* ----  Fisch.C ---- */
#include "Fisch.h"

Fisch::Fisch(char art, Position pos)
  : position(pos) {
  MAX_ALTER = 20;
  alter = 0;
  groesse = 1;
  this->art = art;
}

Fisch::Fisch(char art, int x, int y,
  Teich *teich)
  : position(x, y, teich) {
  MAX_ALTER = 20;
  alter = 0;
  groesse = 1;
  this->art = art;
}

Position Fisch::gibPosition() {
  return position;
}

void Fisch::fortbewegen() {
  position.aendern();
}

// weitere Methoden wie in (1)
```

Lösung zu 5:

```
/* ----  Fisch.h ---- */
#ifndef FISCH
#define FISCH

#include "Position.h"

extern class FischMenge;

class Fisch {
private:
  // wie gehabt ...

  // alle existierenden Fische
  static FischMenge fisch_menge;
public:
  // wie gehabt ...

  static void lebensZyklus();
};
#endif


/* ----  Fisch.C ---- */
#include "Fisch.h"
#include "FischMenge.h"
FischMenge Fisch::fisch_menge; // neu
// wird vor main() autom. konstruiert
```

```
// Zusatzzeile in den Konstruktoren:
// Fisch::fisch_menge.dazu(this);

// Zusatzzeile im Destruktor:
// Fisch::fisch_menge.weg(this);

// Rest wie gehabt ...

void Fisch::lebensZyklus() {
  Fisch *fisch =
    fisch_menge.holErsten();
  while (fisch != 0) {
    fisch->fressen();
    fisch->vermehren();
    fisch->fortbewegen();
      // ab Aufg.20 nur innerhalb
      // fressen() und vermehren()
    fisch->altern();
    if (fisch->istGestorben()) {
      // Achtung: nur wenn alle
      // Fische dynam. erzeugt sind:
      delete fisch;
    }
    fisch
      = fisch_menge.holNaechsten();
} }
```

Lösung zu 6:

```
/* ----  FischMenge.h ---- */
#ifndef FISCHMENGE
#define FISCHMENGE

extern class Fisch;
extern class MengenElement;

class FischMenge {
// wie gehabt, aber ohne'aktuelles
// element'.Diese Info nimmt ein Objekt
// der Klasse 'MengenIterator' auf,
// die auch auf 'erstes_element'
// zugreifen darf. Deswegen als
// 'public' deklarieren
// (aber beachte Aufgabe 15!).
// 'hol..()' fällt damit weg!
```

```
// statt dazu/weg() jetzt:
  FischMenge& operator+=(
    Fisch* fisch);
  FischMenge& operator-=(
    Fisch* fisch);
// durch Rückgabe der Objektreferenz
//    'return *this;' - statt 'return;'
// können Ausdrücke auch geschachtelt
// werden: (eineListe += b) += c;
};

class MengenIterator {
private:
  MengenElement *element;
public:
  MengenIterator(FischMenge &menge);
  Fisch* operator()();
};
#endif


/* ----  FischMenge.C ---- */
#include "FischMenge.h"

// class MengenElement - wie gehabt
```

```
FischMenge::FischMenge() {
  anzahl_an_elementen = 0;
  erstes_element = 0;
  letztes_element = 0;
}

// wie gehabt:
// FischMenge::~FischMenge() ...

FischMenge& FischMenge::operator+=(
  Fisch* fisch)
// und
FischMenge& FischMenge::operator-=(
  Fisch* fisch)
// ... wie gehabt mit 'return *this;'

// istIn() und anzahl() wie gehabt.

// statt hol..() jetzt Iteration über
// ein spezielles Objekt der Klasse
// 'MengenIterator'und dessen Operator'()'

MengenIterator::MengenIterator(
  FischMenge &menge) {
  element = menge.erstes_element;
}

Fisch* MengenIterator::operator()(){
  while (element != 0) {
    if (element->fisch != 0) {
      Fisch *fisch = element->fisch;
      element = element->nachfolger;
      return fisch;
    } else
      element = element->nachfolger;
  }
  return 0;
}


/* ----  Fisch.h ---- */

// wie gehabt.

/* ----  Fisch.C ---- */

// wie gehabt, aber statt:
// dazu() und weg() jetzt: += und -=
// in Konstruktoren und Destruktor
// und Iteration mit Iteratorobjekt
// 'next' und dem '()'-Operator:

void Fisch::lebensZyklus() {
  MengenIterator
    next(Fisch::fisch_menge);
  Fisch *fisch;
  while (fisch = next()) {
    fisch->fressen();
    fisch->vermehren();
    fisch->fortbewegen();// siehe (5)
    fisch->altern();
    if (fisch->istGestorben()) {
      delete fisch; // siehe (5)
} } }
```

Lösung zu 7:

```
/* ----  Teich.h ---- */
#ifndef TEICH
#define TEICH

extern class Fisch;
extern class FischMenge;

const int SUPERX= 50;
const int SUPERY= 20;

class Teich {
private:
  int maxX; // individuelle Teich-
  int maxY; // grenzen.
  FischMenge *gebiet[SUPERY][SUPERX];
public:
  Teich(int max_x, int max_y);
  ~Teich();

  void einsetzen(Fisch &fisch);
  void entfernen(Fisch &fisch);

  FischMenge* gibFischMenge(
    int x, int y);
  int gibMaxX();
  int gibMaxY();
};
#endif


/* ----  Teich.C ---- */
#include "Teich.h"
#include "Fisch.h"
#include "FischMenge.h"
#include "Position.h"
```

```
Teich::Teich(int max_x, int max_y) {
  maxX = max_x;
  maxY = max_y;
  for (int y = 0; y <= maxY; y++)
    for (int x = 0; x <= maxX; x++)
      gebiet[y][x] = new FischMenge;
}

Teich::~Teich() {
  for (int y = 0; y <= maxY; y++)
    for (int x = 0; x <= maxX; x++)
      delete gebiet[y][x];
}

int Teich::gibMaxX() {
  return maxX;
}

int Teich::gibMaxY() {
  return maxY;
}

void Teich::einsetzen(Fisch &fisch) {
  Position position = fisch.gibPosition();
  *gebiet[position.gibYKoordinate()]
         [position.gibXKoordinate()]
    += &fisch;
}

void Teich::entfernen(Fisch &fisch) {
  Position position
    = fisch.gibPosition();
  *gebiet[position.gibYKoordinate()]
         [position.gibXKoordinate()]
    -= &fisch;
}

FischMenge* Teich::gibFischMenge(
  int x, int y) {
  if (x < 0) x = 0;
  else if (x > maxX) x = maxX;
  if (y < 0) y = 0;
  else if (y > maxY) y = maxY;
  return gebiet[y][x];
}


/* ---- Fisch.C ---- */
// wie gehabt ... mit:

void Fisch::fortbewegen() {
  position.gibTeich()->entfernen(
    *this);
  position.aendern();
  position.gibTeich()->einsetzen(
    *this);
}
```

Lösung zu 8:

```
/* ----  Position.h ---- */

class Position {
// wie gehabt ... mit:
public:
  FischMenge* gibFischMenge();
};


/* ---- Position.C ---- */
// wie gehabt ...
#include "Teich.h"

Position::Position(
  int x, int y, Teich *t) {
  // mit 'Randtest':
  teich = t;
  if (x < 0) this->x = 0;
  else if (x > teich->gibMaxX())
    this->x = teich->gibMaxX();
  else this->x = x;
  if (y < 0) this->y = 0;
  else if (y > teich->gibMaxY())
    this->y = teich->gibMaxY();
  else this->y = y;
}

void Position::aendern() {
// wie gehabt ...
// aber mit 'Randtest': durch teich->gibMax.
}

FischMenge* Position::gibFischMenge(){
  return teich->gibFischMenge(x,y);
}
```

Lösung zu 9:

```
/* ----  Teich.h ---- */
class Teich {
// wie gehabt ... mit:
public:
  void ausgabe();
};

/* ----  Teich.C ---- */
// wie gehabt ... mit:
#include <stream.h>
```

```
void Teich::ausgabe() {
  cout << endl;
  for (int y = 0; y <= maxY; y++){
    for (int x = 0; x <= maxX; x++){
      int n = gebiet[y][x]->anzahl();
      if (n == 0) cout << ' '<< '~';
      else cout << n<< '~';
    }
    cout << endl;
} }


/* ---- biotop.C ---- */
#include <stream.h>

#include "Teich.h"
#include "Fisch.h"
#include "FischMenge.h"

main() {

  Teich teich(20, 10);
  teich.einsetzen(
   *new Fisch('F',1,1,&teich));
  teich.einsetzen(
   *new Fisch('F',1,1,&teich));
   teich.einsetzen(
   *new Fisch('K',3,4,&teich));
  teich.einsetzen(
   *new Fisch('K',1,4,&teich));
  // beliebig mehr ...

  cout << "Ausgangszustand:" << endl;
  teich.zustand();
  int zyklen = 1;

  while (zyklen) {
    cout << "Gib Anzahl der "
      "Lebenszyklen ein: ";
    cin >> zyklen;
    if (zyklen > 0) {
      for (int z=0; z < zyklen; z++)
        Fisch::lebensZyklus();
      teich.ausgabe();
} } }
```

Lösung zu 10:

```
/* ----  Fisch.h ---- */

class Fisch {
// wie gehabt ... mit:
private:
  int MAX_HUNGER;
  int hunger; // akt. Hunger
  int VERMEHRUNGS_ZYKLUS;
  int zyklus; // akt. Zyklus
  int REIFE;
  int ANZ_NACHKOMMEN;
  int MAX_BEWEGT;


/* ---- Fisch.C ---- */
#include "Fisch.h"
#include "FischMenge.h"
#include "Teich.h"

FischMenge Fisch::fisch_menge;

// wie gehabt, aber setze in den
// Konstruktoren die neuen Attr.,zB:
/*MAX_HUNGER = 3;
  hunger = 0;
  VERMEHRUNGS_ZYKLUS = 5;
  zyklus = 0;
  REIFE = 2;
  ANZ_NACHKOMMEN = 2;
  MAX_BEWEGT = 3;
*/

void Fisch::fressen() {
  int bewegt = 0;
  hunger++;
  do {
    FischMenge* fischMenge
      = position.gibFischMenge();
    MengenIterator next(*fischMenge);
    Fisch *fisch;
    while ((hunger>0)
          && (fisch = next())
          && (MAX_HUNGER >hunger)){
      if ((art != fisch->gibArt())
          && (groesse
           >=fisch->gibGroesse())){
      position.gibTeich()->entfernen(
          *fisch);
        hunger -=fisch->gibGroesse();
        delete fisch;
      }
    };
    fortbewegen();
    bewegt++;
  } while ((hunger > 0)
          && (bewegt <=MAX_BEWEGT));
}

void Fisch::vermehren() {
  int bewegt = 0;
  zyklus++;
  int gefunden = 0;
  if (VERMEHRUNGS_ZYKLUS==zyklus) do{
    zyklus = 0;
    FischMenge* fischMenge
      = position.gibFischMenge();
    MengenIterator next(*fischMenge);
    Fisch *fisch;
```

```
  while ((fisch = next())
        && (!gefunden)) {
    if ((art == fisch->gibArt())
        && (fisch->gibGroesse()
            >=REIFE)
        && (this != fisch) {
      for (int i=0;
          i<ANZ_NACHKOMMEN; i++)
        position.gibTeich(
         )->einsetzen(
         *new Fisch(art,position));
      gefunden = 1;
      }
    };
    fortbewegen();
    bewegt++;
  } while (!gefunden
          && (bewegt <=MAX_BEWEGT));
}

int Fisch::istGestorben() {
  return ((alter>MAX_ALTER)
          || (hunger>MAX_HUNGER));
}
```

Lösung zu 11:

```
/* ----  Pflanze.h ---- */
// wie Fisch.h, aber
// ohne fressen(), fortbewegen() und
// vermehren() sowie deren
// notwendige Attribute
```

```
/* ----  Pflanze.C ---- */
// wie Fisch.C, aber zunächst mit

void Pflanze::vermehren() {
}

// ... und in lebensZyklus() keine
// fressen() Nachricht an Pflanzen
```

Lösung zu 12 & 13.a,b:

```
/* ----  Lebewesen.h ---- */

#ifndef LEBEWESEN
#define LEBEWESEN

#include "Position.h"

extern class Teich;

class Lebewesen {
protected:
// in Unterklassen sichtbar
  int MAX_ALTER;
  int alter;
  int groesse;
  char art;
  Position position;
  int VERMEHRUNGS_ZYKLUS;
  int zyklus;
  int ANZ_NACHKOMMEN;
public:
  Lebewesen(char art,
    Position position);
  Lebewesen(char art, int x, int y,
    Teich *teich);
  virtual ~Lebewesen();
  virtual void altern();
  virtual void wachsen();
  virtual char gibArt();
  virtual int  gibGroesse();
  virtual Position gibPosition();

  // (in Aufg.13.a) werden redefiniert:
  virtual void vermehren();
  virtual int  istGestorben();
  virtual void lebe();
};
#endif
```

```
/* ---- Lebewesen.C ---- */

#include <stream.h>
#include "Lebewesen.h"
#include "Teich.h"

Lebewesen::Lebewesen(char art,
Position pos) : position(pos) {
  MAX_ALTER = 20;
  alter = 0;
  groesse = 1;
  this->art = art;
  VERMEHRUNGS_ZYKLUS = 4;
  zyklus = 0;
  ANZ_NACHKOMMEN = 2;
}
```

```
Lebewesen::Lebewesen(char art,
int x, int y, Teich *teich)
: position(x, y, teich) {
  MAX_ALTER = 20;
  alter = 0;
  groesse = 1;
  this->art = art;
  VERMEHRUNGS_ZYKLUS = 4;
  zyklus = 0;
  ANZ_NACHKOMMEN = 2;
}

Lebewesen::~Lebewesen() {
}

// Rest wie bei Pflanze ...
//
// Die in Aufg.13 redefinierten
// Methoden hier mit leerem Rumpf


/* ----  Fisch.h ---- */
//...
#include "Lebewesen.h"

class Fisch : public Lebewesen {
protected:
  // zusaetzliche Attribute:
  int MAX_HUNGER;
  int hunger;
  int REIFE;
  int MAX_BEWEGT;
  static FischMenge fisch_menge;

public:
  Fisch(char art, Position pos);
  Fisch(char art, int x, int y,
    Teich *teich);
  ~Fisch();

  // Aufgabe 13:
  // redefinieren:
  virtual void vermehren();
  virtual int  istGestorben();
  virtual void lebe();
  // neu definieren:
  virtual void fressen();
  virtual void fortbewegen();
  static  void lebensZyklus();

  // Rest ist von Lebewesen ererbt
};
#endif


/* ----  Fisch.C ---- */

// wie gehabt, aber im Konstruktor
// erst Struktur aus Oberklasse
// konstruieren.
Fisch::Fisch(char art, Position pos)
: Lebewesen(art, pos) {...

// und Methoden redefinieren
// vermehren(), istGestorben()

void Fisch::lebe() {
  fressen();
  vermehren();
  altern();
  if (istGestorben()) {
    position.gibTeich()->entfernen(
      *this);
    delete this;
} }

// und Methoden neu definieren...


/* ----  Position.h ---- */
// ...
class Position {
  // ...
  Pflanze* gibPflanze(); // wie erwartet
};                       // - siehe Teich


/* ----  Pflanze.h ---- */
// ...
#include "Lebewesen.h"

class Pflanze : public Lebewesen {
// keine zusaetzlichen Attribute
public:
  Pflanze(char art, Position pos);
  Pflanze(char art, int x, int y,
    Teich *teich);
  ~Pflanze();

  // Aufgabe 13:
  // redefinieren:
  virtual void vermehren();
  static void lebensZyklus();

  // Rest von Lebewesen ererbt
};
#endif


/* ----  Pflanze.C ---- */
// ...
// zu Konstruktor siehe Fisch

// redefiniere vermehren() und lebe():

void Pflanze::vermehren() {
  zyklus++;
  if (VERMEHRUNGS_ZYKLUS == zyklus){
    zyklus = 0;
    for (int i=0;
         i<ANZ_NACHKOMMEN; i++) {
      Position posNeu(position);
      posNeu.aendern();
      // Nachkommen auf Nachbarfelder
      if (!posNeu.gibPflanze())
        // noch nicht bewachsen
        position.gibTeich(
         )->einsetzen(
         *new Pflanze(art,posNeu));
} } }
```

```
void Pflanze::lebe() {
  vermehren();
  altern();
  if (istGestorben()) {
    position.gibTeich()->entfernen(
      *this);
    delete this;
} }


/* ---- Teich.h ---- */
// ACHTUNG:
// hier wurde Teich geändert und nicht
// eine neue Klasse TeichMitPflanze
// abgeleitet (siehe Tip in 13.b).

// neue Methoden und Datenstruktur
// aufnehmen:
class Teich {
private:
  Pflanze* bewuchs[MAXY][MAXX];
  // ...
public:
  void einsetzen(Pflanze &pflanze);
  void entfernen(Pflanze &pflanze);

  Pflanze* gibPflanze(
    int x, int y);
  // ...
};
```

```
/* ---- Teich.C ---- */
// Konstruktor ergänzen, neue
// Methoden implementieren und
// ausgabe() ändern:

void Teich::ausgabe() {
  cout << endl;
  for (int y = 0; y <= maxY; y++){
    for (int x = 0; x <= maxX; x++){
      int n = gebiet[y][x]->anzahl();
      if (n == 0) cout << ' ';
      else cout << n;
      if (bewuchs[y][x])
       cout<<bewuchs[y][x]->gibArt();
      else cout <<'~';
    }
    cout << endl;
} }

// die drei anderen Methoden wie
// bei Fisch ...

/* ---- biotop.C ---- */
#include "Pflanze.h"
// wie gehabt
// ...
  teich.einsetzen(*new
Pflanze('w',4,4,&teich));
  teich.einsetzen(*new
Pflanze('w',7,4,&teich));

// while..
         Fisch::lebensZyklus();
         Pflanze::lebensZyklus();
```

Lösung zu 14:

```
/* ----  LebewesenMenge.h/.C ---- */

// wie FischMenge, aber statt
// Fisch nun Lebewesen verwenden!


/* ----  Lebewesen.h ---- */

// Klassenmerkmale einführen:
static LebewesenMenge lebewesen_menge ;
static void lebensZyklus();


/* ----  Lebewesen.C ---- */

// Klassenobjekt konstruieren:
LebewesenMenge
  Lebewesen::lebewesen_menge;

// in Konstruktoren dazu:
Lebewesen::lebewesen_menge += this;
// ... und im Destruktor:
Lebewesen::lebewesen_menge -= this;
```

```
void Lebewesen::lebensZyklus() {
  MengenIterator
    next(Lebewesen::lebewesen_menge);
  Lebewesen *lebewesen;
  while (lebewesen = next()) {
    lebewesen->lebe();
    // 'delete lebewesen' in lebe()
} }


/* ---- Fisch.h/.C ---- */
// static-Merkmale und Zugriff auf
// sie überall entfernen

/* ---- Pflanze.h/.C ---- */
// static-Merkmale und Zugriff auf
// sie überall entfernen

/* ---- Teich.h/.C --- */
// statt FischMenge* jetzt
// LebewesenMenge* verwenden.

/* ---- biotop.C ---- */
// Nachricht lebewesenZyklus() nur an
// Lebewesen senden.
```

Lösung zu 15:

```
// Ein Ausschnitt der Möglichkeiten:

// private:
// fast alle Instanz-Methoden bei
// Lebewesen ausser gib..() für
// Teich und: siehe protected.
// - ein Lebewesen kann trotzdem die
// privaten Methoden eines anderen
// Lebewesens nutzen (siehe C18-1)

// protected:
// alle Attribute, auf die in Unter-
// klassen zugegriffen werden soll.
// Alle Methoden, die bei der Redefi-
// nition von anderen Methoden
// noch verwendet werden
// (z.B. Lebewesen::altern())

// public:
// Lebewesen::gib..() für Teich
// Teich-Methoden
// LebewesenMenge-Methoden

// friend:
// in MengenElement:
//   friend class LebewesenMenge bzw.
//   friend class MengenIterator
// public-Attribute entsprechend anders
// deklarieren (z.B. 'erstes_element')

// const:
// MAX_ Werte (können aber auch als
// klassenspezifische static-Werte
// definiert werden (Konstruktion!)
```

Lösung zu 16:

```
// in Lebewesen:
virtual void lebe()=0;
virtual void vermehren()=0;

// in Fisch:
virtual void fressen()=0;
 // hier nicht schon auf Fischfresser
 // festlegen!
virtual void erzeugeNachwuchs()=0;
 // sondern Klassenspezifisch redef.!

/* von Fisch können beliebige Unterarten
abgeleitet werden, die sich aber nur in
kleinen Teilen ihres Verhaltens unter-
scheiden (z.B. Größen, Fressgewohnheit)
*/
```

Lösung zu 17:

```
/* ---- FischFresser.h/.C --- */
// Redefinition von:

void FischFresser::erzeugeNachwuchs() {
  position.gibTeich()->einsetzen(
    *new FischFresser(art,position));
}

void FischFresser::fressen() {
// mit: gibFischMenge() wie gehabt.
}
```

```
/* ---- PflanzenFresser.h/.C --- */
// Redefinition von:

void PflanzenFresser::erzeugeNachwuchs() {
  position.gibTeich()->einsetzen(
    *new PflanzenFresser(art,position));
}

void PflanzenFresser::fressen() {
// mit: gibPflanze() ohne Iteration.
}
```

Lösung zu 18:

```
/* ---- AllesFresser.h --- */
#ifndef ALLESFRESSER
#define ALLESFRESSER
#include "Position.h"
#include "FischFresser.h"
#include "PflanzenFresser.h"
```

```
class AllesFresser
  : public FischFresser,
    public PflanzenFresser {
// Achtung: Hier wird vorausgesetzt,
// daß die Basisklassen virtual von
// Fisch abgeleitet wurden! Deshalb dort
// ändern in ': public virtual Fisch {'
private:
  // keine zusätzlichen Merkmale
public:
  AllesFresser(char art,
    Position position);
  AllesFresser(char art,
    int x, int y, Teich *teich);
  virtual ~AllesFresser();

protected:
  // redefinieren von:
  virtual void erzeugeNachwuchs();
  virtual void fressen();
};
#endif


/* ----  AllesFresser.C ---- */
#include "AllesFresser.h"
#include "Fisch.h"
#include "LebewesenMenge.h"
#include "Teich.h"
```

```
AllesFresser::AllesFresser(
    char art, Position pos)
: Fisch( art, pos),
  FischFresser( art, pos),
  PflanzenFresser( art, pos) {
// FischFr(..) und PflanzenFr(..)
// muessen hier benutzt werden, da es
// keine Default-Konstrukt. dazu gibt
}

AllesFresser::AllesFresser(char art,
    int x, int y, Teich *teich)
: Fisch( art, x,y, teich),
  FischFresser( art, x,y, teich),
  PflanzenFresser( art, x,y, teich) {
// FischFr(..) und PflanzenFr(..)
// muessen hier gebracht werden, da
// es keine Default-Konstr. dazu gibt
}

AllesFresser::~AllesFresser() {
}

void AllesFresser::fressen() {
// darf sich 2mal bewegen und bekommt
// auch jeweils Hunger
  FischFresser::fressen();
  PflanzenFresser::fressen();
  // oder andersrum
}

void AllesFresser::erzeugeNachwuchs(){
  position.gibTeich()->einsetzen(
   *new AllesFresser(art, position));
}
```

Lösung zu 22:

Die Abfrage der Klassenzugehörigkeit ist in C++ nicht möglich. Dies brächte hier aber auch keine Vorteile. Ein Lösungsversuch ist, diese Klassenabfrage bei der Einführung einer neuen Klasse ständig in den Fischklassen zu erweitern (z.B. in der `switch`-Anweisung auf `art`-Attribut).

Simulieren kann man diesen Mechanismus einfach über das eindeutige (!) `art`-Attribut der `Lebewesen`. Eine Verbesserung, wenn auch keine saubere Lösung, brächte es, die "Abstammungsgeschichte" (Menge der `art`-Werte aller Oberklassen) in einem Attribut festzuhalten und entsprechend jedem Jäger eine Menge von Opferarten zuzuordnen.

Nur unter der Voraussetzung, daß alle Unterarten einer Opferart für den Jäger *auch* "eßbar" sind, können dann in beiden Mengen gemeinsame Arten gesucht werden. Falls dann solche existieren, gehört das Objekt zu einer "Opfer"-Klasse. Damit ist die Einführung einer neuen Klasse problemlos für *die* "Jäger"-Klassen, die eine Oberklasse dieser Art bereits als Opfer führen. Für alle anderen Klassen bleibt das Problem der nachträglichen Erweiterung von Code bestehen.

Dieses Verfahren läßt sich auch in anderen Problemen einsetzen, bei denen es darum geht, Objekte einer Klasse und deren Unterklasse zu erkennen.

Lösung zu 23:

Die Abbildung zeigt die Dekomposition, die auch der Realisierung gemäß Lösung 3 und 8 zugrunde liegt. Anhand der beteiligten Objekte kann ein Ausschnitt der Klassenkunden-Beziehung und der Kommunikationsstruktur angegeben werden.

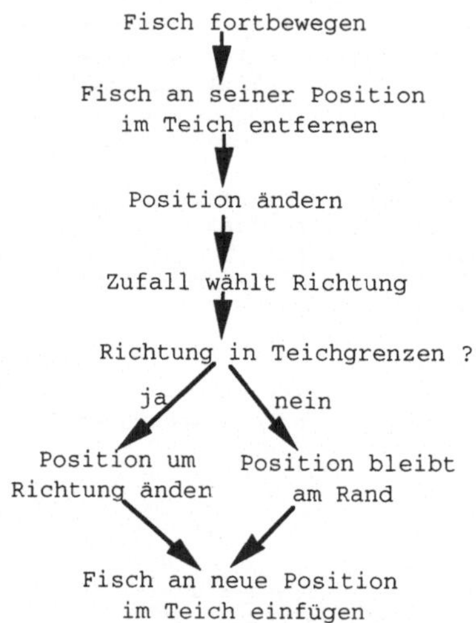

Lösung zu 24:

In der gezeigten Lösungsidee wurde auf viele Attribute mit atomaren Wertebereichen und Methoden verzichtet. Objektwertige Attribute können an den Relationships zwischen den Entity-Typen erkannt werden (z.B. Pflanze hat 1 Position; Teich hat n Fischmengen mit x/y-Koordinaten).

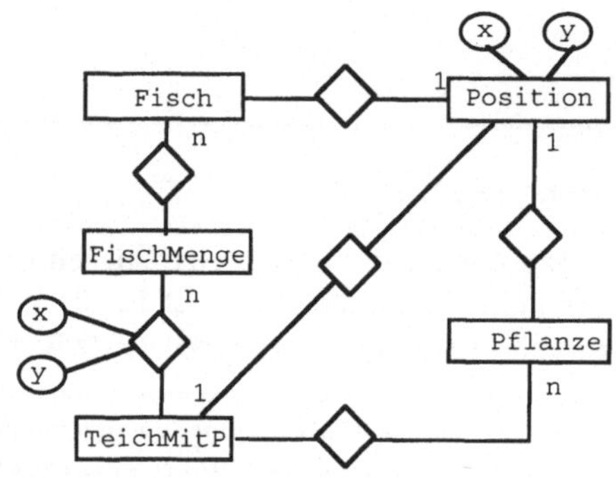

Lösung zu 25:

Phase 1: Physische Dinge: `Teich`, `Fisch`, `Pflanze`.
Phase 2: Abstraktionen: `Lebewesen`
Phase 3: Agenten: `Position`
Phase 4: Prozesse: `Fisch`-Klassenobjekt (hier also keine neue Klasse einführen)
Phase 5: Userinterface: Hauptprogramm und `Teich::ausgabe()`.
Machbar wäre hier auch eine Klasse `TeichUIF`, mit `Teich` als Komponente.

Lösung zu 26 & 27:

In der Graphik werden die Klassenbeziehungen entsprechend dem Tip in Aufgabe 13.b wiedergegeben (d.h. `Teich` wurde nicht spezialisiert sondern geändert).

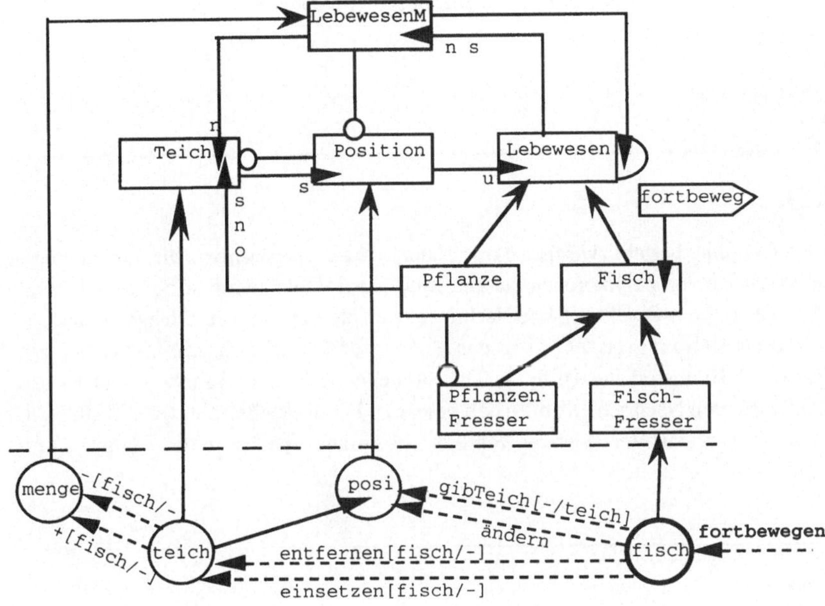

Lösung zu 28:

```
class Position {
private:
  int x;              // x und
  int y;              // y sind stets innerhalb der teich-Grenzen und >= 0
  Teich *teich;       // shared

public:
  Position(int x, int y, Teich *teich);
  /***
  * ...
  \***

  Position(Position &position);
  /***
  * ...
  \***

  Position& operator= (Position &position);
  /***
  * In        : position
  * Return    : Referenz auf Position
  * Aktion    : weist this den Zustands von position zu.
  * Nachbed.  : this hat gleichen Zustand wie Parameter
  \***/
```

```
  void aendern();
  /***
  * Aktion    : weist this zufällig gewählte x/y Werte im
  *             Umkreis 1 zu, die innerhalb der Teichgrenzen
  *             liegen.
  * Nachbed.  : this hat um höchstens 1 geänderte x/y Werte
  \***/

  // etc.
};
```

Lösung zu 29:

Schwaches Coupling besteht zwischen `Teich` und `LebewesenMenge`. Die Verbindung besteht nur über den Austausch von polymorphen Parametern (`Fisch`-Objekte für `Lebewesen`-Parameter). Zudem werden von `Teich`-Objekten keine Nachrichten an die Elemente der Menge gesandt.

Relativ starkes Coupling besteht zwischen `Fisch` und `Teich` in der Methode `Fisch::fortbewegen()`. Hier wird mit Hilfe der Dienste des `Position`-Subobjekts in `Fisch` eine Sequenz von elementaren Nachrichten an `Teich` gesendet. Für dieses Beispiel wäre es sinnvoll, einen neuen Dienst von `Teich` zur Verschiebung von `Lebewesen` an eine übermittelte `Position` neu zu definieren.

Lösung zu 30:

Die Informationen zur `Position` der `Lebewesen` werden redundant verwaltet. Zum einen weiß das `Teich`-Objekt, wo die `Lebewesen` sind (und kann mit Hilfe der `x`, `y`, `this`-Information das entsprechende `Position`-Objekt konstruieren), zum anderen verfügt jedes `Lebewesen` über ein `Position`-Subobjekt.

Alternativ würde genügen, jedem `Lebewesen` seinen `Teich` mitzuteilen, der dann auf Anfrage die `Position` ermittelt. Oder der `Teich` kennt nur eine Menge von `Lebewesen` (nicht in einem x,y-Koordinatensystem). Zur Ermittlung der `Lebewesen` an gegebener Position (`gibFischMenge` etc.) müßte der `Teich` dann aber immer die gesamte Menge der in ihm vorkommenden `Lebewesen` auf deren `Position` befragen.

Zur Verbesserung der Effizienz übernimmt das `Position`-Subobjekt die Aufgabe, Positionen von `Lebewesen` zu ändern und alle Fische oder Pflanzen einer Position zu liefern. Ursprünglich sind dies Aufgaben, die dem `Teich` zugeordnet sind, wenn man davon ausgeht, daß dort die Datenstruktur (x-y-Feld) definiert ist.

Literatur

Literatur, nach Kapiteln geordnet:

Kapitel 1

Gute Einführungen in die objektorientierte Programmierung, die sich aber jeweils auf eine bestimmte Sprache (ungleich C++) abstützen, finden sich z.B. in [Gold83], [Meye88], [Cox86] und [Keen89]. Einführungen ohne eine Programmiersprache bieten [Budd91] und [Booc91].

Auf die Mechanismen in objektorientierten Datenbanksystemen und ihre Programmierschnittstelle wurde hier nicht weiter eingegangen. Grundlegende Einführungen finden sich in [Atki89], [Ahme91], [Card90], [Catt92], [Ditt91], [Kim89], [CACM91] und als deutschsprachiges Übersichtswerk [Heue92]. In [Ayer91] findet sich die Beschreibung eines sehr komplexen Systems. Wichtige Anwendungen objektorientierter Systeme beschreiben: [Brow91], [Gupt91] (Software Engineering), [Kosh90], [Wein92], [Wiss90] (u.a. UIF, Grafik) und [Kim90], [Bore90] (Multimediale Systeme).

Kapitel 2 & 3

Auf verschiedene theoretische Probleme geht [Shri87] ein. Die wichtigen Papiere von [Card85] und [Danf88] beleuchten die Typisierung in objektorientierten Systemen. [Sakk88], [Gorl91] und vor allem [Copl92] erklären weitere Nutzungsmöglichkeiten von C++. [Elli91] ist die Hauptreferenz der Sprache C++. Einen (kleineren) Referenzabschnitt und dafür mehr kleine Beispiele enthält [Stro91]. In [Wien88] und [Wien90] werden weitere Beispiele angegeben.

Kapitel 4 & 5

Die Hauptquellen wurden bereits in den Kapitel 4 und 5 genannt. Weitere Quellen zu Kapitel 5 finden sich in [CACM90].

Literaturverzeichnis:

[Ackr91] M. Ackroyd, D. Daum, *Graphical notation for object-oriented design and programming*, Joop Jan. 1991

[Acto87] *Actor Language Manual*, The Whitewater Group Inc., Evanston, IL, 1987

[Ahme91] S. Ahmed et al., *A Comparison of Object-Oriented Database Management Systems for Engineering Applications*, Report R91-12, Order Nr. IESL 90-03, MIT, Cambridge MA, 1991

[Ande90] B. Anderson, S. Gossain, *An Iterative Design Model for Reusable Object-Oriented Software*, Proc. OOPSLA 90, 1990

[Atki89] M. Atkinson, F. Bancilhon, D. DeWitt, K.R. Dittrich, D. Maier, S. Zdonik, *The Object-Oriented Database System Manifesto*, Proc. 1. Int. Conf. on Deductive and Object-Oriented Databases, Kyoto, 1989

[Ayer91] T.R. Ayers et at., *Development of ITASCA*, JooP 4/4, Aug. 1991

[Bail89] S.C. Bailin, *An object-oriented requirements specification method*, CACM 32/5, 1989

[Bobr88] D.G. Bobrow et al., *The Common Lisp Object System Specification*, Tech.Doc. 88-002R of X3J13, 1988

[Bole93] D. Boles, *Parallel object-oriented programming with QPC++*, Int. Journal of Structured Programming, Springer Verlag, (voraussichtlich: 2.Halbjahr) 1993

[Booc91] G. Booch, *Object-Oriented Design with Applications*, Benjamin/Cummings, 1991

[Bore90] N.S. Borenstein, *Multimedia Applications development with the Andrew toolkit*, Prentice Hall Inc., Englewood Cliffs, 1990

[Brow91] A. Brown, *Object-Oriented Databases: Applications in Software Engineering*, McGraw-Hill, 1991

[Budd91] T. Budd, *An Introduction to Object-Oriented Programming*, Addison-Wesley, 1991

[CACM90] CACM 33/9, ACM, 1990

[CACM91] CACM 34/11, ACM, 1991

[Cann90] L.W. Cannon et al., *Recommended C Style and Coding Standards*, AT&T Report, Indian Hill Laboratories, CA USA, 1990

[Card85] L.Cardelli, P. Wegner, *On Understanding Types, Data Abstraction, and Polymorphism*, ACM Comp. Surveys, Vol. 17 / 4, 1985

[Card90] A. Cardenas, D. McLeod (Ed.), *Research Foundations in Object-Oriented Database Systems*, Prentice-Hall, 1990

[Catt91] R.G.G. Cattell, *Object Data Management - Object-Oriented and Extended Relational Database Systems*, Addison-Wesley, 1991

[Cham92] D. de Campeaux, P. Faure, *A comparative study on object-oriented methods*, JooP, April 1992

[Chen91] P.P.S Chen, H.-D. Knöll, *Der Entity-Relationship Ansatz zum Logischen Systementwurf*, BI Wissenschaftsverlag, 1991

[Coad91a] P. Coad, E. Yourdon, *OOA - Object-Oriented Analysis*, 2. Auflage, Prentice-Hall, 1991

[Coad91b] P. Coad, *New advances in object-oriented analysis*, JooP, Jan. 1991

[Colb89] E. Colbert, *The object-oriented software development method: a practical approach to object-oriented development*, Proc. TRI-Ada 89, 1989

[Copl92] J.O. Coplien, *Advanced C++ Programming Styles and Idioms*, Addison Wesley, 1992

[Cox86] Brad J. Cox, *Object-Oriented Programming - An Evolutionay Approach*, Addison-Wesley, Reading, 1986

[Danf88] S. Danforth, C. Tomlinson, *Type Theories and Object-Oriented Programming*, ACM Computing Surveys, 20 / 1, 1988

[Ditt91] K.R. Dittrich, U. Dayal, A.P. Buchmann (Ed.), *On Object-Oriented Database Systems*, Topics in Information Systems, Springer-Verlag, 1991

[Dodd91] T. Dodd: *OOPS with everything?*, Expert Systems, Vol.8/1, Feb. 1991

[Edwa89] J. Edwards, *Basic Ptech skills*, Course Notes, Associative Design Technology, Westborough, MA, USA, 1989

[Edwa93] J.M. Edwards, B. Handerson-Sellers, *A graphical notation for object-oriented analysis and design*, JooP 5/9, Feb. 1993

[Elli91] M.A. Ellis, B. Stroustrup, *The Annotated C++ Reference Manual*, Addison Wesley, 1991

[Gibs90] E. Gibson, *Objects - born and bred*, BYTE, Okt. 1990

[Gold89] A. Goldberg, D. Robson: *Smalltalk-80 - The Language*, Addison-Wesley, 1989

[Gorl91] K.E. Gorlen, S.M. Orlow, P.S. Plexico, *Data Abstraction and Object-Oriented Programming in C++*, Teubner / J. Wiley Inc. Verlage, 1991

[Gorm91] K. Gorman, J. Choobineh, *An overview of the object-oriented entity-relationship model* (OOERM), Proc. 23rd Hawaii Int. Conf. on System Sciences, 1991

[Gupt91] R. Gupta, E. Horowitz (Ed.), *Object-Oriented Databases With Applications to CASE, Networks, and VLSI CAD*, Prentice Hall, 1991

[Harr91] C. Harris, J. Duhl, *Object SQL*, in: [Gupt91]

[Hend91] B. Henderson-Sellers, L.L. Constantine, *Object-Oriented development and functional decomposition*, Journal of object-oriented Programming, 3(5) , 1991

[Heue92] A. Heuer, *Objektorientierte Datenbanken - Konzepte, Modelle, Systeme*, Addison-Wesley, 1992

[Jaco92] I. Jacobsen, *Object Orienten Software Engineering*, Addison Wesley, 1992

[Kaeh86] T. Kaehler, D. Patterson, *A Taste of Smalltalk*, Norton & Comp., 1986

[Keen89] S.E. Keene, *Object-Oriented Programming in Common Lisp*, Addison-Wesley, 1989

[Kern83] B.W. Kernigham, D.M. Ritchie, *Programmierung in C*, Hanser Verlag, 1983

[Khos90] S. Khoshafian, R. Abnous, *Object Orientation: Concepts, Languages, Databases, User Interfaces*, J. Wiley Inc., 1990

[Kim89] W. Kim, F. Lochovsky, *Object-Oriented Concepts, Databases, and Applications*, ACM Press / Addison-Wesley, 1989

[Kim90] W. Kim, *Introduction to Object-Oriented Databases*, MIT Press, Cambridge, MA, 1990

[Kurt91] B. Kurtz et al., *Object-Oriented Systems Analysis and Specification*, Hewlett-Packard & CS Dept., Brigham Young University, 1991

[Lalo91] LaLonde, Pugh, *Inside SMALLTALK I&II*, Perentice Hall, Englewood Cliffs, NJ, 1991

[Lipp89] S.B. Lippman, *C++ Primer*, Addison-Wesley, 1989

[Mart88] J. Martin, C. McClure, *Structured Techniques: A Basis for CASE*, Prentice Hall, 1988

[Mart92] J. Martin, J.J. Odell, *Object-Oriented Analysis and Design*, Prentice Hall, Englewood Cliffs, USA, NJ, 1992

[Meye88] B. Meyer, *Object-oriented Software Construction*, Prentice Hall, 1988

[Mica88] J. Micallef, *Encapsulation, Reuasability and Extensibility in Object-Oriented Programming Languages*, JooP 1/1, 1988

[Mona92] Monarchi, *A Research Typology for Object-Oriented Analysis and Design*, Communications of the ACM, 35/9, Sept. 1992

[Moss90] C. Moss: *An introduction to Prolog++* , Res.Report, DOC 90/10, Imperial College, London, 1990

[Möss92] H. Mössenböck, *Objektorientierte Programmierung in OBERON-2*, Springer

[Müll94] B. Müller, *PPO - Eine objektorientierte Prolog-Erweiterung zur Entwicklung wissensbasierter Anwendungssysteme*, Dissertation, Univ. Oldenburg, Fachbereich 10, (voraussichtlich:) 1994

[Nier90] O. Nierstraz, J. Pintado, *Class Management for Software Communities*, CACM 33(9), Sept. 1990

[Page92] M. Page-Jones, S. Weiss, *Object-Oriented Methodologies*, Course Notes, NTU, Wayland Systems Inc., Seattle, USA, WA, 1992 (?)

[Pist93] P. Pistor, *Objektorientierung in SQL3: Stand und Entwicklungstendenzen*, Informatik Spectrum 16/2, Springer Verlag, April 1993

[Robe90] C.C. Robertson, *Object Plus New Case Tool / Code Generator*, Review, Joop Sept. 1990

[Rohl73] H. Rohlfing: *SIMULA, Eine Einführung*, BI-Verlag Band 747, 1973

[Rumb91] J. Rumbaugh et al., *Object-Oriented Modeling and Design*, Prentice Hall, 1991

[Sakk88] M. Sakkinen, *On the darker side of C++*, Lecture Notes in Computer Science 322, Springer Verlag, 1988

[Sand89] J. Sanders, *A Survey of object oriented Programming Languages* , Journal of object oriented Programming, 1/6, 1989.

[Scha91] M.E. Scharrenberg, H.E. Dunsmore, *Evolution of classes and objects during object-oriented design and programming*, Journal of object-oriented Programming, 3(5), 1991

[SIGP88] SIGPLAN Notices 23, *Special Issue*, ACM, Sept. 1988

[Shap91] J.S. Shapiro, *A C++ Toolkit*, Prentice Hall, 1991

[Shla88] S. Shlaer, S.J. Mellor, *Object-Oriented Systems Analysis: Modeling the World in Data*, Yourdon Press, Englewood Cliffs, NJ, USA, 1988

[Shri87] B. Shriver, P. Wegner (Ed.), *Research Directions in Object-Oriented Programming*, MIT Press, Cambridge MA, 1987

[Stro91] B. Stroustrup, *The C++ Programming Language*, 2. Auflage, Addison-Wesley, 1991

[Symb85] Symbolics Inc., *Reference Guide to Symbolics Lisp*, Cambridge MA, 1985

[Tesl85] L. Tesler, *Object Pascal Report*, Apple Comp., Santa Clara, CA, 1985

[Turb88] *Turbo Pascal 5.5 Object-Oriented Programming Guide*, Borland Int., Scotts Valley, CA, 1988

[Wass90] A.I. Wasserman, P. Pircher, R.J. Muller, *An Object-Oriented Design Notation for Software Design Representation*, IEEE Computer, 23/3, 1990

[Webs89] B.F. Webster, *The NeXT Book*, Addison-Wesley, 1989

[Wein92] A. Weinand, *Objektorientierte Architektur für grafische Benutzungsoberflächen*, Springer Verlag, 1992

[Wien88] R.S. Wiener, L.J. Pinson, *An Introduction to Object-Oriented Programing and C++*, Addison-Wesley, 1988

[Wien90] R.S. Wiener, L.J. Pinson, *The C++ Workbook*, Addison-Wesley, 1990

[Wirf90a] R. Wirfs-Brock, B. Wilkerson, L. Wiener, *Designing Object-Oriented Software*, Prentice Hall, 1990

[Wirf90b] R. Wirfs-Brock, R.E. Johnsen, *Surveying current research in object-oriented Design*, CACM 33(9), Sept. 1990

[Wiss90] P. Wisskirchen, Object-Oriented Graphics: From GKS to PHIGS to Object-Oriented Systems, Springer Verlag, 1990

Spezielle Zeitschriften:

OBJECT Magazine
[etwas abgehoben, für Software-Manager]

Journal of Object-Oriented Programming
[deckt alle praktischen Aspekte der objektorientierten Programmierung ab]

C++ Report [bietet viele Details und Code-Beispiele zu C++]

Zum Thema gibt es auch in den verschiedenen Zeitschriften über Programmierung, Datenbanken und Software-Engineering immer wieder Veröffentlichungen, z.B. in:

ACM Special Interest Group: SIGPLAN

ACM Transactions on Database Systems

ACM OOPS Messenger (Newsletter)

Zeitschrift der Fachgruppe GI-2.1.1 "Software Engineering"

Konferenzen:

OOPSLA *Object-Oriented Programming Systems, Languages, and Applications*, jährlich

ECOOP *European Conference on Object-Oriented Programming*, jährlich

DOOD *Deduktive and Object-Oriented Databases*, jährlich

Index

A

Ableiten 18; 65; 106; 136; 155

Ableitungshierarchie, *siehe Klassenhierarchie*

Ableitungsmodus 66; 80

  `private` 68

  `public` 68

Abstrakte Klasse 106; 135; 155

Abstrakter Datentyp 29; 155

Abstraktion 24; 155

ACTOR 127

ADA 100

ADT, *siehe Abstrakter Datentyp*

Agent 133; 134; 224

Aggregation 62

Aggregierte Klasse 135; 155; 163

aktuelle Klasse 103; 105

Algebra 29

ALGOL-60 114

alternative Schnittstelle 77; 101; 105

Anbieter 14; 155

Anweisung 186

Array 178

Attribut 12; 30; 62; 155, *siehe Zustandsvariable*

Aufzählungstyp 182

Ausgewogenheit 147

B

Basisklasse 65; 136; 155; 160

  Erweiterung 71

  indirekte 97

  Spezialisierung 71

Basissprache 11; 26

Basistypen 176

Benutzerinteraktion 134

Block 183

Boolean 177; 183

C

C 23; 111; 176

C++ 27; 111

Call by Reference 181

Call by Value 181

CASE 150; 184

Casting 178

`cerr` 198

`char` 176

`cin` 168

CLOS 48; 71; 123

Coercion, *siehe pseudo Polymorphie*

Cohesion 146

Completeness 147

`const`-Methode 85

`const`-Objekt 84

Container 73

Coupling 78; 146

`cout` 168; 198

CRC Karten 134

D

Datenkapselung 136

Default-Wert 60; 163

Deklaration 51; 183; 188

Delegation 33; 62; 137; 156

`delete` 57; 185

Dereferenzierungsoperator 180

Destruktor 35; 156

Dienst 12; 14; 29; 134; 139

`double` 176

Downcasting 101; 206

dynamisches Binden 19; 20; 53; 106; 156

E

EIFFEL 120

Ein- und Ausgabe 168; 187; 198; 204

Ein- und Ausgabe über Dateien 200

Empfänger 15; 20; 33; 156

Endezeichen 179

Entwicklungsumgebung 150

Entwurfsziele 145

`enum` 182

ER-Diagramm 131; 132

ERAM-Modell 133

Erben *siehe Vererben*

Erweiterbarkeit 19; 106

Erweiterung 156; 206

`extern` 183; 188

F

Fabrikobjekt 48; 118

Faktorisierung 133; 135; 205

`float` 176

Formatierung 187; 199

`friend` 82; 149

`fstream.h` 200

Funktionstyp 178; 182

G

generisch 106

generischer Parameter 100

Generizität 100; 102; 110; 138; 156

  Simulation 100

globale Daten 137

Gültigkeitsbereich 39; 137

Gütekriterien 145

H

Hauptprogramm 181

header-Datei 36; 144; 188

Hierarchie 157

I

I/O-Klasse 168

I/O-Komponente 25

Identität 30; 157

information hiding 136

Informationsquellen 133

Informationssenken 133

Initialisierung 43; 57; 110; 157

`inline` 149

Instanz 12; 30; 157

Instanziierung 30; 157

Instanzmethode 157

Instanzobjekt 157

Instanzvariable 157

`int` 176

`iostream.h` 198

`istream` 198

is_a 67; 106; 138

K

Kapselung 34; 79; 156

key abstractions 133; 137

Klasse 30; 62; 158

  abstrakte 86; 89; 110

  aggregierte 92

  generische 100; 156; 162

  komplexe 33; 158

  virtuelle 97

Klassen-Bibliothek 93

Klassenattribut 48; 158

Klassendefinition 14; 30; 62; 158

Klassenhierarchie 66; 135; 158
Klassenkunde 132; 136
Klassenmethode 48; 158
Klassenobjekt 48; 62; 137; 158
Klassenselektor 36
Klassenvariable, *siehe Klassenattribut*
Kommentar 188
Kommunikation 13; 148
komplex 33
Komplexer Wert 31
Komponente 159
Komposition 14; 18; 62; 65; 93; 135; 159
konkrete Klasse 102
Konstruktion 62
Konstruktionsvorschrift 68
Konstruktor, *siehe Objekt-Konstruktor*
Konvertierungsfunktion 54
Konvertierungsoperator 58; 137
    Reihenfolge 59
Konzept 12
Kunde 14; 159

L

Lebensdauer 39
LISP 23; 123
LOOPS 123

M

Macroexpansion 149
`main()` 181
mehrfache Basisklasse 96
mehrfache Oberklasse 159
mehrfaches Erben 91; 106; 110; 135; 159
Mehrfachvererbung *siehe mehrfaches Erben*
Merkmal 12; 159
    ererbt 18
    mehrdeutig 94; 95
    mehrfach gleich 96; 97
    strukturell 30
    Verhaltens- 33
Metaklasse 48; 62; 110; 159
Methode 12; 62; 160
    pure virtual 86
Modularität 15; 62
multiple inheritance, *siehe mehrfaches Erben*

N

n-body Problem 148
Nachricht 15; 20; 33; 62; 160
    Verarbeitungsmodell 33
`new` 57; 75; 185
NEW FLAVORS 123

O

Oberklassen *siehe Basisklasse*
OBERON 127
OBJECT PASCAL 127
Object SQL 127
OBJECTIVE-C 118
Objekt 29; 62; 160
    anwendungskontrolliert 40
    automatisch 39
    komplex 33; 159
    Konstruktor 35; 68; 69; 94; 159
    `static` 40
    Zustand 30; 62; 162
objektbasierte Programmierung 24; 160
Objekthierarchie 30; 62; 65; 160
Objektmodell 160
objektorientierte Analyse 161
objektorientierte Dekomposition 161
objektorientierte Programmiersprachen 161
    Auswahl 109
    genuin 27; 109

hybrid 27; 109
objektorientierte Programmierung 25; 161
objektorientiertes Datenbanksystem 127
objektorientierte Mechanismen 109
objektorientiertes Design 161
Objektorientiertheit
in Programmiersprachen 110
Objektreferenz 73; 75; 161
Objektstruktur 30; 62; 161
Objekttyp 30; 62; 161
Objektverhalten 33; 161
ooA *siehe objektorientierte Analyse*
ooD *siehe objektorientiertes Design*
Operator 55; 185; 198
Operatorsymbol 55
optionaler Parameter 60
orthogonaler Konstruktor 32
`ostream` 198

P

Package 124
parametrisierte Klasse, *siehe Klasse, generische*
part-of 12; 14; 30; 62; 138
PASCAL 23; 51; 114; 127
Pendelvorgehen 133
Persistenz 162
Polymorphie 20; 51; 73; 86; 102; 135; 162; 206
ad-hoc 62
deferred 87
pseudo 54
und Typisierung 22; 106
Präprozessor 187
bedingte Übersetzung 188
Direktiven 188
Präzedenz 185
`printf` 187
`private` 35; 68; 81
Programmiersprache
dynamisch getypt 51
getypt 26; 157
problemorientiert 26
statisch getypt 22; 51; 73
Programmierstil
alternative Klassifikation 24
deklarativ 23
funktional 23
Mischformen 24
objektorientiert 23
prozedural 23; 176
Programmierwerkzeug 24
Projektmanagement 135
PROLOG 23; 125
PROLOG++ 125
`protected` 80; 81
Protokoll 15; 34; 62; 87; 135; 162
Pseudocode 15
`public` 35; 68; 81
Punktoperator 179
pure-virtual 90

R

rapid prototyping 93; 106; 135; 136
Redefine, *siehe Redefinition*
Redefinition 18; 72; 76; 95; 162
referenzielle Integrität 40; 42
Referenzsemantik 44; 110
Referenztyp 180; 181
Referenzvariable 180
Rename 95
Responsibility 134

S

`scanf` 187

Schleifenkonstrukt 184
Selbstreferenz 35; 37; 162
Self 162, *siehe Selbstreferenz*
Sender 15; 20; 162
Sichtbarkeit 81; 137
  Klassendefinition 78
  nur-lesend 84
  Objektzustand 78
Signatur 29
`signed` 176
SIMULA-67 24; 114
SMALLTALK 24; 116
Software-IC 71
spätes Binden 162
Spezialisierung 71; 163
  der Struktur 71; 77
  des Verhaltens 72
  von Argumenttypen 77
  von Attributen 71
SQL 127
SQL3 127
Standard-Operator 55; 185
Standardwert 163
statische Typisierung 62
statisches Binden 163
`stream.h` 168
`struct` 179
Subjekt139
Subklasse, *siehe Unterklasse*
Subobjekt 12; 14; 30; 62; 136; 163
  eigenständig 30
  exklusiv 30; 156
  mehrfachbenutzbar 30; 143; 156
  unlösbar 30
Substituierbarkeit 106
Substitutionsbeziehung 66; 73
Subtyp, *siehe Untertyp*
Sufficiency 147
Superklasse, *siehe Basisklasse*
`switch` 184

T

Teil-Beziehung, *siehe part_of*
Template 100; 103; 138
Template-Klassenname 103
`this`, *siehe Selbstreferenz*
Tuning 148
TURBO-PASCAL 127
Typ 163
  benutzerdefiniert 15; 29
  Konstruktor 178
`typedef` 177
Typhierachie 66; 163
Typisierung 110; 164
Typkompatibilität 137; 177
Typkonvertierung 54; 58; 62; 177; 178
Typname 177; 178
Typparameter 100

U

überladen 54; 62; 75; 103; 137
überschreiben, *siehe Redefinition*
`union` 179
`unsigned` 176
Unterklasse 65; 106; 163
  indirekte 97
Untertyp 66; 73; 163
Untertypbeziehung 66; 106

V

Variable 51
  polymorph 53; 73; 75
Variantenrecord 179

Vererbung 102; 106; 110; 136; 164

Verhalten 12; 33; 67; 72

`virtual` 75; 76; 97; 149

virtuelle Oberklasse 97; 164

virtuelle Klasse, *siehe virtuelle Oberklasse*

`void` 181

Vollständigkeit 147

W

Wert 51

Wertsemantik 44

whitespace 187; 198

wiederholte Vererbung 164

Wiederverwendung 16; 62; 106; 206

  horizontal 18; 30; 65

  vertikal 18; 65; 71

Z

Zahlengrößen 177

Zeigertyp 180

Zeigervariable 75

Zugriffsrechte 78; 110; 164

  Defizite 85

  nur-lesend 79

Zugriffsschutzmechanismen 106

Zusammenarbeit 134

Zustand, *siehe auch Objektzustand*

Zustandsinvariante 72

Zustandsvariable 30; 62; 164, *siehe auch Attribut*

Zuweisungsoperator `'='` 177